Bilanzierung nach HGB
in Schaubildern

Bilanzierung nach HGB in Schaubildern

Die Grundlagen von Jahresabschlüssen kompakt und visuell

von

Prof. Dr. Reinhard Heyd

Dr. Michael Beyer

Prof. Dr. Daniel Zorn

2., komplett überarbeitete Auflage

Verlag Franz Vahlen München

Prof. Dr. Reinhard Heyd ist Professor für Betriebswirtschaftslehre, insbesondere Rechnungswesen und Bilanzierung, an der Hochschule für Technik und Wirtschaft Aalen sowie Honorarprofessor an der Universität Ulm.

Dr. Michael Beyer ist Referent für renommierte Akademien, Dozent an der Frankfurt School sowie Autor diverser Fachbeiträge und -bücher. Seit 2018 ist er zudem Standortleiter für die FAS AG in Berlin und verantwortet die Service Line Board Advisory, also insbesondere die Beratung von Aufsichts-, Verwaltungs- und Beiräten.

Prof. Dr. Daniel Zorn, LL.M. ist Professor für Betriebswirtschaftslehre, insbesondere Rechnungswesen und Controlling, an der Hochschule für Wirtschaft und Umwelt Nürtingen-Geislingen und Gastprofessor an der Babeş-Bolyai-Universität Cluj.

ISBN Print: 978 3 8006 5865 7
ISBN E-Book: 978 3 8006 5866 4

Wilhelmstr. 9, 80801 München
Satz: Fotosatz Buck
Zweikirchener Str. 7, 84036 Kumhausen
Druck und Bindung: Druckhaus Nomos
In den Lissen 12, 76547 Sinzheim
Umschlaggestaltung: Ralph Zimmermann – Bureau Parapluie
Bildnachweis: © urbanglimpses – istockphoto.com,
© Matthias Enter – fotolia.com

Gedruckt auf säurefreiem, alterungsbeständigem Papier
(hergestellt aus chlorfrei gebleichtem Zellstoff)

Vorwort

Die Jahresabschlusserstellung sowie die Abschlussprüfung erfordern den sicheren Umgang mit den gesetzlichen Bilanzierungsregeln, die das Handelsgesetzbuch (HGB) Anwendern und Abschlussprüfern gleichermaßen auferlegt. Das Gesetz bedient sich, um den Regelungsumfang überschaubar zu halten, abstrakt genereller Normen, welche auf den konkreten Einzelfall hin auszulegen sind. Die allgemeinen Bilanzierungsvorschriften werden dabei durch kodifizierte und nicht kodifizierte Grundsätze ordnungsgemäßer Buchführung (GoB) weiter spezifiziert. Dies stellt den Normanwender insbesondere vor zwei Probleme:

- Zum einen sind die Bilanzierungsregeln für den Einzelfall auszulegen und auf den spezifischen Sachverhalt hin zu konkretisieren.
- Zum anderen erschließt sich der vollumfängliche Regelungsgehalt aufgrund der Normenkomplexität und der flankierenden GoB zumeist nicht durch die bloße Gesetzeslektüre allein. Hier setzen die Idee und die Zielsetzung des vorliegenden Buches an.

Im Vergleich zur ersten Auflage wurde nebst notwendigen inhaltlichen Aktualisierungen insbesondere noch intensiver an der Visualisierung der Sachverhalte gearbeitet. Die Vielzahl an aussagefähigen Schaubildern ermöglicht ganz konsequent den visuell anschaulichen Streifzug durch das HGB.

Idee und Zielsetzung dieses Buches

Durch die „Übersetzung" der einzelnen Bilanzierungsnormen in Schaubilder wird dem Leser auf anschauliche Art und Weise ein schneller und einfacher Überblick sowohl über den spezifischen Regelungsgehalt einer Bilanzierungsnorm als auch über den Gesamtkontext der nationalen Rechnungslegung ermöglicht. Um das Normen- sowie das Gesamtverständnis für das Thema zu schärfen, wird jede grafische Darstellung über die einzelnen Regelungen zusätzlich mit einem Begleittext unterlegt, der anwendungsorientiert die illustrierten Sachverhalte beschreibt. Dabei folgt die Darstellung der Gesetzeslogik des dritten Buches des HGB.

Wer das Buch lesen sollte

Da Aufbau und Konzeption des Buches auf eine strukturierte Durchdringung der komplexen gesetzlichen Regelungen ausgerichtet sind, eignet es sich insbesondere für Studenten an Universitäten, Hochschulen und Dualen Hochschulen. Darüber hinaus kann das Buch auch Anwendern, Abschlussprüfern sowie interessierten Neueinsteigern einen anschaulichen Zugang zu der komplexen Bilanzierungsmaterie vermitteln.

Wir bedanken uns beim Verlag Franz Vahlen sowie dem das Projekt begleitenden Lektor, Herrn Dennis Brunotte, für die angenehme und konstruktive Zusammenarbeit.

Ulm, Berlin und Geislingen Januar 2020

Prof. Dr. Reinhard Heyd
Dr. Michael Beyer
Prof. Dr. Daniel Zorn

Inhaltsverzeichnis

1 Grundlagen der Buchführung und Abschlussvorbereitung nach HGB

1.1 Buchführungspflicht nach Handels- und Steuerrecht

Nach dem Willen des Gesetzgebers sind Kaufleute, für die das HGB einschlägig ist, zur Buchführung verpflichtet. Nach § 1 HGB ist **Kaufmann**, wer ein Handelsgewerbe betreibt. Nicht-Kaufleute sind grundsätzlich nicht zur Buchführung verpflichtet. Sie sind unter Umständen nach anderen Gesetzen (z.B. § 141 AO) zur Buchführung verpflichtet.

Mit der Buchführungspflicht wird die geordnete, vergleichbare und in monetären Größen dargestellte Abbildung der getätigten Geschäftsvorfälle eines Kaufmanns innerhalb einer Rechnungsperiode gesetzlich verankert. Dies dient neben der Eigen- und Fremdinformation insbesondere der Rechenschaftspflicht sowie der Steuer- und der Zahlungsbemessung. Durch die Aufzeichnung innerhalb der Handelsbücher muss sich ein Sachverständiger Dritter innerhalb einer angemessenen Zeitspanne einen Überblick über die wirtschaftliche Lage des Unternehmers verschaffen können.

Die Buchführungspflicht legt die Kaufmannseigenschaft zu Grunde. Daher ist jeder Kaufmann der ein Handelsgewerbe betreibt, zur Buchführung ver-

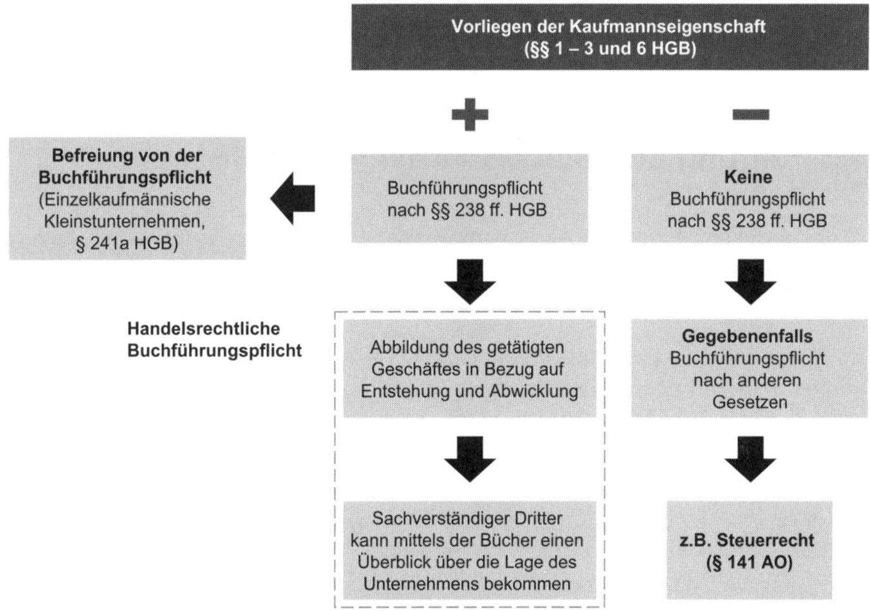

Abb. 1: *Buchführungspflicht nach § 238 HGB*

pflichtet (Ist-Kaufmann §1 Abs.1 HGB). Ist der Gewerbebetrieb nicht in kaufmännischer Art und Weise nach §1 Abs.2 HGB eingerichtet, entfällt die Buchführungspflicht. Gleiches gilt für Kleinstkaufleute nach §241a HGB. Nach dieser Vorschrift sind Einzelkaufleute, die an den Abschlussstichtagen von zwei aufeinander folgenden Geschäftsjahren nicht mehr als jeweils 600.000 EUR Umsatz und jeweils 60.000 EUR Jahresüberschuss aufweisen, brauchen keine handelsrechtliche Buchführung anwenden. Jedoch können sich Kaufleute, die keinen Gewerbebetrieb unterhalten, durch Eintragung in das Handelsregister der Buchführungspflicht unterwerfen (Kann-Kaufmann). Darüber hinaus sind u.a. Kapitalgesellschaften aufgrund ihrer Rechtsform zur Buchführung verpflichtet (Form-Kaufmann gemäß §6 HGB). Diese Form-Kaufleute können die Buchführungspflicht selbst dann nicht abbedingen, wenn sie keinen in kaufmännischer Art und Weise eingerichteten Gewerbebetrieb unterhalten.

Steuerliche Buchführungspflichten ergeben sich aus §4 Abs.1 und §5 EStG. §4 Abs.1 EstG begründet eine originäre steuerliche Buchführungspflicht, nach §5 EStG knüpft die steuerliche Buchführungspflicht an die handelsrechtliche Buchführungspflicht an (§140 AO). Hier ist auch der Maßgeblichkeitsgrundsatz kodifiziert, nach dem die handelsrechtliche Buchführung (lex generalis) für die steuerliche Gewinnermittlung maßgebend ist, sofern nicht zwingende steuerliche Vorschriften dem entgegenstehen (lex specialis). Steuerpflichtige, die nicht gesetzlich verpflichtet sind, Bücher zu führen und Abschlüsse zu machen und dies auch nicht ohne eine solche Verpflichtung zu haben tun, können den Gewinn als Überschuss der Betriebseinnahmen über die Betriebsausgaben ansetzen (Einnahmenüberschussrechnung, §4 Abs.3 EStG).

§238 HGB stellt die zentrale Norm der Buchführungspflicht dar. Ihr obliegt hohe Praxisrelevanz, da die Buchführungspflicht maßgeblich durch sie determiniert und gesetzlich verankert wird. Buchführungserleichterungen und steuerliche Buchführungspflichten stehen in engem Zusammenhang damit.

1.2 Führung der Handelsbücher §239 HGB

Der Kaufmann ist verpflichtet, sogenannte Handelsbücher (oder Journale) zu führen. In diesen hat der Kaufmann seine getätigten Geschäfte zeitnah, geordnet, nachvollziehbar und unveränderlich aufzuzeichnen.

Im Wesentlichen werden die Handelsbücher in sogenannte Haupt- und Nebenbücher unterschieden. Die Hauptbücher der Finanzbuchhaltung bestehen insbesondere aus der Bilanz und der GuV. Diese Hauptbücher werden durch die Nebenbücher näher und detaillierter erläutert. Zu den Nebenbüchern zählen insbesondere die Debitoren- und Kreditorenbuchhaltung, die Anlagenbuchhaltung, die Materialwirtschaft (Bestandserfassung), die Produktionswirtschaft (Vorratsbewertung) und die Lohn- und Gehaltsbuchführung sowie die diversen Auswertungen (Rückstellungsspiegel, Restlaufzeitenspiegel für Forderungen und Verbindlichkeiten), welche insbesondere für den Anhang große Relevanz haben.

Um eine nachvollziehbare Eintragung in die unterschiedlichen Bücher zu gewährleisten, hat der Gesetzgeber innerhalb der Grundsätze ordnungsgemäßer Buchführung diverse Anforderungen gestellt. Neben einer lebendigen Sprache und einer eindeutigen Bezeichnung sind alle Eintragungen in die Bücher vollständig und richtig sowie zeitgerecht und geordnet vorzunehmen. Dazu werden die Geschäftsvorfälle regelmäßig in kaufmännischer Art und Weise auf Konten verzeichnet. Das Prinzip der Doppik verdeutlicht hierbei den Zusammenhang zwischen den einzelnen Büchern. Jede Buchung erfolgt auf mindestens zwei Konten.

Auch die Führung der Handelsbücher knüpft an die Kaufmannseigenschaft nach den §§ 1 ff. HGB an. Handelsbücher sind daher nur von den in den Schaubildern 8 bis 11 bezeichneten Kaufleuten zu führen.

In der Praxis werden die Handelsbücher regelmäßig durch systemgestützte Buchführungsprogramme geführt. Die Salden zwischen den einzelnen Büchern werden dabei automatisiert übergeben. Fehlerpotenzial liegt aus praktischer Sicht insbesondere bei getrennten Buchführungssystemen (Haupt- und Nebenbücher werden auf unterschiedlichen Programmen geführt) vor, die keine Schnittstellen aufweisen.

Neben der doppelten Buchführung kommen auch Aufzeichnungen in Form einer geordneten Ablage von Belegen oder auf Datenträgern in Betracht (§ 239 Abs. 4 HGB). Hierbei ist zu gewährleisten, dass die Daten während der Dauer der Aufbewahrungsfrist verfügbar sind und jederzeit in angemessener Frist lesbar gemacht werden können. Ein Beispiel hierfür ist die Offene Posten

Abb. 2: *Führung der Handelsbücher nach § 239 HGB*

Buchführung (Belegbuchführung, kontenlose Buchführung). Die Buchführung hat in jedem Fall den Grundsätzen ordnungsmäßiger Buchführung (GoB) zu entsprechen. Weitere Anforderungen werden bereitgehalten durch die GOS (Grundsätze ordnungsmäßiger Speicherbuchführung), GoBD (Grundsätze ordnungsmäßiger DV-gestützter Buchführungssysteme), Grundsätze ordnungsmäßiger Buchführung bei Einsatz von Electronic Commerce.

Schließlich bestehen gesonderte Aufbewahrungspflichten beim Einsatz elektronischer Datenübermittlung (EDI).

1.3 Inventar § 240 HGB

Zu Beginn seines Handelsgewerbes sowie zum Schluss eines jeden Geschäftsjahrs hat der Kaufmann sämtliche Vermögensgegenstände und Schulden seines Unternehmens aufzunehmen und in einem Verzeichnis (Inventar) zu verzeichnen.

Während körperliche Gegenstände, wie Grundstücke, Fahrzeuge oder Barvermögen, durch Inaugenscheinnahme sowie Zählen, Messen, Wiegen relativ einfach aufgenommen werden können, müssen Verbindlichkeiten, Forderungen, Sichteinlagen etc. aufgrund ihres Nominalwertcharakters verstärkt anhand von Verträgen und Dokumenten verzeichnet und aufgenommen werden. Auch Bestätigungsaktionen mit Kreditinstituten, Schuldnern und Gläubigern (Saldenbestätigungen) sind hier gängige Aufnahmeverfahren.

Das Zählen, Messen und Wiegen der Vermögensgegenstände sowie der Schulden und das Verzeichnen dieser in ein Inventar dient der Kontrolle der in den Büchern (fort-)geführten mengenmäßigen Bestände. Einmal im Geschäftsjahr,

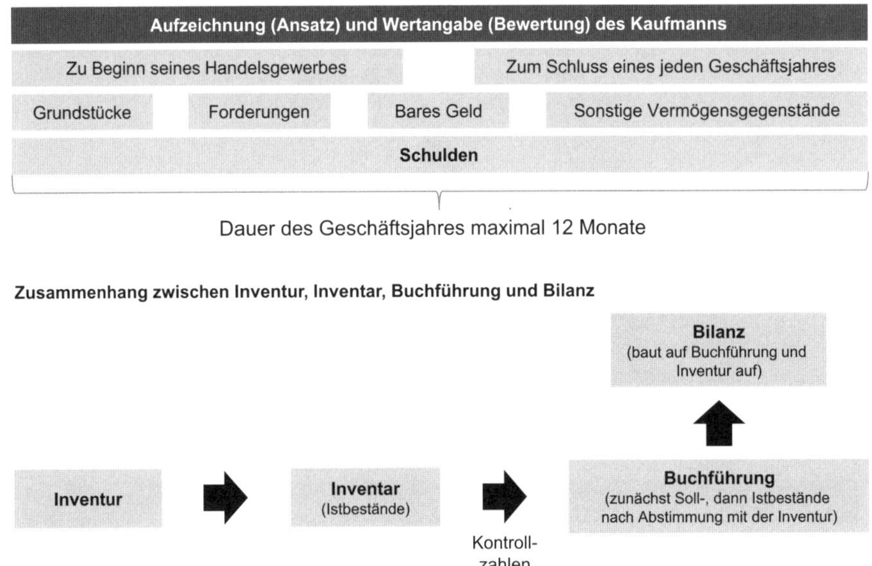

Abb. 3: *Inventar nach § 240 HGB*

welches nicht länger als zwölf Monate andauern darf, sind die Bestände aufzunehmen und mit der Buchführung abzugleichen. Die Bücher sind auf eventuelle Fehlbestände oder falsche Aufzeichnungen (Sollbestand), die durch das Inventar offenkundig werden (Istbestand), zu korrigieren (Kontrollfunktion der Inventur). Mögliche Differenzen zwischen den Ist- und den Sollbeständen resultieren zumeist aus natürlichem Schwund oder Verderb, falscher Lagerbuchführung oder Diebstahl.

Kaufleute haben einmal jährlich die Inventur durchzuführen und das Inventar zu erstellen. Durch Aufnahmehandlungen wie Zählen, Messen, Wiegen oder plausibles Schätzen sind auf dafür vorbereiteten Inventuraufnahmebelegen (die regelmäßig in Entsprechung mit der Inventurrichtlinie erstellt werden) sämtliche Bestände des Unternehmens lückenlos aufzunehmen. Dies erfolgt zumeist in zeitlicher Nähe zum Jahresabschlussstichtag (Stichtagsinventur).

In der Praxis wird für die Inventur der laufende Geschäftsbetrieb für Zwecke der Inventurhandlungen unterbrochen. Die Inventur erfolgt regelmäßig 10 Tage vor bzw. nach dem Jahresabschlussstichtag. Entsprechende Bestandsveränderungen auf den Jahresabschlussstichtag sind durch Mengenfortschreibungen zu korrigieren. Man unterscheidet:

- **Stichtagsinventur**: der Erfassungsvorgang findet am oder zum Bilanzstichtag statt. Zeitnahe Erfassung wird angenommen, wenn sie in einem Zeitraum von 10 Tage vor oder 10 Tage nach dem Bilanzstichtag erfolgt, sofern die Fortschreibung der zwischenzeitlich stattfindenden Bestandsveränderungen gewährleistet ist.
- **Zeitlich verlegte Inventur**: §241 Abs. 3 HGB gestattet die Aufzeichnung eines besonderen Inventars auf einen Zeitpunkt innerhalb der letzten drei Monate vor oder der beiden ersten Monate nach dem Bilanzstichtag, dessen einzelne Inventarposten lediglich wertmäßig, nicht nach Art und Menge fortzuschreiben bzw. zurückzurechnen sind.
- **Permanente Inventur**: §241 Abs. 2 HGB lässt zu, die Erfassung der einzelnen Bestände über das gesamte Geschäftsjahr zu verteilen (z.B. Bestandsaufnahme dann, wenn der jeweilige Bestand niedrig ist). Sie setzt genaue Aufzeichnungen über Bestände und Bestandsveränderungen voraus. Die permanente Inventur ist nur dann ordnungsgemäß, wenn gewährleistet ist, dass jeder Inventurposten einmal im Jahr inventurmäßig erfasst wird. Sie darf sich nicht nur auf Stichproben oder die Verprobung eines repräsentativen Querschnitts beschränken.
- **Stichprobeninventur**: Bei der Aufstellung des Inventars darf der Bestand der Vermögensgegenstände nach Art, Menge und Wert auch mithilfe anerkannter mathematisch-statistischer Methoden aufgrund von Stichproben ermittelt werden (§241 Abs. 1 HGB). Der Aussagewert des so aufgestellten Inventars muss dem eines aufgrund körperlicher Bestandsaufnahme aufgestellten Inventars gleichkommen. Voraussetzung ist, dass die Lagerpositionen durch Zufallsauswahl aus dem Lagerkollektiv in die Stichprobe gelangen.
- **Festwertbildung**: Die Bildung eines Festwerts für eine Gruppe von Vermögensgegenständen des Sachanlagevermögens sowie Roh-, Hilfs- und Betriebsstoffe, die regelmäßig ersetzt werden und ihr Gesamtwert von nachrangiger Bedeutung ist, ist zulässig, wenn der Bestand in seiner Größe, seinem

Wert und seiner Zusammensetzung nur geringen Veränderungen unterliegt. Jedoch ist alle drei Jahre eine körperliche Bestandsaufnahme durchzuführen (§240 Abs. 3 HGB).

Die Inventurplanung soll gewährleisten, dass die Inventurarbeiten zügig ablaufen, die Bestände vollständig und richtig erfasst und Doppelaufnahmen vermieden werden. Zu einem Inventurplan gehören:

- Abgrenzung der einzelnen Aufnahmebereiche und der jeweiligen Verantwortlichen,
- Festlegung der Aufnahmeverfahren,
- Festlegung der Aufnahmezeiten,
- Vorbereitung der Aufnahmeblocks und der Inventurlisten,
- Einteilung des Personals unter Beachtung des Vier-Augen-Prinzips (Zähler, Schreiber, Kontrolleur) namentlich und nach Lagerstellen.

Besonderheiten bei der Erfassung einzelner Bestände bestehen bei:

- immateriellen Vermögensgegenständen: Einblick in Schriftwechsel und Rechtsunterlagen, um Schutzrechte, insbesondere Schutzfristen, zu überprüfen.
- Immobilien: Einblick in Kaufverträge oder Grundbuchauszüge, um die Eigentumsverhältnisse zu überprüfen, Überprüfung der Belastungen, Überprüfung der Umbuchung von Anlagen im Bau auf den Bilanzposten Grundstücke.
- Bewegliches Sachanlagevermögen: Überprüfung des Bestandsverzeichnisses, der geringwertigen Wirtschaftsgüter und der Auswirkungen von Inventurerleichterungen
- Finanzanlagen: Hypotheken, Grundschulden aus dem Grundbuch, Hypotheken- und Grundschuldbriefen, Depotbestätigungen, Vertragsunterlagen und Saldenbestätigungen bei Ausleihungen.
- Finanzvermögen und Finanzschulden: Saldenbestätigungen, gesellschaftsrechtliche Verträge (z.B. Gesellschaftsverträge, Beherrschungsverträge etc.).

Abb. 4: *Inventurverfahren nach §§240 und 241 HGB*

2 Grundlagen der Bilanzierung nach HGB

2.1 Zwecke des Jahresabschlusses

Der Jahresabschluss besteht für alle Kaufleute grundsätzlich aus einer Bilanz und einer GuV (§ 242 Abs. 3 HGB). Kapitalgesellschaften haben den Jahresabschluss nach § 264 Abs. 1 Satz 1 HGB um einen Anhang zu ergänzen. Der Jahresabschluss hat hierbei die Ziele, die die Adressatengruppen des Jahresabschlusses an ihn stellen und die gesetzlich verankert sind, zu erfüllen.

Die zentralen Zielsetzungen des Jahresabschlusses bestehen in der Informations- und Zahlungsbemessungsfunktion.

Zentrale Jahresabschlussfunktionen

Informationsfunktion	Zahlungsbemessungsfunktion
» Insbesondere Information und Unterstützung der (Eigen- und Fremd-)Kapitalgeber » Inhalt und Umfang der Pflichtinformationen im Jahresabschluss variieren	» Quantifizierung erfolgsabhängiger Zahlungen » Kompromiss zwischen den Interessen der Gesellschafter und denen der Gläubiger

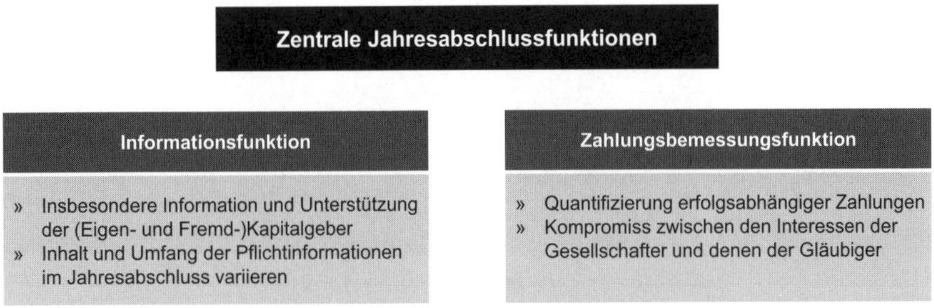

Abb. 5: *Zwecke des Jahresabschlusses*

Die Informationsfunktion dient dazu, Außenstehende, insbesondere (Eigen- und Fremd-)Kapitalgeber zu informieren und bei ihnen Entscheidungen zu unterstützen, ob sie ihr finanzielles Engagement am Unternehmen weiterführen wollen oder nicht. Das bedeutet für Eigenkapitalgeber, ob sie ihre Gesellschaftsanteile bzw. Aktienbestände halten, verkaufen oder erhöhen wollen, für Fremdkapitalgeber (Gläubiger), ob sie ihren Kredit fällig stellen oder verlängern (prolongieren) wollen. Der Inhalt und Umfang der Pflichtinformationen im Jahresabschluss variieren mit der Unternehmensgröße, der Rechtsform (Kapital- bzw. Nichtkapitalgesellschaften) und der Branche.

Die Zahlungsbemessungsfunktion dient der Quantifizierung erfolgsabhängiger Zahlungen, z.B. Dividenden, Boni, Tantiemen, Gewinnbeteiligungen und erfolgsabhängigen Steuerzahlungen. In diesem Zusammenhang wird ein Kompromiss gesucht zwischen den Ausschüttungsinteressen der Gesellschafter (Aktionäre) und den Interessen der Gläubiger an der Erhaltung einer Mindesthaftungsmasse (Ausschüttungssperre).

Weitere Aufgaben sind:

- die Rechenschaftslegung gegenüber Eigen- und Fremdkapitalgebern,
- die Dokumentationsfunktion über die stattgehabten Vorgänge und Sachverhalte sowie die Vermögens-, Finanz- und Ertragslage des Unternehmens zu berichten,
- die Kompetenzabgrenzungsfunktion, durch welche festgelegt wird, welches Organ über welche im Jahresabschluss erfassten Beträge disponieren kann; so steht der Bestand an ausschüttungsoffenen Rücklagen sowie bis 50 % des Jahresüberschusses (§ 58 Abs. 2 AktG) in der Kompetenz von Vorstand und Aufsichtsrat, während die Hauptversammlung über die Verwendung des Bilanzgewinns zu entscheiden hat (§ 58 Abs. 3 AktG), und schließlich
- die Funktion, die Grundlage für die Überleitung zur Steuerbilanz darzustellen. Nach § 5 Abs. 1 EStG ist für den Schluss des Wirtschaftsjahres das Betriebsvermögen anzusetzen, das nach den handelsrechtlichen Grundsätzen ordnungsmäßiger Buchführung auszuweisen ist, es sei denn, im Rahmen der Ausübung eines steuerrechtlichen Wahlrechts wird oder wurde ein anderer Ansatz gewählt (Vorbehaltsmaßgeblichkeit).

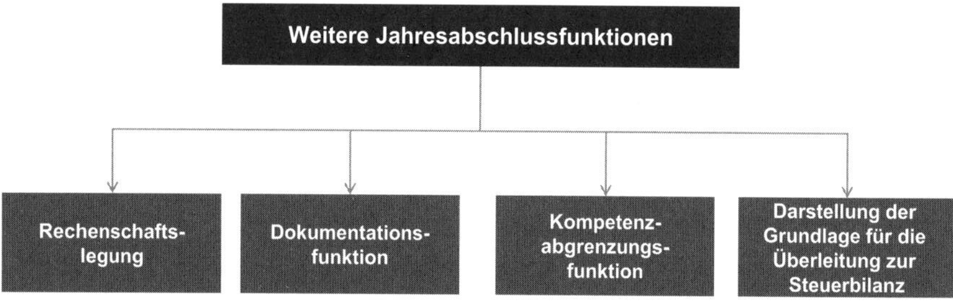

Abb. 6: *Weitere Jahresabschlussfunktionen*

Neben der Buchführungspflicht stellt der Jahresabschluss nach § 242 ff. HGB die zentrale Norm der Rechnungslegung in der deutschen Bilanzierung dar. Der Jahresabschluss ist in Deutschland ein Multifunktionsinstrument mit mehreren Zielsetzungen gegenüber mehreren Zielgruppen.

2.2 Funktionen des Jahresabschlusses

Eine der zentralen Funktionen des handelsrechtlichen Jahresabschlusses besteht in der Vermittlung eines den tatsächlichen Verhältnissen entsprechenden Bilds der Vermögens-, Finanz- und Ertragslage des bilanzierungspflichtigen Unternehmens unter Berücksichtigung der Grundsätze ordnungsmäßiger Buchführung und Jahresabschlusserstellung (§ 264 Abs. 2 Satz 1 HGB).

Dabei bilden Bilanz, GuV sowie Anhang die Einheit „Jahresabschluss", der diese Aufgabe zu erfüllen hat (§§ 242 Abs. 3, 264 Abs. 1 Satz 1 HGB).

Die **Bilanz** repräsentiert eine stichtagsbezogene Gegenüberstellung des Vermögens und der Schulden des Kaufmanns.

Aktivisch werden in der Bilanz sämtliche Vermögensgegenstände, die im rechtlichen oder wirtschaftlichen Eigentum des bilanzierenden Unternehmens stehen, monetär abgebildet (§246 Abs. 1 HGB). Das Vermögen stellt die Mittelverwendung dar und ist gegliedert in Anlage- und Umlaufvermögen. Passivisch enthält die Bilanz alle sicheren (Verbindlichkeiten) und unsicheren Schulden (Rückstellungen), die das Vermögen des Kaufmanns belasten sowie das Eigenkapital, welches der vorrangigen Verlustdeckung dient. Eigenkapital und Schulden beschreiben die Mittelherkunft der im Unternehmen vorhandenen Ressourcen. Sie unterscheiden sich in vielerlei Hinsicht, wobei das Verhältnis von Eigen- und Fremdkapital für die Bonitätsbeurteilung (Rating) von besonderer Bedeutung ist. Während die Schulden durch rechtliche oder wirtschaftliche Ansprüche Dritter gekennzeichnet sind, stellt das Eigenkapital den Saldo von Vermögen abzüglich Schulden dar; man spricht vom Reinvermögen (Nettovermögen) des Unternehmens.

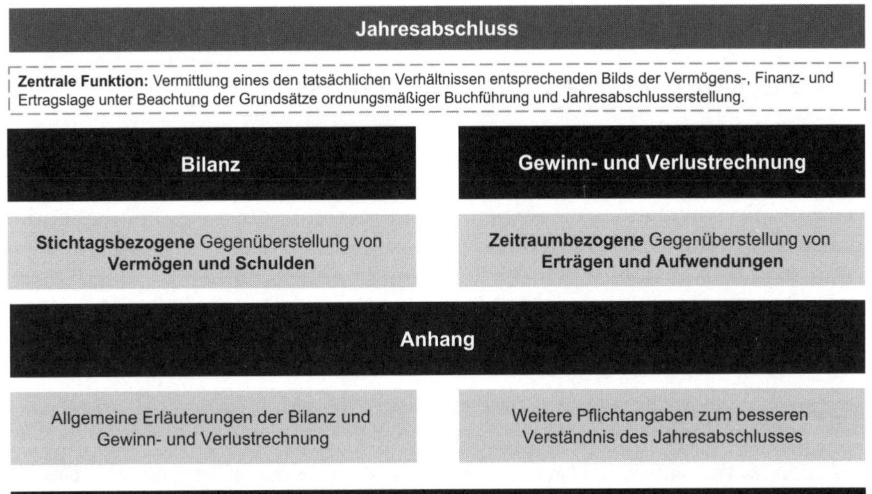

Abb. 7: *Funktionen des Jahresabschlusses*

Die **GuV** stellt zeitraumbezogen sämtliche Aufwendungen und Erträge einer Rechnungsperiode gegenüber und ermittelt so den Jahresüberschuss bzw. Jahresfehlbetrag.

Die GuV ermittelt die Nettovermögensmehrung bzw. -minderung eines Jahres, die nicht durch Einlagen oder Entnahmen (Kapitalerhöhungen bzw. Kapitalherabsetzungen) ausgelöst wird. Der Aufbau der GuV lässt die nach Chancen-Risiko-Profilen gegliederten Erfolgsquellen erkennen, so z.B. das operative Ergebnis und das Finanzergebnis. Die Staffelform der GuV lässt Zwischensummen zu, welche bilanzanalytische Schlussfolgerungen ermöglichen, z.B. Bruttoergebnis vom Umsatz etc. §275 HGB sieht zwei Gliederungsalternativen für die GuV-Darstellung vor, das Gesamtkostenverfahren und das Umsatzkostenverfahren, welche alternativ genutzt werden können.

Der **Anhang** ist ein weiterer Pflichtbestandteil des Jahresabschlusses von Kapitalgesellschaften (§264 Abs. 1 HGB) und gibt verbale Erläuterungen und Ergänzungen zu den beiden anderen monetär geprägten Jahresabschlusselementen (Bilanz und GuV).

Indem bspw. Ansatz- und Bewertungsmethoden oder Wahlrechtsausübungen beschrieben und erläutert werden, soll ein besseres Verständnis des Jahresabschlusses gewährleistet und dem Interessenschutz, z.B. der Gläubiger, Rechnung getragen werden. Zur besseren Nachvollziehbarkeit können Zahlen der Bilanz oder GuV durch Referenzen mit dem Anhang verknüpft werden. Im Anhang können Informationen vermittelt werden, ohne dass sie Auswirkungen auf Kennzahlen entfalten, z.B. die unsaldierten Beträge von Pensionsvermögen und Pensionsrückstellungen (§285 Nr. 25 HGB), die Ausschüttungssperren (§285 Nr. 28 i.V.m. §268 Abs. 8 HGB), das Hedge Accounting (§285 Nr. 23 HGB).

2.3 Bestandteile des Jahresabschlusses

Bedingt durch die charakteristischen Merkmale Unternehmensgröße, Rechtsform und damit Unterscheidung in unbegrenzte Haftung bzw. Haftungsbeschränkung sowie einer möglichen Kapitalmarktorientierung, beinhaltet der handelsrechtliche Jahresabschluss unterschiedliche Rechnungslegungsinstrumente. Die Anforderungen der Rechnungslegung sind hierbei hierarchisch gegliedert. Der Detaillierungsgrad in Form der zu erstellenden Jahresabschlussbestandteile steigt, je größer (vgl. hierzu §267 HGB) das Unternehmen und

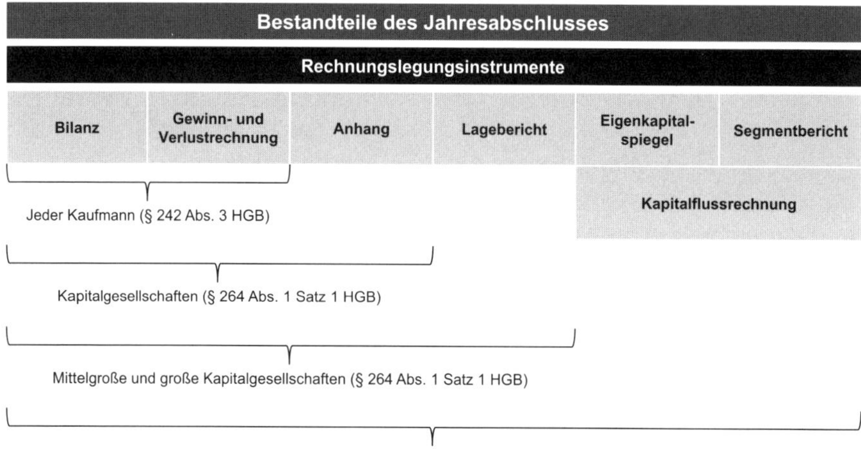

Abb. 8: *Bestandteile des Jahresabschlusses*

je stärker seine Haftung beschränkt und damit losgelöst von einer privaten Haftung der Gesellschafter ist. Die Haftungsbeschränkung wird somit durch erweiterte Publizitätspflichten „erkauft".

Bei einer Kapitalmarktorientierung gemäß dem Wertpapierhandelsgesetz ist das Informationsbedürfnis der Stakeholder des Unternehmens – insbesondere der Shareholder (Risikokapitalgeber) – am größten. Dementsprechend sind die Publizitätsansprüche der Rechnungslegung hier am höchsten und es wird eine umfassendere Information des Kapitalmarkts, sowohl im Rahmen der Regelberichterstattung (Jahresfinanzbericht, Halbjahresfinanzbericht, §§ 114, 115 WpHG) als auch im Rahmen der ad-hoc-Berichterstattung (Art. 17 Absatz 1 Unterabsatz 1 MMVO, Marktmissbrauchsverordnung) gefordert.

Grundsätzlich haben alle Kaufleute nach § 1 ff. HGB einen Jahresabschluss bestehend aus einer Bilanz und einer GuV zu erstellen (vgl. § 242 Abs. 3 HGB). Kapitalgesellschaften haben den Jahresabschluss, um einen Anhang zu erweitern. Die Bilanz, GuV und der Anhang bilden als Einheit den „Jahresabschluss der Kapitalgesellschaften" (§ 264 Abs. 1 HGB). Mittelgroße und große Kapitalgesellschaften haben den „Jahresabschluss der Kapitalgesellschaften" um den Lagebericht zu erweitern, der ein eigenständiges Rechnungslegungsinstrument darstellt (§ 264 Abs. 1 HGB).

Kapitalmarktorientierte Unternehmen haben – soweit weitere Voraussetzungen vorliegen – ebenso wie Konzerne zusätzlich einen Eigenkapitalspiegel, eine Kapitalflussrechnung sowie wahlweise einen Segmentbericht aufzustellen und den Jahresabschluss zu ergänzen (§ 264 Abs. 1 Satz 2 HGB). Diese Instrumente sollen es insbesondere den Investoren ermöglichen, die Vermögens-, Finanz- und Ertragslage sowie die künftige Innenfinanzierungskraft (Cashflow) des Unternehmens besser einschätzen zu können, um so Aussagen über (künftige) Investitionsentscheidungen und das Kapitalengagement abzuleiten. Während die Kapitalflussrechnung mit der strukturierten Darstellung nach DRS 21 der stattgefundenen Zahlungsvorgänge aus der betrieblichen Tätigkeit, der Investitions- und der (Außen-)Finanzierungstätigkeit ermöglichen soll, die Wahrscheinlichkeit einer bevorstehenden Insolvenz durch Zahlungsunfähigkeit bzw. drohende Zahlungsunfähigkeit abzuschätzen, dient der Eigenkapitalspiegel dazu,

Bestandteile der handelsrechtlichen Rechnungslegung				
	Bilanz	GuV	Anhang	Lagebericht
Einzelunternehmen/ typ. PersG, die **nicht** dem PublG unterliegen	Jahresabschluss (§ 242 Abs. 3 HGB)		---	---
Einzelunternehmen/ typ. PersG, die dem PublG unterliegen	Jahresabschluss (§ 5 Abs. 1 PublG)		---	---
KapG und atyp. PersG	Jahresabschluss (§§ 264 Abs. 1, 264a Abs. 1 HGB)			Befreiung (§ 264 Abs. 1 Satz 4 HGB)
Mittlere und große Kapitalgesellschaften und atyp. PersG	Jahresabschluss und Lagebericht (§§ 264 Abs. 1, 264a Abs. 1 HGB			

Abb. 9: *Bestandteile der handelsrechtlichen Rechnungslegung*

die Veränderungen der einzelnen Eigenkapitalposten aufzuzeigen und damit die Prognose einer Insolvenz durch Überschuldung zu unterstützen (DRS 22).

Für sämtliche Kaufleute besteht der Jahresabschluss nach §242 Abs.3 HGB aus einer Bilanz und einer GuV. Kapitalgesellschaften und atypische Personengesellschaften (das sind Personenhandelsgesellschaften, bei denen keine natürliche Person Vollhafter der Gesellschaft ist, §264a HGB) haben zusätzlich zum Jahresabschluss einen Anhang zu erstellen.

Die atypische Personenhandelsgesellschaft (z.B. GmbH & Co. KG, UG & Co. KG) als hybride Rechtsform ist zwar Personengesellschaft im Sinne des HGB, da der vollhaftende Gesellschafter aber eine haftungsbeschränkte Kapitalgesellschaft ist, steht die atypische Personengesellschaft wirtschaftlich betrachtet den Kapitalgesellschaften näher. Aus Vorsichts- und Informationsgedanken gegenüber Dritten sind die Rechnungslegungsvorschriften daher weitaus umfassender als bei reinen Personengesellschaften. Große Personenhandelsgesellschaften sind aufgrund des erhöhten öffentlichen Interesses nach den Vorschriften des Publizitätsgesetzes ebenfalls weitergehenden Rechnungslegungsanforderungen unterworfen.

Mittelgroße und große Kapitalgesellschaften haben den aus Bilanz, GuV und Anhang bestehenden Jahresabschluss um einen **Lagebericht**, der ein separates Rechnungslegungsinstrument darstellt, zu erweitern.

Nach §264 Abs. 1 Satz 2 HGB müssen Konzernunternehmen und Unternehmen, die den organisierten Kapitalmarkt in Anspruch nehmen, ihren Jahresabschluss um eine Kapitalflussrechnung, einen Eigenkapitalspiegel und ggf. eine Segmentberichterstattung zu erweitern.

2.4 Rechtsgrundlagen des Jahresabschlusses

2.4.1 Rechtsform-, Größen- und Branchenabhängigkeit der Rechnungslegungsvorschriften

Die Rechtsform und die damit einhergehenden Haftungsbestimmungen eines Unternehmens sind neben seiner Größe und seiner Branchenzugehörigkeit maßgeblicher Anknüpfungspunkt für die Anwendung der unterschiedlichen Rechtsgrundlagen für den Jahresabschluss.

Als Rechtsgrundlagen kommen sämtliche kodifizierten und gewohnheitsrechtlichen Normen, die durch den formellen Gesetzgeber oder gesetzlich anerkannte Standardsetter erlassen wurden oder sich durch anerkannte Bilanzierungspraxis und Rechtsprechung herausgebildet haben, in Betracht.

Rechtsformspezifische Rechnungslegungsvorschriften unterscheiden sich, ob sie für Kapital- oder Nichtkapitalgesellschaften Anwendung finden. Kapitalgesellschaften zeichnen sich durch zwei rechnungslegungsrelevante Merkmale aus:

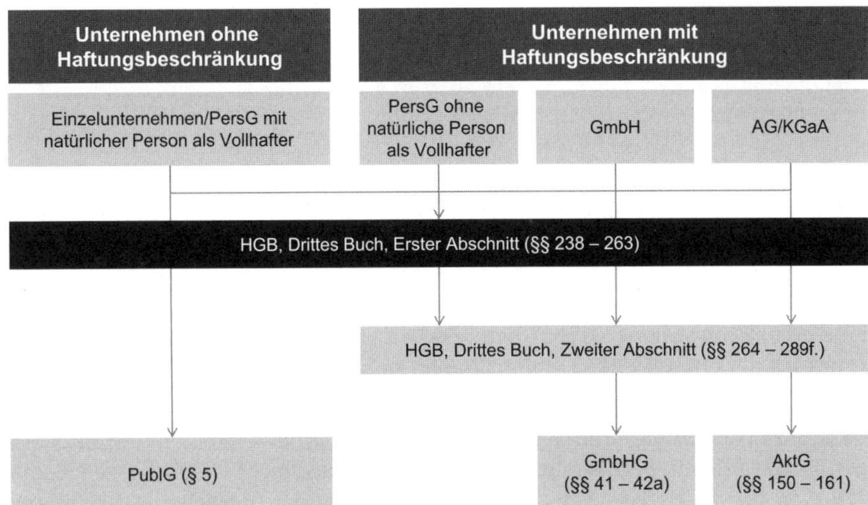

Abb. 10: *Rechtsgrundlagen des Jahresabschlusses*

- Fremdorganschaft, d.h. die Möglichkeit, dass auch andere Personen als Gesellschafter Geschäftsführer (Vorstände) sein können, und
- Haftungsbeschränkung, d.h. die Beschränkung der Haftungsmasse auf das Gesellschaftsvermögen und die Haftungsbeschränkung auf das Stamm- bzw. Grundkapital.

Daraus resultieren die beiden rechnungslegungsrelevanten Maßnahmenkategorien:

- Publizität aufgrund der Schutzwürdigkeit der Informationsanforderungen durch die Gesellschafter, die in diesen Rechtsformen als Outsider anzusehen sind und
- Ausschüttungssperre, d.h. die Beschränkung der Ausschüttungen auf ausschüttungsoffene Posten, die sich aus dem Jahresabschluss ergeben.

Bei Nichtkapitalgesellschaften sind grundsätzlich die Gesellschafter auch Geschäftsführer, sodass ihre Informationsbedürfnisse nicht im gesetzlich vorgeschriebenen Jahresabschluss berücksichtigt werden müssen. Auch trifft man hier eine unbeschränkte Haftung der Gesellschafter an, sodass eine Ausschüttungssperre im Gläubigerschutzinteresse ebenfalls entbehrlich ist.

Der Gesetzgeber sieht bei haftungsbeschränkten Gesellschaften daher verstärkte Anforderungen an die Gewinnermittlung und die Gewinnverwendung vor. Schutzbedürftige Stakeholder werden hier u.a. durch Ausschüttungssperren oder erweiterte Kapitalgliederungs- und Gewinnverwendungsvorschriften in den rechtsformspezifischen Gesetzen (GmbHG, AktG) zusätzlich geschützt. Dieses Schutzbedürfnis besteht bei in der Haftung nicht beschränkten Unternehmen in dieser Form nicht, da für die Gläubiger die grundsätzliche Möglichkeit existiert, neben der Gesellschaft auch die dahinterstehenden Gesellschafter direkt in Anspruch zu nehmen und ferner die Gesellschafter die Möglichkeit haben, sich aufgrund ihrer gesellschaftsrechtlichen Stellung als Geschäftsführer selbst und umfassend über die Belange der Gesellschaft zu informieren.

Für sämtliche Unternehmen und Einzelkaufleute ist das dritte Buch des HGB (§§ 238 bis 263 HGB) einschlägig (lex generalis). Daneben ist für haftungsbeschränkte Gesellschaften der zweite Abschnitt des Dritten Buchs des HGBs (§§ 264 bis 289 ff. HGB) als lex specialis von vorrangiger Bedeutung.

Zusätzlich sind ebenfalls die rechtsformspezifischen Gesetze (u.a. GmbH-Gesetz, Aktiengesetz, Genossenschaftsgesetz) für die jeweiligen Rechtsformen zu beachten. Große Personengesellschaften und Einzelunternehmen können ggf. aufgrund des Publizitätsgesetzes mit vergleichbaren Normen wie Kapitalgesellschaften belegt werden. Da große Kapital- und Personengesellschaften eine erhebliche volkswirtschaftliche Bedeutung aufweisen und auf ein breites Interesse der Öffentlichkeit stoßen, haben sie sich anspruchsvollen und weiterreichenden Rechnungslegungsvorschriften zu unterwerfen.

In der Praxis sind die Grenzen zwischen den einzelnen Gesetzen und Büchern des HGB fließend. So besteht für in ihrer Haftung nicht beschränkte Gesellschaften beispielsweise kein verpflichtendes Gliederungsschema für Bilanz und GuV. Dieses existiert nur für haftungsbeschränkte Gesellschaften. Allerdings richtet sich die Praxis regelmäßig auch bei haftungsunbeschränkten Gesellschaften an den in den §§ 266 und 275 HGB niedergelegten Gliederungsschemata aus und nimmt eine entsprechende Gliederung vor.

Die **zentralen Rechnungslegungsvorschriften** sind sowohl in den gesetzlichen Kodifizierungen des HGB sowie den rechtformspezifischen Einzelgesetzen (AktG, GmbHG etc.) als auch in gewohnheitsrechtlichen Bestimmungen, die sich durch ständige Anwendung herausgebildet und manifestiert haben (Grundsätze ordnungsgemäßer Buchführung, GoB, etc.), niedergelegt.

Neben der Rechtsform des Unternehmens ist auch die Größe des Unternehmens ein zentraler Anknüpfungspunkt für die Bestimmung der anzuwendenden Rechnungslegungsvorschriften (Größenklassen des § 267 HGB und des § 1 PublG). Die Unternehmensgröße hat damit wesentlichen Einfluss auf den Umfang und den Detaillierungsgrad der Rechnungslegung.

Das Gesetz knüpft die Größenbestimmung an die drei messbaren Kriterien:

- Bilanzsumme,
- Umsatzerlöse,
- durchschnittliche Arbeitnehmerzahl.

Überschreitet das Unternehmen an zwei aufeinanderfolgenden Bilanzstichtagen zwei der drei genannten Größenkriterien, wird die nächste Größenstufe erreicht und die Rechnungslegungsvorschriften damit detaillierter und umfassender. Kapitalmarktorientierte Gesellschaften müssen sich unabhängig von ihrer Größe immer den strengsten Rechnungslegungsvorschriften unterwerfen und gelten stets als große Kapitalgesellschaften.

Sondervorschriften bestehen auch für Unternehmen bestimmter Branchen, so z.B.

- Kreditinstitute und Finanzdienstleistungsinstitute (§§ 340–340o HGB),
- Versicherungsunternehmen und Pensionsfonds (§§ 341–341p) und
- bestimmte Unternehmen des Rohstoffsektors (§§ 341q–341y HGB).

2.4.2 Rechtsquellen der Rechnungslegung

Allgemeines

Gesetze beinhalten als Teil der Gesamtrechtsordnung abstrakt-generelle Regelungen, die für eine Vielzahl von Lebenssachverhalten für eine Vielzahl an Personen gelten. Sie werden durch den formellen Gesetzgeber im ordentlichen Gesetzgebungsverfahren erlassen und binden die betroffenen Personen unmittelbar. Der Gesetzgeber ist für den Erlass der Normen zuständig, da er durch die Regelungen einerseits in die Rechte der Betroffenen eingreift und ihre Vermögensposition verändert bzw. beeinträchtigt (bspw. Handelsbilanz als Basis für die Ermittlung der Besteuerungsgrundlage), andererseits Rechts- und Vermögenspositionen von Personen und Personengruppen schützt (z.B. Gläubigerschutz durch Ausschüttungssperre).

Die GoB als unbestimmter Rechtsbegriff sind auslegungsbedürftig. Sowohl die im Gesetz niedergelegten und beschriebenen GoB (kodifizierte GoB) als auch die im Gesetz genannten, aber nicht explizit beschriebenen GoB (nicht-kodifizierten GoB) dienen zum einen der Fortentwicklung der Rechnungslegung und halten das Gesetz für neuere Entwicklungen der Praxis offen. Zum anderen sieht der Gesetzgeber bei zu extensiver Anwendung der GoB den Interessenschutz der Koalitionäre des Unternehmens in Gefahr, weshalb die GoB durch Rechtsprechung, Literatur und die Fachvertreter „standardisiert", vereinheitlicht und weiterentwickelt werden.

Zu den GoB zählen auch die deutschen Rechnungslegungsstandards (DRS). Der Gesetzgeber vertritt bei den DRS die grundsätzliche Auffassung, dass die Regelungen für den Einzelabschluss aufgrund des Interessenschutzes durch die Gesetze und GoB ausreichend detailliert kodifiziert sind, die Konzernrechnungslegungsvorschriften allerdings nur rudimentär ausgebildet und niedergelegt sind. Da der Konzernabschluss allerdings nur eine reine Informationsfunktion übernimmt und schutzwürdige Interessen Dritter in den Hintergrund treten, können mit der entsprechenden gesetzlichen Genehmigung Regelungen zur Konzernrechnungslegung durch ein privatrechtliches Gremium erlassen werden. Die DRS sind somit Regelungen zur Konzernrechnungslegung, die durch ein privatrechtliches Standardsetting-Gremium (Deutsches Rechnungs-

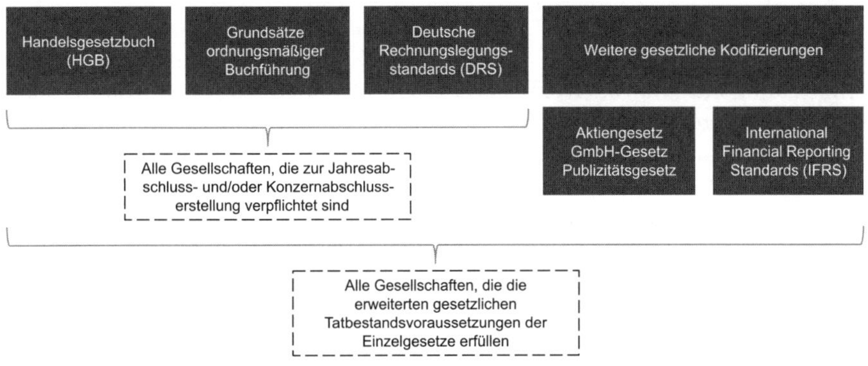

Abb. 11: *Rechtsgrundlagen des Jahresabschlusses*

legungs Standard Committee, DRSC) erlassen werden und denen die Qualität von Grundsätzen ordnungsmäßiger Konzernrechnungslegung beigemessen wird. Sie sind bei der Konzernabschlusserstellung grundsätzlich vollständig zu beachten. Die entsprechende Anwendung der einschlägigen DRS auf den Einzelabschluss wird durch das DRSC grundsätzlich empfohlen, was einer faktischen Anwendungsverpflichtung und damit den GoB gleichkommt.

Daneben spielen auch, sofern diese einschlägig sind, Kaufmannsbräuche für die Rechnungslegung eine wichtige Rolle.

In der praktischen Arbeit ist eine Vielzahl an Rechtsquellen bei der Abschlusserstellung zu berücksichtigen. Neben den zivilrechtlichen Normen kommen des Weiteren noch die öffentlich-rechtlichen Normen der Steuergesetze und Steuerrichtlinien ggf. zur Anwendung.

Europäisches und internationales Bilanzrecht kodifiziert sich entweder in EU-Richtlinien oder EU-Verordnungen.

- EU-Richtlinien sind in nationales Recht zu transformieren und entfalten erst mit der Einbeziehung in den nationalen Gesetzeskodex Rechtswirkungen, z.B. Vierte, Siebente und Achte Richtlinie des Rates der Europäischen Gemeinschaften zur Koordinierung des Gesellschaftsrechts vom 19.12.1985 -> Bilanzrichtlinien-Gesetz – BiRiLiG – Gesetz zur Durchführung der Bilanzrichtlinie -> Bilanzrichtlinie-Umsetzungsgesetz, CSR-Richtlinie -> CSR-Richtlinienumsetzungsgesetz.
- EU-Verordnungen sind mit ihrer Veröffentlichung im Amtsblatt der EU unmittelbar geltendes und von den Rechtsgenossen anwendbares Recht innerhalb der EU, z.B. Verordnung (EG) Nr. 1606/2002 des Europäischen Parlaments und des Rates vom 19. Juli 2002 betreffend die Anwendung internationaler Rechnungslegungsstandards, die EU-Verordnungen, die jeden neu geschaffenen oder überarbeiteten IFRS-Standard im Amtsblatt der EU veröffentlichen und damit zu unmittelbar geltendem Recht für die Anwendung im Rahmen der IFRS-Rechnungslegung nach § 315e HGB erklären, die Verordnung (EU) Nr. 537/2014 des Europäischen Parlaments und des Rates vom 16. April 2014 über spezifische Anforderungen an die Abschlussprüfung bei Unternehmen von öffentlichem Interesse und zur Aufhebung des Beschlusses 2005/909/EG der Kommission Text von Bedeutung für den EWR.

Formell-gesetzliche Rechtsnormen

Aufgrund der Tatsache, dass der Jahresabschluss in Deutschland neben der Informationsfunktion auch eine Funktion für den Interessenschutz der Kapitalgeber, insbesondere der Gläubiger (Gläubigerschutz), hat, sind die wesentlichen Gestaltungsnormen des Jahresabschlusses formell-gesetzliche Regelungen. Je nach Schutzbedürftigkeit und gewährtem Interessenschutz unterscheidet man Vorschriften für alle Kaufleute (§§ 238–263 HGB, lex generalis), ergänzende Vorschriften für Kapitalgesellschaften sowie bestimmte Personenhandelsgesellschaften (§§ 264–335 HGB, lex specialis), Ergänzende Vorschriften für eingetragene Genossenschaften (§§ 336–339 HGB), Ergänzende Vorschriften für Unternehmen bestimmter Geschäftszweige (§§ 340–341y HGB).

Grundsätze ordnungsmäßiger Buchführung (GoB)

Die Grundsätze ordnungsmäßiger Buchführung sind unbestimmte Rechtsbegriffe. Da der Gesetzgeber das formelle Gesetz im Rahmen der Rechnungslegung möglichst schmal halten möchte, bedient er sich der Grundsätze ordnungsmäßiger Buchführung. Durch Verweis auf sie in formell-gesetzlichen Regelungen, z.B. §§238 Abs. 1, 239 Abs. 4, 243 Abs. 1, 256, 264 Abs. 2 HGB, §5 Abs. 1 EStG) werden sie unmittelbar Teil der Rechtsordnung. Die GoB werden als unbestimmter Rechtsbegriff immer dann im Gesetz ausdrücklich erwähnt, wenn der Hinweis auf den Interessenschutz der Außenstehenden besonderer Erwähnung bedarf. GoB werden durch die Rechtsprechung, die Literatur und die ständige Übung fortwährend weiterentwickelt. Ihre Auslegung hat sich am Interessenschutz der Jahresabschlussadressaten zu orientieren.

Inhaltlich handelt es sich bei den GoB um Regeln, nach denen Geschäftsvorfälle aufzuzeichnen sind und der Jahresabschluss darzustellen ist.

Man unterscheidet Grundsätze ordnungsmäßiger Buchführung zur Bestimmung der

- formellen Ordnungsmäßigkeit, z.B.
  - systematischer Aufbau der Buchführung (Richtigkeit, Übersichtlichkeit, Zeitgerechtheit, Geordnetheit),
  - Vollständigkeit,
  - Ordnungsmäßigkeit des Belegwesens und der Belegaufbewahrung,
- materiellen Ordnungsmäßigkeit, z.B.
  - Klarheit,
  - Wahrheit,
  - Kontinuität,
  - Vorsicht,

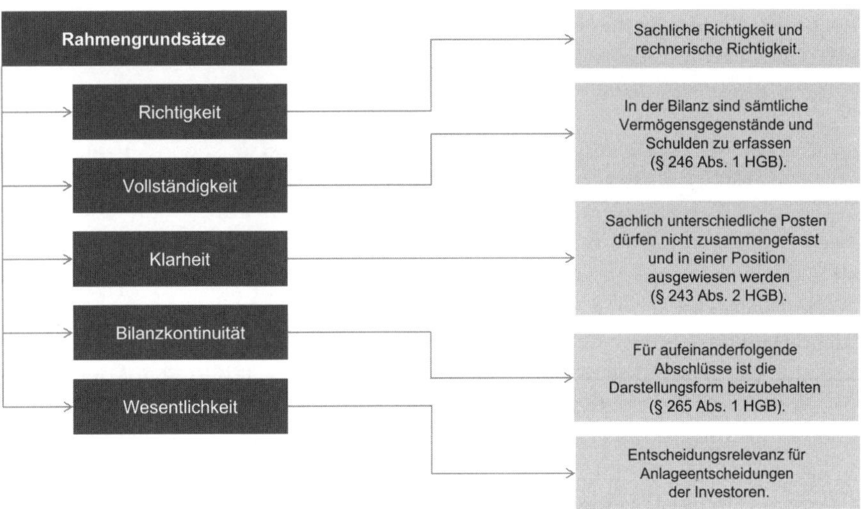

Abb. 12: *Grundsätze ordnungsgemäßer Buchführung (GoB) – Rahmengrundsätze*

- unter Beachtung von Wirtschaftlichkeitsaspekten, z.B.
  - Wesentlichkeit (Materiality),
  - Nichtausweis schwebender Geschäfte.

Somit ergibt sich eine hierarchische Anordnung der Rechtsquellen

Abstraktionsgrad	Rechtsquellen	Beispiele
Höchster Abstraktionsgrad	Generalklausel § 264 Abs. 2 HGB	True and fair view
Mittlerer Abstraktionsgrad	Grundsätze ordnungsmäßiger Buchführung	§ 252 Abs. 1 Ziff. 4 HGB: Es ist vorsichtig zu bewerten.
Niedriger Abstraktionsgrad	Kodifizierte Einzelvorschriften	§ 253 Abs. 1 HGB: Vermögensgegenstände sind mit Anschaffungs- oder Herstellungskosten anzusetzen.

Abb. 13: *Hierarchische Anordnung der Rechtsquellen*

Der Gesetzgeber verzichtet bewusst auf eine detaillierte Regelung aller Problemfälle, da sonst

- das Gesetz zu umfangreich würde und
- weitere Entwicklungen blockiert würden, wie z.B.
  - EDV-Buchführung, belegloser Datenaustausch,
  - Bilanzierung von Cloudlösungen und Kryptowährungen,
  - Darstellung von innovativen Finanzinstrumenten im Rechnungswesen etc.

Die Grundsätze ordnungsmäßiger Buchführung sind grundsätzlich rechtsformunabhängig, jedoch können sie im Einzelfall eine rechtsformspezifische Gewichtung erfahren.

In der Bilanzierungspraxis spielen die Grundsätze ordnungsmäßiger Buchführung aufgrund der sich stetig weiter entwickelnden Rechtsfortbildung in der Rechnungslegung eine zentrale Rolle. Sie sind durch den Gesetzesanwender unter Zuhilfenahme der weiterführenden Literatur und Rechtsprechung entsprechend zu bestimmen.

Nach §239 Abs. 2 HGB müssen die Bucheintragungen und sonstigen Aufzeichnungen vollständig, richtig, zeitgerecht und geordnet erfolgen.

Vollständigkeit bezieht sich sowohl auf die Erfassung der Geschäftsvorfälle wie auch auf den Ansatz der Vermögensgegenstände und Schulden in der Bilanz (§246 Abs. 1 HGB).

Richtigkeit bezieht sich auf die rechnerische wie auch auf die sachliche Richtigkeit, d.h. die Geschäftsvorfälle müssen mit dem richtigen Betrag auf den richtigen Konten auf der richtigen Kontoseite erfasst werden. Die Datenverarbeitung und der Jahresabschluss haben den rechtlichen Vorschriften zu entsprechen.

Zeitgerechtheit bedeutet, dass die Geschäftsvorfälle in ihrer zeitlichen Abfolge erfasst und in der Periode ausgewiesen werden, in der sie stattgefunden haben (Hauptbuchfunktion).

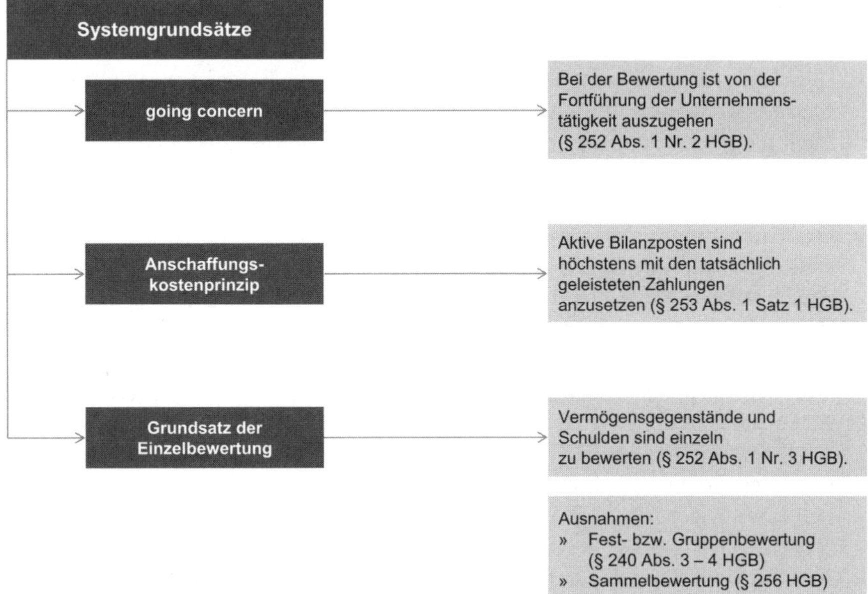

Abb. 14: *Grundsätze ordnungsgemäßer Buchführung (GoB) – Systemgrundsätze*

Geordnetheit bedeutet, dass die Geschäftsvorfälle auf den richtigen Konten dargestellt werden und dass gleichartige Geschäftsvorfälle auf den gleichen Konten abgebildet werden.

Der Grundsatz der **Klarheit** besagt, dass die Buchhaltung so beschaffen sein muss, dass sie einem sachverständigen Dritten innerhalb angemessener Zeit einen Überblick über die Geschäftsvorfälle und über die Lage des Unternehmens vermitteln kann, wobei sich die Geschäftsvorfälle in ihrer Entstehung und Abwicklung verfolgen lassen müssen (§238 Abs.1 Sätze 2 und 3 HGB). Der Grundsatz der Klarheit setzt einen Mindestdetaillierungsgrad voraus, andererseits darf die Klarheit nicht durch einen unstrukturierten Informations-Overload beeinträchtigt werden.

Bilanzkontinuität bedeutet formell, dass die Eröffnungsbilanz mit der Schlussbilanz des Vorjahres übereinstimmen muss (§252 Abs. 1 Nr. 1 HGB, Bilanzidentität), andererseits, dass Ansatz-, Bewertungs- und Gliederungsmethoden im Zeitablauf beizubehalten sind (§§246 Abs.3, 252 Abs.1 Nr.6, 265 Abs.1 HGB, materielle Bilanzkontinuität).

Der Grundsatz der **Wesentlichkeit** relativiert die Informationsanforderungen der Außenstehenden derart, dass Informationen nur dann vermittelt werden müssen, wenn sie für die Entscheidungen der außenstehenden Kapitalgeber relevant sind. Dies soll einerseits einen Informations-Overload vermeiden, andererseits berechtigte Interessen der Unternehmens-Insider berücksichtigen, bestimmte Details nicht nach außen kommunizieren zu müssen.

Folgende Systemgrundsätze sind als kodifizierte, d.h. im Gesetz niedergeschriebene, GoB anzusehen.

- Gemäß der dynamischen Bilanztheorie ist bei der Bewertung von der **Fortführung der Unternehmenstätigkeit** (going concern) auszugehen, sofern dem nicht rechtliche oder tatsächliche Gegebenheiten entgegenstehen (§252 Abs. 1 Nr. 2 HGB). Damit wird einer an Einzelveräußerungspreisen und Liquidationswerten orientierten Bewertung eine Absage erteilt.
- Das **Anschaffungskostenprinzip** besagt, dass die Anschaffungs- oder Herstellungskosten bzw. bei abnutzbarem Anlagevermögen die fortgeführten Anschaffungs- oder Herstellungskosten die Obergrenze der Bewertung darstellen (§253 Abs. 1, 3 und 4 HGB). Marktwerte oberhalb dieser Werte sind buchhalterisch nicht zu erfassen und stellen insofern stille Rücklagen dar.
- Der **Grundsatz der Einzelbewertung** besagt, dass Vermögensgegenstände und Schulden einzeln zu bewerten sind (§252 Abs. 1 Nr. 3 HGB). Damit sollen Kompensationswirkungen durch Aufrechnung unrealisierter Gewinne und Wertsteigerungen mit unrealisierten Verlusten und Wertminderungen vermieden werden. Der Einzelbewertungsgrundsatz kommt aus der statischen Bilanztheorie, wonach Vermögensgegenstände einzeln verwertbar sein müssen, ohne das ganze Unternehmen oder zusammenhängende Teile davon veräußern zu müssen.

Der **Grundsatz der Periodenabgrenzung** (§252 Abs. 1 Nr. 5 HGB) besagt, dass Erträge und Aufwendungen unabhängig von den Zeitpunkten der entsprechenden Zahlungen im Jahresabschluss zu berücksichtigen sind.

Allerdings gibt das Gesetz keine konkreten Regelungen vor, nach welchen Kriterien die Zuordnung der Erträge und Aufwendungen auf die einzelnen Rechnungsperioden zu erfolgen hat.

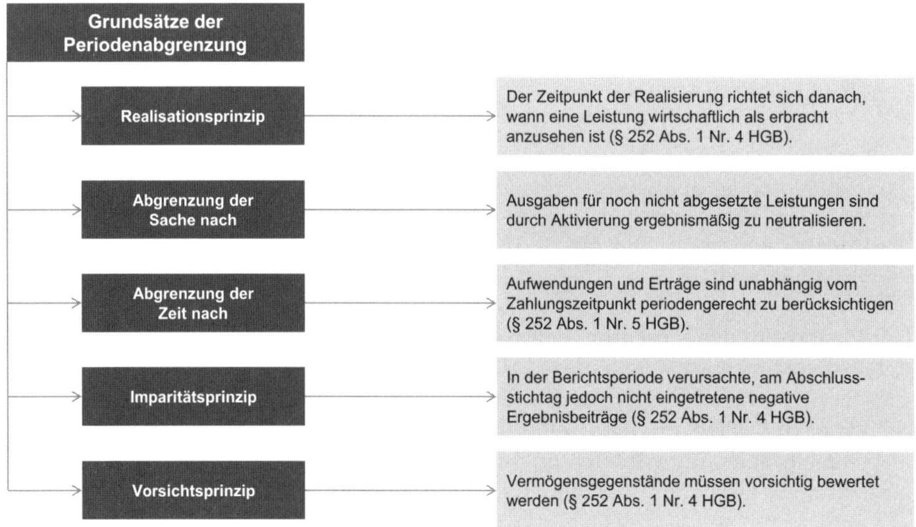

Abb. 15: *Grundsätze ordnungsgemäßer Buchführung (GoB) – Periodenabgrenzung*

Das **Realisationsprinzip** besagt, dass Gewinne erst ausgewiesen werden dürfen, wenn sie realisiert sind (§ 252 Abs. 1 Nr. 4 HGB).

Damit soll einem vorzeitigen Erfolgsausweis vorgebeugt werden. Schwebende Geschäfte sind somit grundsätzlich nicht zu bilanzieren. Der Realisationszeitpunkt wird regelmäßig angenommen, wenn die Lieferung und Leistung erbracht ist, die Gefahr übergeht und ein einklagbarer Zahlungsanspruch besteht, mithin die Einrede des nicht erfüllten Vertrags (§ 320 BGB) nicht mehr geltend gemacht werden kann.

Die **Abgrenzung der Sache nach** bedeutet, dass die Herstellung von Erzeugnissen und die Erbringung von Leistungen zwar mit Aufwand verbunden ist, dieser aber zum Bilanzstichtag zu neutralisieren ist, damit ein Erfolgsausweis aus dem schwebenden Geschäft vor dem Realisationszeitpunkt vermieden wird.

Dies geschieht durch die Aktivierung von fertigen oder unfertigen Erzeugnissen bzw. unfertigen Leistungen (§ 266 Abs. 2 B, I, 2 und 3 HGB). Als Gegenkonten in der GuV-Rechnung kommen in Betracht „Erhöhung oder Verminderung des Bestands an fertigen und unfertigen Erzeugnissen" bzw. „Andere aktivierte Eigenleistungen" nach dem Gesamtkostenverfahren (§ 275 Abs. 2 Nr. 2 und 3 HGB) oder „Herstellungskosten der zur Erzielung der Umsatzerlöse erbrachten Leistungen" nach dem Umsatzkostenverfahren (§ 275 Abs. 3 Nr. 2 HGB).

Die **Abgrenzung der Zeit nach** besagt, dass die Erfolgswirksamkeit eines Vorgangs vom Zeitpunkt seiner Zahlungswirksamkeit abweichen kann (§ 252 Abs. 1 Nr. 5 HGB).

Beispiele sind

- die planmäßige Abschreibung von Investitionen, hier ist die Zahlungswirksamkeit der Erfolgswirksamkeit vorgelagert, und
- die Bildung von Rückstellungen, hier ist die Zahlungswirksamkeit der Erfolgswirksamkeit nachgelagert.

Das **Imparitätsprinzip** besagt, dass unrealisierte Gewinne und Wertsteigerungen nicht erfasst werden dürfen, unrealisierte Verluste und Wertminderungen dagegen bei Erkennbarkeit ausgewiesen werden müssen (§ 252 Abs. 1 Nr. 4 HGB).

Dieser Grundsatz steht im Einklang mit dem Anschaffungskostenprinzip sowie dem Niederstwertprinzip und ist Ausdruck des Vorsichtsgedankens.

Das **Vorsichtsprinzip** verlangt generell, dass vorsichtig zu bewerten ist, namentlich alle vorhersehbaren Risiken und Verluste am Bilanzstichtag zu berücksichtigen sind.

Dies kann mittels außerplanmäßiger Abschreibung oder Bildung von (Drohverlust)Rückstellungen erfolgen. Das Vorsichtsprinzip als Bewertungsgrundsatz findet seinen Niederschlag auf der Aktivseite in Form des Niederstwertprinzips, auf der Passivseite in Form des Höchstwertprinzips.

2.5 Vorgang der Jahresabschlusserstellung

Ausgangspunkt des kaufmännischen Rechnungswesens ist die Eröffnungsbilanz, die jeder Kaufmann zu Beginn seines Handelsgewerbes aufzustellen hat (§ 242 Abs. 1 HGB). Aus seiner Verpflichtung, Bücher zu führen und in diesen seine Handelsgeschäfte nach den Grundsätzen ordnungsmäßiger Buchführung ersichtlich zu machen (§ 238 Abs. 1 Satz 1 HGB), folgt, dass er die Transaktionen mit Dritten im Rahmen der Kontensystematik von Soll und Haben darstellen muss, wobei die Veränderungen in den Beständen seiner Vermögensgegenstände und Schulden auf Bestandskonten, die erfolgswirksamen Vorgänge im Rahmen seiner Leistungserstellung auf Erfolgskonten darzustellen sind. Zum Schluss eines jeden Geschäftsjahres hat der Kaufmann einen das Verhältnis seines Vermögens und seiner Schulden darstellenden Abschluss aufzustellen (§ 242 Abs. 1 Satz 1 HGB). Dies erfordert, dass er neben den Transaktionen mit Dritten (Kontokorrentvorgänge) auch die vorbereitenden Abschlussbuchungen durchführt und schließlich die Konten abschließt. Dabei ist in folgender hierarchischer Reihenfolge vorzugehen:

- Die Erfolgskonten werden an die GuV-Rechnung abgeschlossen, die eine zeitraumbezogene Darstellung der Erträge (= erfolgswirksame Erhöhungen des Eigenkapitals) und der Aufwendungen (= erfolgswirksame Verminderungen des Eigenkapitals) während des abzuschließenden Geschäftsjahres darstellt.
- Die GuV-Rechnung wird ihrerseits an das Eigenkapital abgeschlossen, wobei ein Gewinn als erfolgswirksame Eigenkapitalerhöhung vorliegt, wenn die Erträge größer sind als die Aufwendungen, und
- ein Verlust als erfolgswirksame Eigenkapitalverminderung vorliegt, wenn die Erträge geringer sind als die Aufwendungen.
- Parallel dazu ist bei Nicht-Kapitalgesellschaften das Privatkonto der Gesellschafter an deren Einlagekonto und damit an das Eigenkapital abzuschließen.

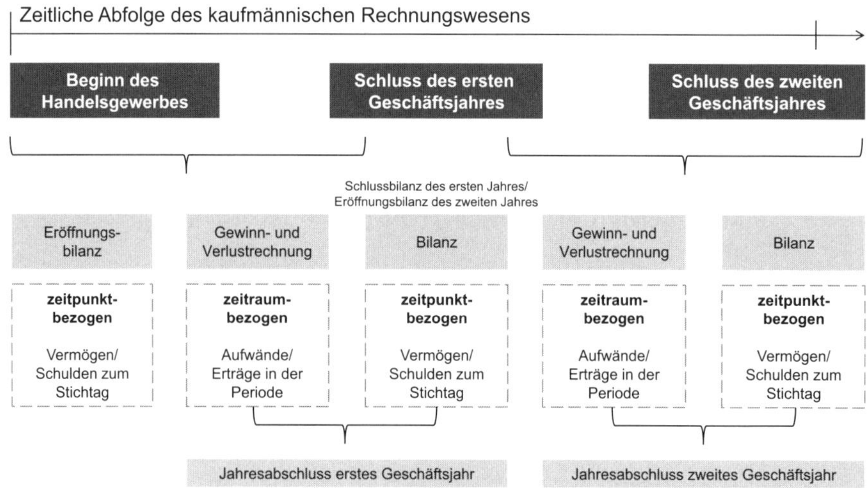

Abb. 16: *Vorgang der Jahresabschlusserstellung*

- Die Personenkonten, d.h. die Unterkonten zu den Bestandskonten „Forderungen aus Lieferungen und Leistungen" sowie „Verbindlichkeiten aus Lieferungen und Leistungen" sind an diese Bestandskonten abzuschließen.

Die Bestandskonten einschließlich des Eigenkapitals werden dann an die Schlussbilanz abgeschlossen. Diese bildet die Eröffnungsbilanz für das folgende Geschäftsjahr (§252 Abs. 1 Nr. 1 HGB), in dem sich diese Vorgänge wiederholen.

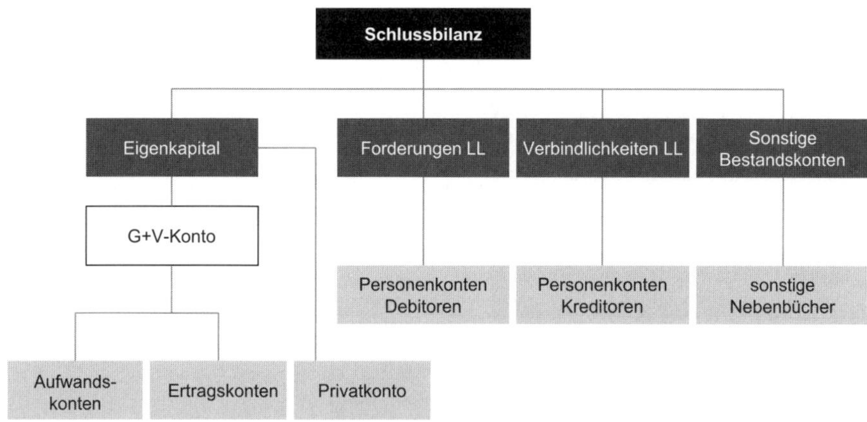

Abb. 17: *Kontenabschluss*

Die **Eröffnungsbilanz** zu Beginn des Handelsgewerbes basiert auf einem durch körperliche Bestandsaufnahme ermittelten Inventar.

Die einzelnen Posten der Eröffnungsbilanz bilden die Anfangsbestände der aktiven und passiven Bestandskonten, auf welchen die Kontokorrentvorgänge (= Transaktionen mit Dritten während des Jahres) verzeichnet werden. Durch eine Inventur zum Ende des Geschäftsjahres ergibt sich die Notwendigkeit, vorbereitende Abschlussbuchungen durchzuführen. Durch sie wird der Jahresabschluss in die Lage versetzt, seine Funktionen zu erfüllen. Als Beispiele für vorbereitende Abschlussbuchungen kommen folgende Themen in Betracht:

- Wenn die Aufgabe des Jahresabschlusses darin besteht, zutreffend über die Vermögenslage zu berichten, so sind planmäßige, ggf. zusätzlich außerplanmäßige Abschreibungen vorzunehmen. Dies erfordert eine Orientierung am Inventar zum Geschäftsjahresende, das durch Zählen, Messen und Wiegen ermittelt und nach den Grundsätzen ordnungsmäßiger Buchführung bewertet ist.
- Wenn die Aufgabe des Jahresabschlusses darin besteht, Vorgänge dann erfolgswirksam zu erfassen, wenn die Grundlage für Auszahlungen gelegt wird, auch wenn diese selbst erst später erfolgen, so sind Rückstellungen zu bilden.
- Wenn die Aufgabe des Jahresabschlusses darin besteht, über Vorgänge des abzuschließenden Geschäftsjahres zu berichten, so sind alle Vorgänge, die

das abzuschließende Geschäftsjahr nicht betreffen, zu eliminieren (Rechnungsabgrenzungsposten, zeitliche Abgrenzung).

Sind Eröffnungsbestände, Kontokorrentvorgänge und vorbereitende Abschlussbuchungen erfasst, so sind die Erfolgskonten an die GuV-Rechnung, die ihrerseits an das Eigenkapital abgeschlossen wird, und die Bestandskonten einschließlich dem Eigenkapital an die Schlussbilanz abzuschließen.

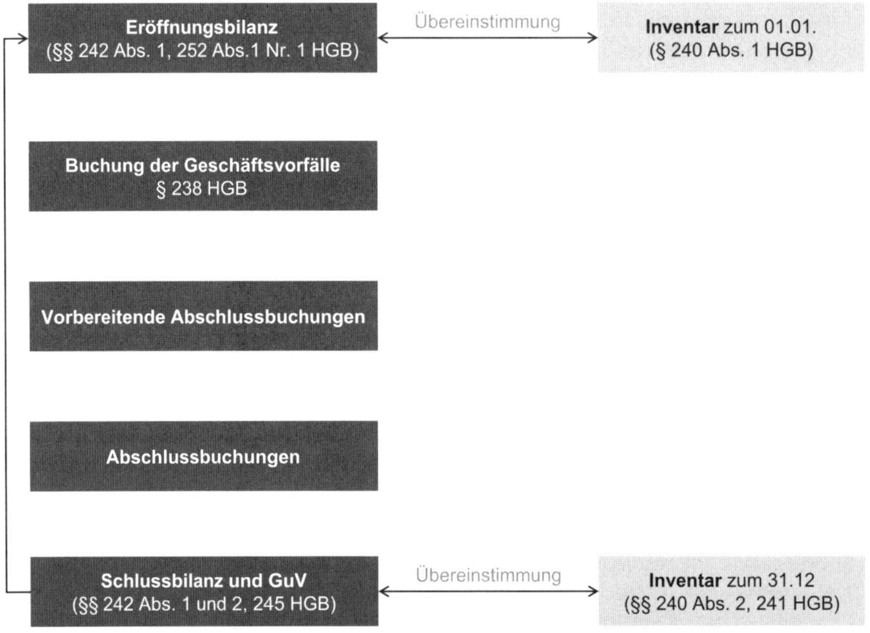

Abb. 18: *Vorgang der Jahresabschlusserstellung*

3 Bilanzinhalte

Bilanzinhalte definieren wirtschaftliche Sachverhalte, die dem Grunde nach in die Bilanz aufgenommen werden müssen oder können.

Nach dem Grundaufbau der Bilanz unterscheidet man Aktiva und Passiva.

- Aktiva stellen die Mittelverwendung dar,
- Passiva repräsentieren die Mittelherkunft.

Nach der statischen Bilanztheorie steht auf der Aktivseite das realisierbare Haftungspotenzial, auf das die Gläubiger zur Realisierung ihrer Forderungen zugreifen können. Die Passivseite hat einen vollständigen Schuldenausweis darzustellen, um durch eine stichtagsbezogene Gegenüberstellung von Vermögen und Schulden überprüfen zu können, ob Überschuldung eingetreten ist oder nicht. Der Saldo der Aktiva über die Schulden entspricht dem Eigenkapital. Die dynamische Bilanztheorie sieht die Aktiva als den „Kräftespeicher" der Unternehmung, d.h. Positionen, bei denen die Ausgabe dem Aufwand zeitlich vorgelagert ist. Bei den Passiva ist die Einnahme dem Ertrag zeitlich vorgelagert.

Sonderposten wie aktive und passive latente Steuern sowie der Aktive Unterschiedsbetrag aus der Vermögensverrechnung lassen sich konzeptionell auch in diesem Schema erfassen.

Aktiva		Aktiva/Passiva	Passiva	
Vermögensgegenstände	Geschäfts- oder Firmenwert (Goodwill) (§ 246 Abs. 1 Satz 4 HGB)	Rechnungsabgrenzungsposten (§ 250 HGB)	Eigenkapital	Schulden
Wirtschaftliche Werte, die für das Unternehmen einen zukünftigen Nutzen erwarten lassen Selbständige Bewertbarkeit (geeigneter Wertemaßstab, regelmäßig Vorliegen von Ausgaben) Selbständige Verkehrsfähigkeit, d.h. Einzelveräußerbarkeit (→ Gläubigerschutzinteresse)	Überschuss, der für die Übernahme eines Unternehmens bewirkten Gegenleistung über das zum beizulegenden Zeitwert angesetzte Nettovermögen → gilt als zeitlich begrenzt nutzbarer immaterieller Vermögensgegenstand	Bilanzposten, die vorschüssige Zahlungen repräsentieren, welche sachlich einem bestimmten Zeitraum nach dem Bilanzstichtag zuzuordnen sind	Vorrangig haftende Residualgröße als Überschuss der Aktiva über die Schulden	Belastung des Vermögens am Bilanzstichtag Belastungen müssen auf am Bilanzstichtag bestehender, rechtlicher oder wirtschaftlicher Leistungsverpflichtung des Unternehmens beruhen Selbstständige Bewertbarkeit Sichere Schulden = Verbindlichkeiten Unsichere Schulden = Rückstellungen

Abb. 19: *Bilanzinhalte*

Auf der Aktivseite der Bilanz werden sämtliche Vermögensgegenstände des Unternehmens entsprechend ihrer Geldnähe verzeichnet.

Sind die liquiden Mittel längerfristig in Vermögensgegenständen gebunden und dient der Vermögensgegenstand dem Unternehmen dauerhaft, gehört er zum Anlagevermögen (§247 Abs. 2 HGB). Ist der Vermögensgegenstand „Geldnah" und dient er dem Unternehmen vorrausichtlich weniger als ein Jahr bzw. schlägt er sich im Rahmen der Geschäftstätigkeit in einem Jahr um, gehört er zum Umlaufvermögen. Der Kaufmann hat hier sämtliche Vermögensgegenstände, bei denen er zumindest wirtschaftlicher Eigentümer ist, zu verzeichnen. Daneben sind auch die Rechnungsabgrenzungsposten, die latenten Steuerpositionen und der aktive Unterschiedsbetrag aus der Vermögensverrechnung Bestandteile der Aktivseite der Bilanz. Die beiden erstgenannten Positionen sind ebenfalls auf der Passivseite zu finden.

Vermögensgegenstände repräsentieren einen zukünftigen Nutzen für das Unternehmen, stellen also einen Wert dar. Sie sind selbstständig bewertbar, d.h. in der Regel sind Ausgaben getätigt worden, um die Vermögensgegenstände zu erlangen. Der Wert lässt sich dem einzelnen Vermögensgegenstand zuordnen, d.h. er ist nicht nur Ausdruck allgemeiner unternehmerischer Chancen und der Vermögensgegenstand ist einzeln verwertbar, d.h. regelmäßig selbstständig veräußerbar. Das bedeutet, er kann (abstrakt) liquidiert werden, ohne dass das ganze Unternehmen liquidiert werden muss. Dies ist eine Voraussetzung, die dem Gläubigerschutzgedanken entspringt.

Der **Geschäfts- oder Firmenwert** ist der Betrag, um den die hingegebene Gegenleistung (der Kaufpreis) eines gesamten Unternehmens (oder eines für sich alleine lebensfähigen Teils davon) die Differenz der Zeitwerte aller Vermögensgegenstände und Schulden übersteigt (§246 Abs. 1 Satz 4 HGB). Wenn ein Unternehmen erworben wird, sind die Vermögensgegenstände und Schulden mit ihrem beizulegenden Zeitwert zu bewerten (sog. Kaufpreisallokation). Wenn der Kaufpreis höher ist als die Fair-Value-Differenz der Aktiva minus der Schulden, dann werden damit Potenziale vergütet, die sich trotz Aufdeckung stiller Reserven nicht in der Bilanz des Erworbenen darstellen lassen. Dabei handelt es sich beispielsweise um die Marktbekanntheit, die Mitarbeiterressourcen, die technischen Potenziale oder die organisatorischen Kompetenzen. Da dem Geschäfts- oder Firmenwert das Merkmal der Einzelveräußerbarkeit fehlt, ist er kein Vermögensgegenstand. Allerdings gilt er als solcher (§246 Abs. 1 Satz 4 HGB) und ist deshalb aktivierungspflichtig.

Aktive und passive Rechnungsabgrenzungsposten haben die Aufgabe, im Falle vorschüssiger Zahlungen, die inhaltlich auch nachgelagerte Perioden betreffen, die Erfolgswirkungen nach sachlichen Kriterien aufzuteilen. Werden Mieten, Versicherungsbeiträge, Kfz-Steuern u.Ä. nicht periodenkongruent bezahlt, so sind mithilfe der Rechnungsabgrenzungsposten die Erfolgswirkungen dieser Zahlungen aufzuteilen. Aktive Rechnungsabgrenzungen liegen vor, wenn das berichtende Unternehmen zahlt, passive Rechnungsabgrenzungen liegen vor, wenn dem berichtenden Unternehmen bezahlt wird.

Während die Aktivseite der Bilanz die Mittelverwendung des Unternehmens darstellt, erläutert die **Passivseite** die Mittelherkunft.

Es wird zwischen Eigenkapital und Fremdkapital bzw. Schulden unterschieden. Während zum Fremdkapital sowohl Rückstellungen als auch Verbindlichkeiten zählen, stellt das Eigenkapital das Reinvermögen des Unternehmens dar. Zieht man von der Aktivseite der Bilanz die Schulden ab, so gelangt man zum Eigenkapital (Reinvermögen). Dabei steht das Eigenkapital dem Unternehmen dauerhaft zur Verfügung und ist grundsätzlich an Mitgliedschaftsrechte gekoppelt. Es wird nicht verzinst. Die Rentabilität resultiert vielmehr aus dem Gewinn des Unternehmens innerhalb einer Rechnungsperiode. Erzielt das Unternehmen keinen Gewinn, so weist auch das eingesetzte Eigenkapital keine Rendite auf. Die Schulden stehen dem Unternehmen nur vorübergehend zur Verfügung. An Fremdkapitaltitel sind keine Mitgliedschaftsrechte und Mitspracherechte geknüpft. Unabhängig von einem eventuellen Gewinn, ist der Kapitaldienst durch das Unternehmen dennoch nachhaltig und termingerecht zu erbringen.

Aus bilanzanalytischer Sicht ist die Kennzahl der Eigenkapitalquote von besonderer Bedeutung. Sie beschreibt das zahlenmäßige Verhältnis von Eigenkapital und Bilanzsumme. Da das Eigenkapital vorrangig haftet und durch Verluste zuerst aufgezehrt wird, verliert der Gläubiger seinen ersten Euro, wenn der letzte Euro Eigenkapital aufgezehrt ist. Somit besagt die Eigenkapitalquote, wieviel Prozent des Vermögens durch Verluste aufgezehrt werden müssen, bevor der Gläubiger seinen ersten Euro verliert. Daher ist die Eigenkapitalquote als rating-relevante Kennzahl für die Gläubiger bei der Bonitätsbeurteilung von Kreditengagements von besonderer Bedeutung.

Demgegenüber beschreibt die Eigenkapitalrentabilität als Quotient von Gewinn zu Eigenkapital, wieviel Euro Gewinn aus 100 Euro Eigenkapital erwirtschaftet werden. Sie ist als Vorteilsmaß für die Eigenkapitalgeber (Gesellschafter, Investoren) zu sehen, wenn alternative Investments verglichen werden sollen.

Da bei der Eigenkapitalquote die Eigenkapitalgröße im Zähler und bei der Eigenkapitalrendite im Nenner steht, verlaufen die beiden Kennzahlen nicht im Gleichlauf. Dies ist bei bilanzpolitischen Maßnahmen zur optimierten Außendarstellung bezogen auf die Kapitalgebergruppen zu berücksichtigen.

4 Ansatzvorschriften

4.1 Ansatzpflichten, Ansatzwahlrechte und -verbote

Mithilfe der Ansatzvorschriften wird geregelt, welche wirtschaftlichen Sachverhalte als Aktiva oder Aufwand bzw. als Passiva oder Ertrag darzustellen sind. Grundsätzlich sind bilanzierungsfähige Sachverhalte auch bilanzierungspflichtig. Dies ergibt sich aus dem Grundsatz der Vollständigkeit in der Handelsbilanz und aus dem Grundsatz der Gleichmäßigkeit der Besteuerung in der Steuerbilanz. Ausnahmen sind Bilanzierungswahlrechte und Bilanzierungsverbote.

Bilanzierungsfähigkeit liegt vor, wenn

- Vermögensgegenstände oder Schulden vorliegen, die dem (Betriebs-) Vermögen des Bilanzierenden zuzurechnen sind, und
- kein gesetzliches Verbot im Einzelfall die Bilanzierung verhindert oder
- zwar kein Vermögensgegenstand oder Schuld vorliegt, aber bestimmte Posten aufgrund spezialgesetzlicher Regelung bilanzierungsfähig sind (Rechnungsabgrenzungsposten, Eigenkapital, aktive und passive latente Steuern, aktiver Unterschiedsbetrag aus der Vermögensverrechnung).

Die **Aktivierungsfähigkeit** orientiert sich einerseits daran, ob der infrage stehende wirtschaftliche Sachverhalt nach der statischen Bilanztheorie Haftungsmasse für die Gläubiger darstellt, andererseits ob die Abgrenzungsgrundsätze der dynamischen Bilanztheorie Anwendung finden (Disagio, derivativer Firmenwert etc.). Somit gilt generell, dass für Sachverhalte, die nicht die Eigenschaft von Vermögensgegenständen, Schulden, Rechnungsabgrenzungsposten, Eigenkapital oder von sonstigen im Gesetz genannten Sonderposten haben, ein Bilanzierungsverbot besteht.

Darüber hinaus bestehen spezifische **Aktivierungsverbote** für Sachverhalte, die in der Grauzone zwischen Vermögensgegenständen und originärem Geschäfts- oder Firmenwert liegen; diese Aktivierungsverbote dienen dem Gläubigerschutz um zu verhindern, dass Posten auf der Aktivseite der Bilanz ausgewiesen werden, die keine realisierbare Haftungsmasse darstellen. Spezifische **Passivierungsverbote** bestehen für andere als die in §249 Abs. 1 HGB bezeichneten Zwecke. Hier soll vermieden werden, dass Ergebnisverkürzungen vorgenommen werden, indem „Rückstellungen für das allgemeine Unternehmerrisiko" gebildet werden, dem ja bekanntlich die unternehmerische Gewinnchance gegenübersteht.

Aktivierungs- und Passivierungswahlrechte gelten für solche Sachverhalte, bei denen es der Gesetzgeber dem bilanzierenden Unternehmen überlässt, ob der Sachverhalt in die Bilanz aufgenommen oder in der GuV-Rechnung erfasst werden soll. Damit steht ein bilanzpolitisches Gestaltungsmittel zur Verfügung. Um diesen Gestaltungsfreiraum für die Steuerbilanz zu beschränken, hat der BFH in seinem Urteil vom 3.2.1969 festgelegt, dass

- handelsrechtlichen Aktivierungswahlrechten steuerlich stets eine Aktivierungspflicht entspricht und
- handelsrechtlichen Passivierungswahlrechten steuerlich stets ein Passivierungsverbot entspricht.

Definition (Bilanzierung dem Grunde nach (Bilanzierungsfähigkeit)): Eignung eines wirtschaftlichen Sachverhalts, als Aktiv- oder Passivposten in der Bilanz berücksichtigt werden zu können. Aktivierungs- und Passivierungsfähigkeit.

Regelfall: Ansatzgebote ergeben sich aus dem Grundsatz der Vollständigkeit (§ 246 Abs. 1 Satz 1 HGB)
Ausnahmefall: **Ansatzverbote** und **Ansatzwahlrechte**

Ansatzverbote		**Ansatzwahlrechte**	
Aktivierungsverbote	**Passivierungsverbote**	**Aktivierungswahlrechte**	**Passivierungswahlrechte**
Generell: Alle wirtschaftlichen Sachverhalte, die nicht die Eigenschaften einer Schuld, eines Eigenkapitalpostens, Rechnungsabgrenzungspostens, aktive latente Steuern oder aktiver Unterschiedsbetrag aus der Vermögensverrechnung besitzen, z.B. originärer Goodwill	Generell: Alle wirtschaftlichen Sachverhalte, die nicht die Eigenschaften einer Schuld, eines Eigenkapitalpostens, Rechnungsabgrenzungsposten oder passiver latenter Steuern besitzen	Selbst geschaffene immaterielle Vermögensgegenstände (§ 248 Abs. 1 Satz 1 HGB) Disagio aus aufgenommenen Verbindlichkeiten (§ 250 Abs. 3 HGB) Eine sich insgesamt ergebende Steuerentlastung als aktive latente Steuer, d.h. aktiver Steuerlatenzüberhang nach Abzug passiver latenter Steuern (§ 274 Abs. 1 Satz 2 HGB)	Pensionsverpflichtungen aus Altzusagen, die vor dem 1.1.1987 gewährt wurden (einschl. Erhöhungen) gem. Art. 28 Abs. 1 Satz 1 EGHGB Unterdeckungen bei mittelbaren Verpflichtungen gem. Art. 28 Abs. 1 Satz 2 EGHGB (z.B. Unterdeckungen von Unterstützungskassen) Allerdings: Angabe des Fehlbetrags im Anhang (Art. 28 Abs. 2 EGHGB)
Speziell: Aufwendungen für Gründung des Unternehmens (§ 248 Abs. 1 Nr. 1 HGB) Aufwendung für die Beschaffung des Eigenkapitals (§ 248 Abs. 1 Nr. 2 HGB) Aufwendungen für den Abschluss von Versicherungsverträgen (§ 248 Abs. 1 Nr. 3 HGB) Selbst geschaffene Marken, Drucktitel, Verlagsrechte, Kundenlisten oder vergleichbare immaterielle Vermögensgegenstände des Anlagevermögens (§ 248 Abs. 2 Satz 2 HGB)	Speziell: Rückstellungen für andere als die in § 249 Abs. 1 HGB bezeichneten Zwecke		

Abb. 20: *Ansatzpflichten, Ansatzwahlrechte und Ansatzverbote*

Damit wird jeweils die Interessenlage des Fiskus begünstigt und die Interessenlage des steuerpflichtigen Kaufmanns beeinträchtigt.

4.2 Zuordnungsvorschriften

Bilanzierungspflichtig ist grundsätzlich der juristische Eigentümer. Trägt allerdings bei wirtschaftlicher Betrachtung ein anderer als der juristische Eigentümer die wesentlichen Chancen und Risiken an einem Vermögensgegenstand, so ist dieser zur Bilanzierung verpflichtet (§ 246 Abs. 1 Satz 2 HGB).

Auswirkungen dieser wirtschaftlichen Betrachtung sind:

- dass die Potenziale ausgewiesen werden, mit deren Hilfe die betriebliche Leistungserstellung erbracht wird und
- dass mit der Aktivierung regelmäßig eine Bilanzverlängerung und damit eine Verschlechterung der Eigenkapitalquote verbunden ist; somit steht die

Übernahme von Risiken mit der Verschlechterung einer rating-relevanten Kennzahl in Zusammenhang.

Der Nachteil der wirtschaftlichen Betrachtung besteht darin, dass nicht davon ausgegangen werden kann, dass alle ausgewiesenen Aktiva als Haftungsmasse den Gläubigern zur Verfügung stehen. Dieser Informationsnachteil wird durch Anhangangaben teilweise kompensiert.

Juristisches und wirtschaftliches Eigentum	
Juristisches Eigentum nach § 903 BGB (§ 246 Abs. 1 Satz 2, 1. Halbsatz, Satz 3 HGB)	Wirtschaftliches Eigentum (§ 246 Abs. 1 Satz 2, 2. Halbsatz HGB)
Vermögensgegenstände sind in die Bilanz des Eigentümers aufzunehmen Schulden sind in die Bilanz des Schuldners aufzunehmen	Ist ein Vermögensgegenstand nicht dem Eigentümer, sondern einem anderen wirtschaftlich zuzurechnen, hat dieser ihn in seiner Bilanz auszuweisen Beispiele: » Eigentumsvorbehalt » Sicherungseigentum » Käufer ab dem Gefahrübergang, unabhängig davon, ob der Eigentumsübergang erfolgt ist » Grundstückskäufer, wenn die Nutzungen und Lasten übergegangen sind, auch wenn die Grundbucheintragung noch nicht vollzogen ist » Treugeber bei Treuhandverhältnissen » Eigenbesitzer beim Eigenbesitz » Bestimmte Formen von Kommissionsgeschäften (§§ 383 ff. HGB) » Nießbrauch (§§ 1030 ff. BGB) » Miet- und Pachtverhältnisse in Bezug auf Mietereinbauten unter bestimmten Voraussetzungen » Leasingverträge (Finance Lease Verhältnisse)

Abb. 21: *Zuordnungsvorschriften*

Im Einzelfall kann es schwierig sein, die Kriterien festzulegen, nach denen ein Vermögensgegenstand einem Nicht-Eigentümer wirtschaftlich zuzurechnen ist. Beispiele können sein: Kauf unter Eigentumsvorbehalt, Sicherungsübereignung, Treuhandverhältnisse, Ein- und Verkaufskommission, Nießbrauchsvorbehalt und bestimmte Formen des Leasing (Finance-Lease).

Schulden sind immer in der Bilanz des Schuldners als rechtlich Verpflichtetem auszuweisen (§ 246 Abs. 1 Satz 3 HGB).

Bei Einzelunternehmen und Personengesellschaften bedarf es der Abgrenzung von bilanzierungsfähigem und regelmäßig auch bilanzierungspflichtigem Betriebsvermögen und nicht bilanzierungsfähigem Privatvermögen. Mangels handelsrechtlicher Vorschriften wird regelmäßig auf die steuerliche Abgrenzung Bezug genommen. Dabei wird noch eine dritte Kategorie (gewillkürtes Betriebsvermögen) unterschieden.

- Zum notwendigen Betriebsvermögen gehören alle Wirtschaftsgüter, die aufgrund ihrer Beschaffenheit objektiv geeignet und aufgrund der tatsächlichen Verwendung dazu bestimmt sind, ausschließlich und unmittelbar dem Betrieb zu dienen. Wirtschaftsgüter des notwendigen Betriebsvermögens, z.B. Maschinen, Betriebs- und Geschäftsausstattung, Rohstoffe, Waren, Forderungen und Verbindlichkeiten aus Lieferungen und Leistungen, sind bilanzierungspflichtig. → betrieblicher Nutzungsanteil > 50 %.

- Zum notwendigen Privatvermögen gehören alle Wirtschaftsgüter, die ausschlielich oder nahezu ausschließlich der privaten Lebensführung des Eigentümers dienen. Wirtschaftsgüter des notwendigen Privatvermögens, z.B. selbst bewohntes Einfamilienhaus, Wohnungseinrichtung, Bekleidung oder Schmuck, dürfen nicht bilanziert werden. → betrieblicher Nutzungsanteil < 10 %.
- Zum gewillkürten Betriebsvermögen gehören die Wirtschaftsgüter, die weder notwendiges Betriebsvermögen, noch notwendiges Privatvermögen sind, jedoch in einem objektiven Zusammenhang zum Betrieb stehen (z.B. zur Besicherung einer Betriebsschuld verpfändetes Wertpapierdepot eines OHG-Gesellschafters). → betrieblicher Nutzungsanteil > 10 % < 50 %.

Abgrenzung von Betriebs- und Privatvermögen
Abgrenzung von Betriebs- und Privatvermögen » nur relevant bei Einzelunternehmen und Personengesellschaften » nicht Gesamtvermögen und Gesamtschulden eines Kaufmanns sind zu bilanzieren, sondern nur Betriebsvermögen und Betriebsschulden
Einteilung wie im Steuerrecht (analog): » notwendiges Betriebsvermögen: dient ausschließlich und unmittelbar dem Betriebszweck » notwendiges Privatvermögen: dient ausschließlich oder nahezu ausschließlich der privaten Lebensführung des Eigentümers » gewillkürtes Betriebsvermögen: gehört weder zum notwendigen Betriebsvermögen noch zum notwendigen Privatvermögen, steht jedoch in einem gewissen objektiven Zusammenhang zum Betrieb Beispiel: verpfändetes Wertpapierdepot eines OHG-Gesellschafters zur Erlangung eines Betriebskredits.

Abb. 22: *Zuordnungsvorschriften*

4.3 Verrechnungsverbot

Grundsätzlich gilt sowohl für die Bilanz wie auch für die GuV-Rechnung das Bruttoprinzip (Verrechnungsverbot § 246 Abs. 2 HGB).

Dadurch soll der Informationsgehalt des Jahresabschlusses erhöht werden. Allerdings sprechen zwei Aspekte für eine weitgehende Saldierung:

- Reduzierung der Detailinformationen nach außen mit dem Ziel, sensible Angaben nur komprimiert zu vermitteln, z.B. Ausweis von Nettoerlösen statt Bruttoumsätzen und Erlösschmälerungen. Dies lässt keinen Rückschluss auf die Rabattgewährung zu.
- Verkürzung der Bilanzsumme und deshalb Erhöhung der Eigenkapitalquote als rating-relevante Kennzahl, z.B. Verrechnung von Pensionsrückstellungen und Pensionsvermögen nach § 246 Abs. 2 Satz 2 HGB.

Die mit Saldierungen verbundenen Informationseinbußen können durch Anhangangaben wieder ausgeglichen werden (z.B. § 285 Nr. 25 HGB). Das Ziel der zwischenbetrieblichen Vergleichbarkeit erfordert allerdings, dass die Saldierungsregelungen verpflichtend anzuwenden und nicht als Wahlrecht ausgestaltet sind.

Verrechnungsverbot		
Grundsatz (§ 246 Abs. 2 Satz 1 HGB)	Ausnahmen	
Aktiva und Passiva Aufwendungen und Erträge Grundstücksrechte und Grundstückslasten dürfen nicht verrechnet werden	Verrechnungspflicht Pensionsvermögen und Pensionsverpflichtungen oder vergleichbare langfristig fällige Verpflichtungen (§ 246 Abs. 2 Satz 2 HGB)	Verrechnungswahlrechte » Aufrechenbare Forderungen und Verbindlichkeiten » Kontokorrentkonten » Aktive und passive latente Steuern (§ 274 Abs. 1 Satz 3 HGB) » Bestandserhöhungen und Bestandsminderungen (§ 275 Abs. 2 Nr. 2 HGB) » Zusammenfassung bestimmter GuV-Posten zum „Rohergebnis“ (§ 276 Satz 1 HGB, für kleine und mittelgroße Kapitalgesellschaften) » Saldierung von Steuererstattungen mit Steueraufwendungen in der GuV-Rechnung » Abzug der Erlösschmälerungen von den Umsatzerlösen (§ 277 Abs. 1 HGB)

→ Methodenstetigkeit für die Bilanzierung dem Grunde nach (§ 246 Abs. 3 HGB)

Die auf den vorgehenden Jahresabschluss angewandten Ansatzmethoden sind beizubehalten. Von diesem Grundsatz darf nur in begründeten Ausnahmefällen abgewichen werden.

Abb. 23: *Verrechnungsverbot*

Bewertungsvorschriften 5

5.1 Bewertungsmaßstäbe

Das Konzept der Wertansätze im HGB-Abschluss unterscheidet primäre und sekundäre Werte.

Primäre Werte sind bei der erstmaligen Erfassung eines Bilanzsachverhalts in der Bilanz anzusetzen. Es handelt sich um die Anschaffungskosten bei Erwerbsvorgängen und die Herstellungskosten bei der Herstellung, der Erweiterung oder der wesentlichen Verbesserung eines Vermögensgegenstandes.

Handelt es sich um einen abnutzbaren Vermögensgegenstand, so sind die Anschaffungs- oder Herstellungskosten durch planmäßige Abschreibungen zu vermindern; man spricht dann von fortgeführten Anschaffungs- oder Herstellungskosten. Bei Passiva spricht man im Zusammenhang mit der erstmaligen Erfassung vom „Wert bei Erstverbuchung".

Sekundäre Werte kommen in Betracht, wenn das Haftungspotenzial, das ein Vermögensgegenstand repräsentiert, unter die primären Wertansätze absinkt. Hier gebietet der Gläubigerschutz eine Abwertung vorzunehmen, die über die planmäßige Abschreibung hinausgeht. Man spricht von außerplanmäßiger Abschreibung im Rahmen des (strengen oder gemilderten) Niederstwertprinzips. Ziel ist:

- die Wertminderung nach außen kenntlich zu machen (Informationsfunktion) und
- die Wertminderung als Aufwand zu buchen mit der Folge, den Gewinn und damit die erfolgsabhängigen Zahlungen (Dividenden, Ertragsteuern) zu reduzieren (Zahlungsbemessungsfunktion).
- Zum Ausweis kommt in diesen Fällen:
  - der aus dem Markt- oder Börsenpreis abgeleitete Wert (§ 253 Abs. 4 Satz 1 HGB) bei vertretbaren Sachen, für die es regelmäßig einen Markt oder eine Börse gibt, bzw.

1. Primäre Wertansätze
Anschaffungs- oder Herstellungskosten bzw. fortgeführte Anschaffungs- oder Herstellungskosten
a) Betrag bei der erstmaligen buchhalterischen Erfassung
b) Obergrenze der Bewertung, z.B. bei Wertaufholungen
c) Maximales Abschreibungspotenzial

2. Sekundäre Wertansätze
Niedrigerer beizulegender Wert
Niedrigerer Markt- und Börsenpreis
a) Ausdruck des Gläubigerschutzes (Niederstwertprinzip).
b) Nur zulässig, wenn sie niedrigerer sind als die primären Wertansätze.
c) Pflicht oder Wahlrecht zur Niederstwertabschreibung abhängig, ob das strenge oder gemilderte Niederstwertprinzip gilt.

Abb. 24: *Primäre und sekundäre Wertansätze*

- der beizulegende Wert (§253 Abs. 3 Satz 5, Abs. 4 Satz 2 HGB) bei nicht vertretbaren Sachen (Individualgütern), für die es regelmäßig keinen Markt und keine Börse gibt.

Die Vorschriften, nach denen eine außerplanmäßige Abschreibung vorzunehmen ist, sind Ausdruck des Niederstwertprinzips. Es hat zahlreiche Ausgestaltungen, d.h. es gibt Fälle, bei denen eine außerplanmäßige Abschreibung vorgeschrieben, wahlweise möglich oder sogar verboten ist (vgl. Abb. 36 S. 47).

Sofern es sich um dauerhafte Wertminderungen handelt, entspricht einer handelsrechtlichen Niederstwertabschreibung regelmäßig eine Teilwertabschreibung im Steuerrecht.

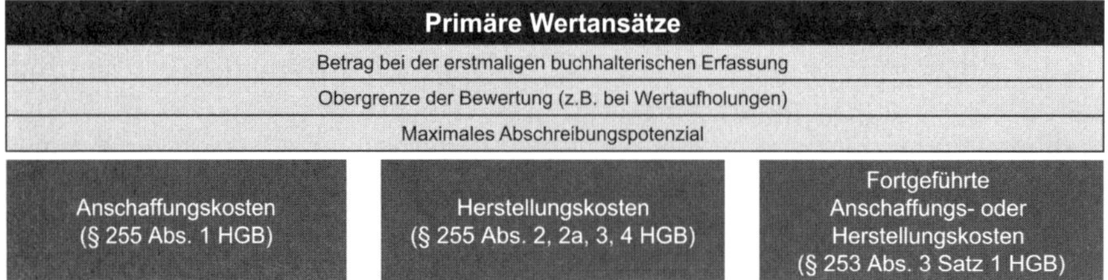

Abb. 25: *Bewertungsmaßstäbe*

Primäre Wertansätze, wie sie bei der erstmaligen Erfassung, d.h. „beim Einbuchen" eines wirtschaftlichen Sachverhalts in die Bilanz verwendet werden, bilden die Obergrenze der Bewertung. Da im HGB grundsätzlich das Anschaffungskostenprinzip gilt, stellen Zeitwerte oberhalb der (fortgeführten) Anschaffungs- oder Herstellungskosten stille Reserven dar, sind also mithin buchhalterisch nicht zu erfassen. Primäre Werte werden im Verlauf der Nutzungsdauer des Vermögensgegenstandes über planmäßige und/oder außerplanmäßige Abschreibungen in der GuV-Rechnung als Aufwand erfasst.

5.1.1 Anschaffungskosten

Merkmale der Anschaffungskosten nach §255 Abs. 1 HGB sind:

- Es handelt sich um Aufwendungen, d.h. Anschaffungskosten stellen eine pagatorische Größe dar. Sie müssen auf Ausgaben zurückgehen. Kalkulatorische Kosten sind nicht Teil der Anschaffungskosten.
- Bezugsgröße muss ein Vermögensgegenstand sein, d.h. nur Vermögensgegenstände haben Anschaffungskosten.
- Es muss sich um einen Erwerbsvorgang handeln, allerdings nicht notwendigerweise um einen Kauf; auch Tausch, Leasing, Schenkung führen bilanziell zu Anschaffungskosten(-surrogaten).
- Alle aktivierten Ausgaben müssen dem Vermögensgegenstand einzeln zuzuordnen sein. Gemeinkosten beim Beschaffungsvorgang bleiben grundsätzlich außer Ansatz.
- Kaufpreisminderungen verringern die Anschaffungskosten, sofern sie dem Vermögensgegenstand einzeln zugeordnet werden können.

- Nachträglich anfallende Aufwendungen können Anschaffungskosten sein, wenn die Voraussetzungen des Anschaffungskostenbegriffs erfüllt sind.

Die **Abgrenzung von Anschaffungskosten und Aufwand** betrifft die Frage, ob die Ausgaben für einen wirtschaftlichen Sachverhalt zunächst erfolgsneutral in der Bilanz und in nachfolgenden Jahren über planmäßige und/oder außerplanmäßige Abschreibungen erfolgswirksam verrechnet werden oder sofort im Zeitpunkt der Ausgabe erfolgswirksam als Aufwand verrechnet werden sollen. Hier spielen steuerliche und nicht-steuerliche Aspekte eine Rolle. Im Steuerrecht existieren hierzu detaillierte Vorschriften.

So ist bei Erwerb auf Rentenbasis der Rentenbarwert als Anschaffungskosten anzusetzen. Bei Ratenkäufen gilt die Barwertsumme der einzelnen Raten als Anschaffungskosten. Bei Mietkaufverträgen unterscheidet man Kauf nach Miete vom echten oder unechten Mietkauf. Bei Finance Lease Verträgen sind die Anschaffungskosten, die für den Leasinggeber maßgeblich wären, zuzüglich eigener Anschaffungsnebenkosten anzusetzen. Bei Tauschvorgängen ist grundsätzlich der beizulegende Zeitwert des erhaltenen Vermögensgegenstandes als Anschaffungskosten anzusetzen, wenn dieser nicht zuverlässig ermittelbar ist, findet der beizulegende Zeitwert des hingegebenen Vermögensgegenstandes unter Berücksichtigung von Aufzahlungen Anwendung. Wenn auch dieser nicht zuverlässig ermittelbar ist, gilt der Buchwert des hingegebenen Vermögensgegenstandes unter Berücksichtigung von Aufzahlungen als Anschaffungskosten. Bei unentgeltlichem Erwerb wird der Vermögensgegenstand mit seinem beizulegenden Zeitwert (§255 Abs. 4 HGB) angesetzt. Bei Erwerb mehrerer Vermögensgegenstände sind drei Fälle zu unterscheiden:

- Entspricht der Gesamtpreis der Summe der beizulegenden Zeitwerte der einzelnen Vermögensgegenstände, so sind diese jeweils zu aktivieren.
- Ist der Gesamtpreis einer selbstständig lebensfähigen Unternehmenseinheit höher als die Summe der beizulegenden Zeitwerte der einzelnen Vermögensgegenstände abzüglich der übernommenen Schulden, wird die Differenz als Goodwill aktiviert.
- Ist der Gesamtpreis niedriger als die Summe der beizulegenden Zeitwerte der einzelnen Vermögensgegenstände abzüglich der übernommenen Schulden, ist ein proportionaler Abschlag von den beizulegenden Zeitwerten vorzunehmen.

Wird ein Vermögensgegenstand mit Zuschüssen erworben, gibt es ein Wahlrecht, entweder die Anschaffungskosten des bezuschussten Vermögensgegenstandes zu mindern (direkt oder indirekt über die Bildung eines passiven Rechnungsabgrenzungspostens) oder den Zuschuss als Sofortertrag zu vereinnahmen. Wird ein Vermögensgegenstand in ausländischer Währung erworben, so hat die Umrechnung zum Devisenkassamittelkurs im Erwerbszeitpunkt zu erfolgen. Eine Vielzahl von Sondervorschriften besteht bei den Anschaffungskosten von Immobilien.

Die steuerlichen Vorschriften zur Bestimmung und Abgrenzung von Anschaffungskosten finden sich in R 6.2 EStR.

Bei der Bestimmung der Anschaffungskosten bei Immobilien (vgl. R 6.4 EStR) treten einige Sonderthemen auf wie z.B.

- die Aufteilung der Anschaffungs- oder Herstellungskosten bei Immobilien in Grundvermögen, Betriebsvorrichtungen, Gebäude und Außenanlagen. Ferner die Aufteilung in unselbstständige Gebäudeteile, selbstständige Gebäudeteile (Betriebsvorrichtungen, Scheinbestandteile, modeabhängige Einbauten, sonstige Mietereinbauten, sonstige selbstständige Gebäudeteile) vgl. §§68 Abs. 1 Nr. 1, 78 und 99 BewG,
- die Anwendung des Komponentenansatzes (vgl. IDW RH 1.016),
- die Bestimmung nachträglicher Anschaffungs- oder Herstellungskosten (vgl. R 7.4 Abs. 9 EStR),
- die Anwendung der Festwertbildung (§240 Abs. 3 HGB),
- die Behandlung geringwertiger Wirtschaftsgüter (§6 Abs. 2 u. 2a EStG, R 6.13 EStR),
- die Vorgehensweise bei Anschaffung oder Herstellung während des Jahres,
- anschaffungsnaher Aufwand (vgl. §6 Abs. 1 S. 1 Nr. 1a EStG, R 6.4 Abs. 1 ESR),
- Instandsetzungs- und Modernisierungsmaßnahmen,
- Beseitigung versteckter Mängel.
- Bei Abbruchkosten wird unterschieden (vgl. H 6.4 EStH):
  - Gebäude wurde auf einem bereits gehörenden Grundstück errichtet, Erwerb ohne Abbruchabsicht, Erwerb mit Abbruchabsicht,
  - Abbruch eines zum Privatvermögen gehörenden Gebäudes und
  - die Errichtung eines zum Betriebsvermögen gehörenden Gebäudes (Einlage mit Abbruchabsicht).

5.1.2 Herstellungskosten

Herstellungskosten kommen zur Anwendung bei der Herstellung eines Vermögensgegenstandes, seiner Erweiterung oder einer über seinen ursprünglichen Zustand hinausgehenden wesentlichen Verbesserung.

Ziel ist, die beim Herstellungsvorgang erfolgsneutral erfassten Ausgaben spätestens zum Bilanzstichtag zu aktivieren und damit zu neutralisieren.

Als Gegenkonten für diese Buchungen fungieren beim Gesamtkostenverfahren die Konten:

- Erhöhung oder Verminderung des Bestands an fertigen und unfertigen Erzeugnissen (§275 Abs. 2 Ziff. 2 HGB) – sofern es sich um zum Verkauf bestimmte Erzeugnisse handelt, bzw.
- Andere aktivierte Eigenleistungen (§275 Abs. 2 Ziff. 3 HGB) – sofern es sich um selbst erstelltes Anlagevermögen handelt.

Beim Umsatzkostenverfahren erfolgt eine Habenbuchung auf dem Konto „Herstellungskosten der zur Erzielung der Umsatzerlöse erbrachten Leistungen" (§275 Abs. 3 Ziff. 2 HGB).

Während Einzelkosten definitionsgemäß dem einzelnen Erzeugnis direkt zurechenbar sind, bestehen für die Zurechnung von Gemeinkosten Schwierigkeiten. Während variable Gemeinkosten auf Istkostenbasis verrechnet werden, werden fixe Gemeinkosten unter Zugrundelegung einer Normalbeschäfti-

Begriff der Herstellungskosten	Umfang der Herstellungskosten		Nicht zu den Herstellungskosten gehörig
	Pflichtmäßig einzubeziehen	Fakultativ einzubeziehen	
Die Aufwendungen, die durch » den Verbrauch von Gütern und » die Inanspruchnahme von Diensten für » die Herstellung eines Vermögensgegenstandes, » seine Erweiterung oder » eine über seinen ursprünglichen Zustand hinausgehende wesentliche Verbesserung entstehen	1. Materialeinzelkosten 2. Fertigungseinzelkosten 3. Sonderkosten der Fertigung 4. Angemessene Teile der notwendigen Material- und Fertigungsgemeinkosten 5. Angemessene Teile des Wertverzehrs des Anlagevermögens soweit durch die Fertigung veranlasst	Kosten der allgemeinen Verwaltung, dazu auch Aufwendungen » für soziale Einrichtungen des Betriebes » für freiwillige soziale Leistungen, » für betriebliche Altersversorgung Diese Posten dürfen nur insoweit in die Herstellungskosten einbezogen werden, als sie auf den Zeitraum der Herstellung entfallen.	1. Vertriebskosten 2. Forschungskosten 3. Zinsen für Fremdkapital Wenn dieses aber zur Finanzierung eines Wirtschaftsgutes verwendet wird, dürfen solche Zinsen aktiviert werden, die auf den Zeitraum der Herstellung entfallen.

Abb. 26: *Herstellungskosten*

gung auf die einzelnen Erzeugnisse abgerechnet. Die Bemessung handels- und steuerbilanzieller Herstellungskosten erfolgt in enger Abstimmung mit der Kosten- und Leistungsrechnung. §255 Abs. 2, 2a und 3 HGB formulieren Einbeziehungspflichten, -wahlrechte und -verbote. Steuerlich existieren zahlreiche Sondervorschriften zur Abgrenzung von Herstellungs- und Erhaltungsaufwand: Während Erhaltungsaufwand keine Veränderung der Wesensart des Wirtschaftsgutes zur Folge hat, sondern dessen Erhaltung in einem ordnungsmäßigen Zustand dient sowie regelmäßig und in ungefähr gleicher Höhe wiederkehrend auftritt, bewirkt Herstellungsaufwand eine Veränderung der Wesensart des Wirtschaftsgutes, hat wesentliche Substanzmehrungen zur Folge, durch die eine Verbesserung der Nutzungsmöglichkeit eintritt und führt zu erheblichen Verbesserungen über den bisherigen Zustand hinaus. Die steuerlichen Regelungen zu Bestimmung und Abgrenzung von Herstellungskosten finden sich in R 6.3 EStR. Sie sind weitgehend mit den handelsrechtlichen Vorschriften zur Bestimmung der Herstellungskosten harmonisiert. Die Ausübung von Einbeziehungswahlrechten hat in Handels- und Steuerbilanz synchron zu erfolgen (vgl. R.6.3 Abs. 5 EStR).

Die Herstellungskosten selbst erstellter immaterieller Vermögensgegenstände sind die in der Entwicklungsphase entstehenden Ausgaben. Man bezeichnet sie als Entwicklungskosten. Für sie besteht ein Aktivierungswahlrecht (§248 Abs. 2 Satz 1 HGB).

Ziel der Aktivierung von Entwicklungskosten ist es zu erreichen, den Aufwand und den Ertrag aus der Erstellung sowie Verwertung/Nutzung immaterieller Vermögensgegenstände periodenkongruent abzubilden.

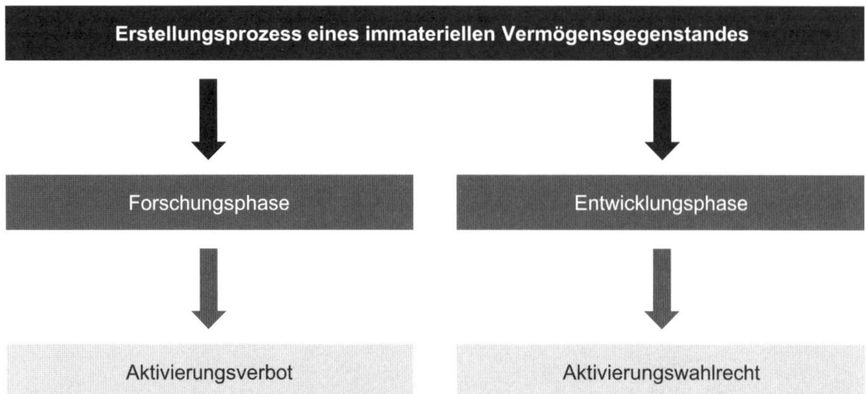

Abb. 27: *Aktivierung von Entwicklungskosten bei selbst erstellten immateriellen Vermögensgegenständen*

Mit der Aktivierung von Entwicklungskosten werden die Ausgaben in der Entwicklungsphase neutralisiert und es wird ein immaterieller Vermögensgegenstand in der Bilanz ausgewiesen. Dieser wird in den Perioden der kommerziellen Nutzung, in denen zurechenbare Erträge ausgewiesen werden, planmäßig und ggf. zusätzlich außerplanmäßig abgeschrieben. Dies setzt voraus, dass eine projektbezogene Dokumentation erstellt wird, aus welcher sich die Abgrenzungen von

- Forschungs- und Entwicklungskosten (zeitlich sequenziell) sowie
- Projektkosten und allgemeine Verwaltungskosten (zeitlich parallel)

ergeben.

5.1.3 Weitere handelsrechtliche Wertmaßstäbe im Überblick

Bei den **fortgeführten Anschaffungs- oder Herstellungskosten** handelt es sich um die um planmäßige Abschreibungen verminderten Anschaffungs- oder Herstellungskosten.

Dabei sind folgende Determinanten des Abschreibungsplans von Bedeutung

- Höhe der Anschaffungs- oder Herstellungskosten,
- Abschreibungsmethode,
- Nutzungsdauer,
- Berücksichtigung eines evtl. Restwertes.

Der Abschreibungsplan ist zu Beginn der Nutzungsdauer festzulegen. Es ist der Grundsatz der Methodenstetigkeit zu beachten. Sowohl außerplanmäßige Abschreibungen wie auch Wertaufholungen durchbrechen den ursprünglich festgelegten Abschreibungsplan. Auch Schätzungsänderungen sind während der Laufzeit zu berücksichtigen.

Fortgeführte Anschaffungs- oder Herstellungskosten
Die um planmäßige Abschreibungen verminderten Anschaffungs- oder Herstellungskosten. Sie nehmen die Funktion primärer Wertansätze bei abnutzbarem Anlagevermögen ein

Beizulegender Zeitwert
Regelfall: Ersatz für Anschaffungs- oder Herstellungskosten bei Zugangsbewertungen ohne Anschaffungs- oder Herstellungsvorgang, z.B. bei Unternehmenserwerben, Tausch, Schenkung etc. Ermittlungshierarchie gemäß § 255 Abs. 4 HGB 1. Stufe: Marktpreis auf aktivem Markt 2. Stufe: allgemein anerkannte Bewertungsmethoden 3. Stufe: fortgeführte Anschaffungs- oder Herstellungskosten Ausnahmefall: (Folge-)Bewertung des Pensionsvermögens nach § 246 Abs. 2 Satz 2 HGB zum beizulegenden Zeitwert (§ 253 Abs. 1 Satz 4 HGB)

Barwert
Finden die Zahlungsvorgänge im Zusammenhang mit einem Erwerbsvorgang zu einem späteren Zeitpunkt statt, so ist der Barwert und nicht der Nennwert der Zahlungen als Bilanzwert anzusetzen. Analoges gilt für langfristige unverzinsliche Verbindlichkeiten oder Rückstellungen.

Abb. 28: *Weitere handelsrechtliche Wertmaßstäbe im Überblick*

Der **beizulegende Zeitwert** (Fair Value) ist ein Ersatzwert für die Anschaffungs- oder Herstellungskosten im Rahmen der Erstbewertung von Vermögensgegenständen, z.B. bei Unternehmenserwerben, Tausch, Schenkung, wenn Anschaffungskosten auf klassische Weise durch Aktivierung zurechenbarer Ausgaben nicht ermittelbar sind.

Seine Anwendung in der Folgebewertung gilt als „systemfremdes Element" im HGB-Abschluss und kommt nur bei der Folgebewertung von Pensionsvermögen nach §253 Abs. 1 Satz 4 HGB zur Anwendung. Ziel der Bewertung von Vermögensgegenständen zum beizulegenden Zeitwert (Fair Value) ist die Aufdeckung stiller Reserven. Seine Anwendung verstößt allerdings gegen das Anschaffungskosten-, Niederstwert-, Imparitäts- und Realisationsprinzip.

Der **Barwert** als Gegenwartswert diskontierter künftiger Zahlungen kommt als Wertansatz auf der Aktiv- oder Passivseite in Betracht, wenn die Ausgaben mehr als ein Jahr in der Zukunft liegen.

Dies gilt sowohl für die Erwerbsausgaben zur Erlangung eines Vermögensgegenstandes als auch für die Ausgaben zur Erfüllung einer Verpflichtung (Rückstellung), z.B. nach §253 Abs. 2 HGB.

Sekundäre Werte sind Ausdruck des Niederstwertprinzips. Sie finden Anwendung, wenn eine Wertminderung eingetreten ist, die größer ist als die übliche, durch die planmäßige Abschreibung zum Ausdruck gebrachte Wertminderung. Außerplanmäßige Abschreibungen kommen zusätzlich zur planmäßigen Abschreibung zur Anwendung.

Ziele sind:

- die Wertminderung bereits nach außen zu kommunizieren, bevor sie sich durch Zahlungsvorgänge eingestellt haben,

- eine Kürzung des Jahresergebnisses zu bewirken, durch die erfolgsabhängige Zahlungen reduziert werden, um Mittel an den Betrieb zu binden, die notwendig sind, um die wertmäßige Vermögensminderung auszugleichen.

Sekundäre Wertansätze bringen das Haftungspotenzial zum Ausdruck, das ein Vermögensgegenstand repräsentiert, wenn er am Bilanzstichtag einzeln verwertet wird.

Sekundäre Wertansätze

Ausdruck des Gläubigerschutzgedankens (Niederstwertprinzip)

» Information über das realisierbare Haftungspotenzial, das ein Vermögensgegenstand im Falle seiner Einzelveräußerung repräsentiert
» Buchhalterische Erfassung von Wertminderungen bei eingetretener Wertminderung,
Ziel: antizipativer Ausschüttungsverzicht
» Anwendung, wenn sie niedriger sind als die primären Wertansätze
» Pflicht, Wahlrecht oder Verbot zur Niederstwertabschreibung abhängig von der anzuwendenden Variante des Niederstwertprinzips

Börsen- und Marktpreis

Börsenpreis: an einer amtlich anerkannten Börse im Verfahren nach §§ 29 BörsG festgestellter Preis für die an der betreffenden Börse zum Handel zugelassenen Wertpapiere oder Waren (amtliche Feststellung oder geregelter Freiverkehr)

Marktpreis: Preis, der an einem Handelsplatz und in einem Handelsbezirk für Waren einer bestimmten Gattung von durchschnittlicher Art und Güte zu einem bestimmten Zeitpunkt oder Zeitabschnitt im Durchschnitt gewährt wird:
→ gilt für vertretbare Sachen im Umlaufvermögen

Abb. 29: *Weitere handelsrechtliche Wertmaßstäbe im Überblick*

Handelt es sich um Massenerzeugnisse (vertretbare Sachen), so existieren regelmäßig ein Markt oder eine Börse und damit auch ein **Markt- oder Börsenpreis**.

- Als Marktpreis gilt der Durchschnittspreis einer Ware am jeweils relevanten Markt (Handelsplatz mit Preisfeststellung gemäß §373 HGB als Handelskauf). Als relevanter Markt kann je nach Art des zu bewertenden Umlaufvermögens der Beschaffungs- oder der Absatzmarkt gelten.
- Als Börsenpreis gilt nach §24 Abs. 1 BörsG der während der Börsenzeit an einer Börse und im Freiverkehr an einer Wertpapierbörse festgestellter Preis von Waren oder Wertpapieren. Börsenpreise müssen den Handelsteilnehmern unverzüglich und zu angemessenen kaufmännischen Bedingungen in leicht zugänglicher Weise bekannt gemacht werden (§24 Abs. 3 BörsG).

Bilanziert wird nach §253 Abs. 4 Satz 1 HGB nicht der Börsen- oder Marktpreis, sondern der aus einem Börsen- oder Marktpreis abgeleitete Wert, d.h. je nachdem, ob es sich um eine Wertermittlung vom Beschaffungs- oder Absatzmarkt her handelt, zuzüglich Anschaffungsnebenkosten bzw. abzüglich Verkaufskosten.

Handelt es sich um eine voraussichtlich dauernde Wertminderung, so ist analog dem handelsrechtlichen Niederstwertprinzip in der Steuerbilanz der Teilwert anzusetzen.

Handelt es sich um Individualerzeugnisse (nicht vertretbare Sachen), so ist das Haftungspotenzial, das ein Vermögensgegenstand repräsentiert, durch den **beizulegenden Wert** individuell vom Beschaffungsmarkt (z.B. bei Roh-, Hilfs- und Betriebsstoffen) oder vom Absatzmarkt her (z.B. bei Fertigerzeugnissen und Waren) zu ermitteln.

Sowohl bei markt- und börsenfähigen als auch bei Individualerzeugnissen kommt die Bewertung mit sekundären Werten (Markt- oder Börsenpreis bzw. beizulegender Wert) nur in Betracht, wenn sie niedriger sind als die primären Werte (Niederstwertprinzip).

Der **Erfüllungsbetrag** ist der Betrag, den ein Unternehmen aufbringen muss, um eine Verbindlichkeit zu erfüllen. Es handelt sich regelmäßig um den Rückzahlungsbetrag der Verbindlichkeit.

Rückstellungen sind mit dem nach vernünftiger kaufmännischer Beurteilung notwendigen Erfüllungsbetrag anzusetzen (§253 Abs. 1 Satz 2 HGB). Dabei sind plausible Schätzungen unter realistischen Annahmen zugrunde zu legen unter Berücksichtigung von zwei bewertungsrelevanten Aspekten:

- Einbeziehung von bis zur Erfüllung erwarteten künftigen Kostensteigerungen,
- Abzinsung, d.h. Ansatz zum Barwert, nicht zum Nennwert oder Rückzahlungsbetrag.

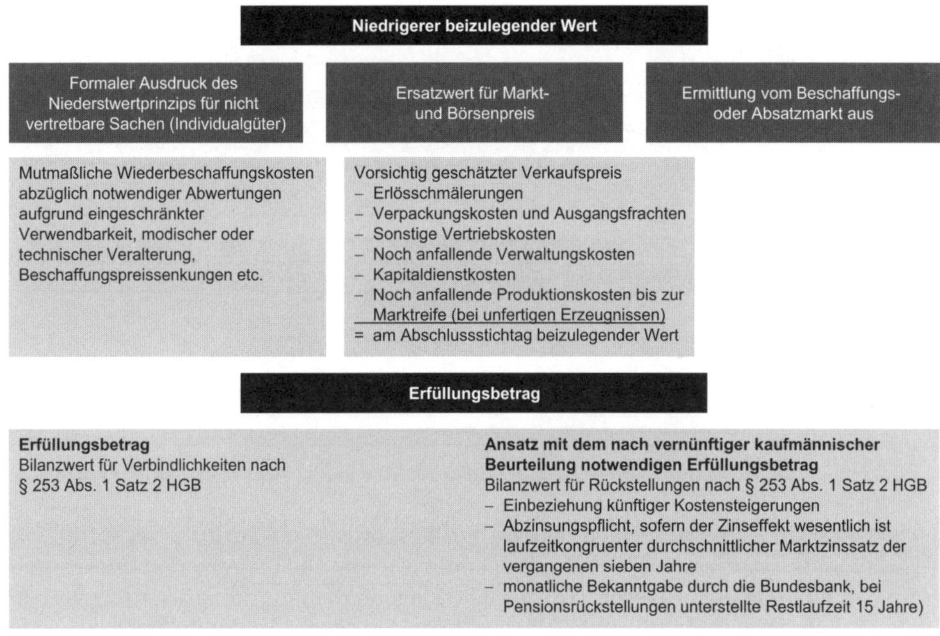

Abb. 30: *Weitere handelsrechtliche Wertansätze im Überblick*

5.2 Allgemeine Bewertungsgrundsätze

Der **Grundsatz der Bilanzidentität** (§252 Abs. 1 Nr. 1 HGB) besagt, dass der Wertansatz in der Eröffnungsbilanz mit dem Wertansatz der Schlussbilanz des Vorjahres übereinstimmen muss.

Das bedeutet, dass es weder Umgliederungen noch Umbewertungen zwischen den Geschäftsjahren geben darf. Dadurch wird die Bilanzkongruenz gewährleistet, die besagt, dass die Summe aller Periodenerfolge dem Totalerfolg über die Gesamtlebensdauer des Unternehmens entsprechen muss.

Bilanzidentität (§ 252 Abs. 1 Nr. 1 HGB)

Formale Bilanzkontinuität, Bilanzzusammenhang
Schlussbilanz eines Geschäftsjahres muss mit der Eröffnungsbilanz des Folgejahres identisch sein

- Identität des Bilanzinhalts
- Identität der Wertansätze
- Keine Umgliederung
- Keine Buchungen „zwischen den Geschäftsjahren“

Abb. 31: *Allgemeine Bewertungsgrundsätze (§ 252 Abs. 1 Nr. 1 HGB)*

Der **Grundsatz der Unternehmensfortführung** (§ 252 Abs. 1 Nr. 2 HGB) besagt, dass solange die Fortführungsprämisse gilt, ein Vermögensgegenstand grundsätzlich nicht zum Einzelveräußerungspreis angesetzt werden muss, sondern dass es angemessen ist, die Anschaffungs- oder Herstellungskosten planmäßig auf die Nutzungsdauer zu verteilen.

Grundsatz der Unternehmensfortführung (§ 252 Abs. 1 Nr. 2 HGB)

Bei der Bewertung ist die Weiterführung des Unternehmens in einem überschaubaren Zeitraum zu unterstellen, so lange nicht rechtliche oder tatsächliche Gegebenheiten dagegen sprechen (Eröffnung des Insolvenzverfahrens, beantragter Abwicklungsvergleich, ernste wirtschaftliche Schwierigkeiten, Betriebsstilllegung)

Bewertung zum Abschlussstichtag und Einzelbewertung (§ 252 Abs. 1 Nr. 3 HGB)

Grundsatz der Stichtagsbewertung (§ 252 Abs. 1 Nr. 3 HGB)

Stichtagsbewertung
» Der Bewertung sind grundsätzlich die Verhältnisse am Stichtag zugrunde zu legen
» Ereignisse, die ihre Ursache eindeutig nach dem Stichtag haben, sind nicht zu berücksichtigen

Aber:
Wertaufholungsgrundsatz: Erkenntnisse über die Verhältnisse am Bilanzstichtag, die nach dem Stichtag bis zur Bilanzaufstellung bekannt werden, sind bilanziell zu berücksichtigen

Abb. 32: *Allgemeine Bewertungsgrundsätze (§ 252 Abs. 1 Nr. 2 und 3 HGB)*

Dies setzt allerdings eine positive Fortbestands- bzw. Fortführungsprognose voraus. Ist diese nicht mehr gegeben, so muss auf Einzelveräußerungspreise übergegangen werden. Rechtliche Gegebenheiten, die einer unterstellten Unternehmensfortführung entgegenstehen könnten, könnte eine bevorstehende Zweigwerksschließung oder ein bevorstehendes oder bereits eingeleitetes Insolvenzverfahren sein. Faktische Gegebenheiten, die gegen eine unterstellte Unternehmensfortführung sprechen, könnten innerbetriebliche Umorganisationen oder die Stilllegung von Anlagen auf nicht absehbare Zeit sein.

Der **Grundsatz der Stichtagsbewertung** (§ 252 Abs. 1 Nr. 3 HGB) besagt, dass bei der Bewertung die Verhältnisse am Bilanzstichtag zugrunde zu legen sind und dass Ereignisse, die nach dem Stichtag eintreten, für die Bewertung unbeachtlich bleiben.

Grundsatz der Einzelbewertung (§ 252 Abs. 1 Nr. 3 HGB)		
Einzelbewertung von Vermögensgegenständen und Schulden (§ 252 Abs. 1 Nr. 3 HGB)		
Grundsatz	**Sonderfälle**	**Ausnahmen**
Jeder Vermögensgegenstand und jeder Schuldposten ist für sich zu bewerten. Keine Saldierung von Wertminderungen und Wertsteigerungen.	Sachgesamtheiten, Bewertungseinheiten (Hedge Accounting § 254 HGB)	Zulässige Durchbrechungen des Einzelbewertungsgrundsatzes: » Verbrauchsfolgeverfahren » Garantierückstellungen auf Massenprodukte » Pauschalwertberichtigungen auf Forderungen » Gängigkeitsabschläge

Abb. 33: *Allgemeine Bewertungsgrundsätze (§ 252 Abs. 1 Nr. 3 HGB)*

Dabei sind zu unterscheiden:

- Wert erhellende Tatsachen betreffen die Verhältnisse am Bilanzstichtag, auch wenn sie dem Bilanzierenden erst nach dem Bilanzstichtag bekannt werden; sie sind bei der Bewertung zu berücksichtigen.
- Wert begründende Tatsachen haben ihren Ursprung erst nach dem Bilanzstichtag. Sie sind bei der Bewertung nicht zu berücksichtigen, jedoch ggf. im Anhang als Gegenstand des Nachtragsberichts zu beschreiben (§ 285 Ziff. 33 HGB).

Der **Grundsatz der Einzelbewertung** (§ 252 Abs. 1 Nr. 3 HGB) besagt, dass jeder Vermögensgegenstand und jeder Schuldposten für sich allein und unabhängig von anderen zu bewerten ist.

Damit wird der Gesamtunternehmensbewertung im handelsrechtlichen Jahresabschluss eine Absage erteilt. Ziel ist, eine Aufrechnung von Wertminderungen und Wertsteigerungen im Rahmen größerer Bilanzierungs- und Bewertungseinheiten mit Blick auf das Imparitätsprinzip zu untersagen.

Der **Grundsatz der kaufmännischen Vorsicht** (§ 252 Abs. 1 Nr. 4 HGB) besagt, dass im Gläubigerschutzinteresse bei der Gewinnermittlung nicht zu optimistisch vorgegangen werden darf.

Grundsatz der Vorsicht (§ 252 Abs. 1 Nr. 4 HGB)				
Erkennbarkeitsprinzip	**Realisationsprinzip**	**Anschaffungskostenprinzip**	**Wertaufhellungsprinzip**	**Imparitätsprinzip**
Bilanzielle Erfassung drohender Verluste und erkennbarer Risiken.	Gewinne sind auszuweisen, wenn sie realisiert sind, d.h. bei	Die primären Wertansätze (fortgeführte) Anschaffungs- oder Herstellungskosten bilden die Obergrenze der Bewertung, Wertänderungen oberhalb der primären Wertansätze bleiben bilanziell unberücksichtigt.	Erkenntnisse über die Verhältnisse am Bilanzstichtag, die nach dem Stichtag bis zur Bilanzaufstellung bekannt werden, sind bilanziell zu berücksichtigen.	Ungleichbehandlung unrealisierter Gewinne und Verluste. » Erkennbarkeitsprinzip für Verlustausweis » Realisationsprinzip für Gewinnausweis
Bildung von Rückstellungen Außerplanmäßige Abschreibungen	Lieferung/Leistung Gefahrübergang Rechnungsstellung	Stille Rücklagen		

Abb. 34: *Allgemeine Bewertungsgrundsätze (§ 252 Abs. 1 Nr. 4 HGB)*

Im Einzelnen bedeutet dies:

- antizipative Aufwandsverrechnung im Falle drohender Verluste und erkennbarer Risiken durch Bildung von Drohverlustrückstellungen oder außerplanmäßigen Abschreibungen;
- einen restriktiven Gewinnausweis im Realisationszeitpunkt. Dieser wird angenommen im Zeitpunkt der Lieferung und Leistung, des Gefahrübergangs und der Rechnungsstellung. Zu diesem ZeitpunIkt erscheint das Grundrisiko des schwebenden Geschäfts überwunden. Punktuelle Einzelrisiken wie das Bonitätsrisiko des Vertragspartners oder das Gewährleistungsrisiko sind auch nach dem Realisationszeitpunkt noch bilanziell zu berücksichtigen, z.B. durch Einzel- oder Pauschalwertberichtigungen oder durch Gewährleistungsrückstellungen;
- dass die (fortgeführten) Anschaffungs- oder Herstellungskosten die Wertobergrenze für die Erst- und Folgebewertung einschließlich spätere Wertaufholungen bilden, somit eine Fair Value-Bewertung grundsätzlich nicht als zulässig angesehen wird;
- dass Wert mindernde Ereignisse, die bis zum Bilanzstichtag entstanden sind, zu berücksichtigen sind, selbst wenn sie erst zwischen dem Bilanzstichtag und dem Tag der Bilanzaufstellung, in Ausnahmefällen bis zum Tag der Bilanzfeststellung, bekannt geworden sind (Wertaufhellungsgrundsatz);
- dass drohende Verluste und erkennbare Risiken bei Erkennbarkeit auszuweisen sind (Erkennbarkeitsprinzip), erwartete Gewinne demgegenüber erst auszuweisen sind, wenn sie realisiert sind (Imparitätsprinzip).

Das **Niederstwertprinzip** (§§252 Abs. 1 Nr. 4, 253 Abs. 3 Sätze 3 und 4, Abs. 4, Abs. 5 HGB) als Ausdruck des Gläubigerschutzgedankens verlangt eine Wertminderung bei Vermögensgegenständen von primären Wertansätzen ((fortgeführten) Anschaffungs- oder Herstellungskosten) auf sekundäre Wertansätze (Markt- oder Börsenpreis bzw. beizulegender Wert) grundsätzlich durch eine außerplanmäßige Abschreibung zu berücksichtigen.

Niederstwertprinzip (§§ 252 Abs. 1 Nr. 4, § 253 Abs. 3 Sätze 5 und 6, Abs. 4, Abs. 5 HGB) Niederstwertprinzip: im Verhältnis von primären und sekundären Wertansätzen ist grundsätzlich der niedrigere Wert zu wählen	
Grundsatz	**Ausnahme**
Abschreibungspflicht auf den niedrigeren sekundären Wertansatz (Markt- oder Börsenpreis bzw. beizulegenden Wert)	Abschreibungswahlrecht bei vorübergehender Wertminderung bei Finanzanlagen (§ 253 Abs. 3 Satz 4 HGB) Abschreibungsverbot bei vorübergehender Wertminderung bei Sach- und immateriellen Anlagevermögen (§ 253 Abs. 3 Satz 3 HGB)

Abb. 35: *Allgemeine Bewertungsgrundsätze – Niederstwertprinzip (§252 Abs. 1 Nr. 4 HGB)*

Allerdings gibt es von diesem Grundsatz einige Ausnahmen. So bestehen ein Abschreibungswahlrecht bei vorübergehender Wertminderung bei Finanzanlagen und ein Abschreibungsverbot bei vorübergehender Wertminderung bei Sach- und immateriellen Anlagen.

Mit dem Niederstwertprinzip sollen Außenstehende auf Wertminderungen hingewiesen werden, indem

- der Buchwert der wertgeminderten Vermögensgegenstände abgewertet wird,
- das Ergebnis des Jahres, in welchem die Wertminderung stattfindet, vermindert wird, und
- durch den außerplanmäßigen Abschreibungsaufwand letztlich das Eigenkapital und damit die Eigenkapitalquote vermindert werden.

Diese kennzahlengestützte Signalwirkung auf rating-relevante Kennzahlen beeinflussen die Bonitätsbeurteilung negativ.

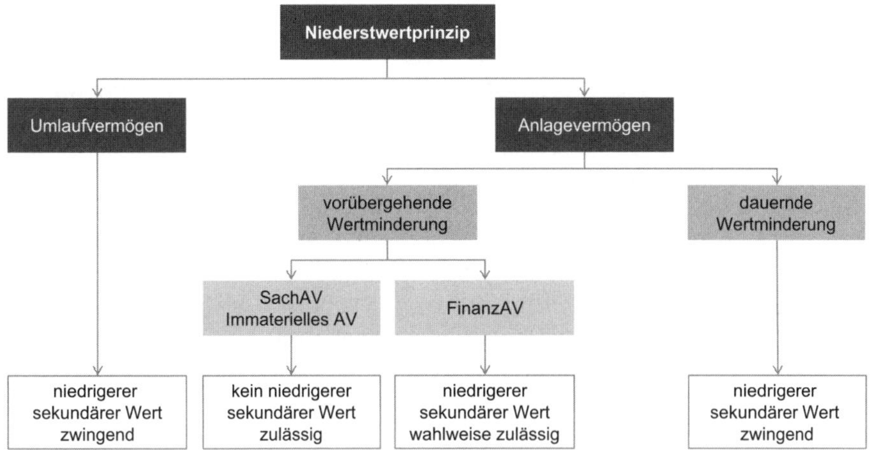

Abb. 36: *Allgemeine Bewertungsgrundsätze – Niederstwertprinzip (§ 253 Abs. 3 und 4 HGB)*

Das Niederstwertprinzip besagt, dass im Verhältnis von primären Wertansätzen ((fortgeführten) Anschaffungs- oder Herstellungskosten) und sekundären Wertansätzen (Markt- oder Börsenpreis bzw. beizulegender Wert) grundsätzlich der niedrigere Wertansatz zu wählen ist.

Die **Varianten des Niederstwertprinzips** ergeben sich aus § 253 Abs. 3–5 HGB.

- Im Umlaufvermögen gilt das strenge Niederstwertprinzip, das besagt, dass wenn der sekundäre Wert (Markt- oder Börsenpreis bzw. beizulegender Wert) niedriger ist als der primäre Wert (Anschaffungs- oder Herstellungskosten) eine außerplanmäßige Abschreibung auf den niedrigeren sekundären Wert verpflichtend vorzunehmen ist.
- Im Anlagevermögen gilt das gemilderte Niederstwertprinzip, das besagt, dass es für die Frage, ob eine Pflicht, ein Wahlrecht oder ein Verbot zur außerplanmäßigen Abschreibung auf den niedrigeren sekundären Wert besteht, zunächst davon abhängt, ob es sich um eine dauerhafte oder eine vorübergehende Wertminderung handelt:

- Handelt es sich um eine dauerhafte Wertminderung im Anlagevermögen, so ist eine außerplanmäßige Abschreibung auf den niedrigeren sekundären Wert zwingend.
- Handelt es sich um eine vorübergehende Wertminderung im Anlagevermögen, so ist zu unterscheiden, um welche Kategorie von Anlagevermögen es sich handelt.
  - Handelt es sich um eine vorübergehende Wertminderung im Sach- oder immateriellen Anlagevermögen, so ist eine außerplanmäßige Abschreibung auf den niedrigeren sekundären Wert nicht zulässig. Dies hängt mit Objektivierungsproblemen bei der Quantifizierung von vorübergehenden Wertminderungen in diesen Kategorien von Anlagevermögen zusammen.
  - Handelt es sich um eine vorübergehende Wertminderung im Finanzanlagevermögen, so ist eine außerplanmäßige Abschreibung auf den niedrigeren sekundären Wert wahlweise zulässig.
    - Im Falle der außerplanmäßigen Abschreibung ist – wenn es sich wirklich um eine vorübergehende Wertminderung handelt – im nächsten Jahr wieder eine Wertaufholung durchzuführen.
    - Im Fall der unterlassenen außerplanmäßigen Abschreibung sind Anhangangaben nach §285 Nr. 18 HGB zu machen über
      - den Buchwert und den beizulegenden Zeitwert der einzelnen Vermögensgegenstände oder angemessener Gruppierungen sowie
      - die Gründe für das Unterlassen der Abschreibung einschließlich der Anhaltspunkte, die darauf hindeuten, dass die Wertminderung voraussichtlich nicht von Dauer ist.

Der **Grundsatz der Periodenabgrenzung** (§252 Abs. 1 Nr. 5 HGB) besagt, dass Aufwendungen und Erträge unabhängig von den Zeitpunkten der entsprechenden Zahlungen zu berücksichtigen sind.

Grundsatz der Periodenabgrenzung (§ 252 Abs. 1 Nr. 5 HGB)
Aufwendungen und Erträge sind unabhängig vom Zeitpunkt der entsprechenden Zahlungen im Jahresabschluss zu berücksichtigen. Formale Voraussetzung für die Abkehr von bloßer Einnahmen-Ausgaben-Rechnung.
Problem: keine materiellen Hinweise auf die Kriterien der Periodenabgrenzung
» Erkennbarkeit » Planmäßigkeit » Verursachung » Zeitproportionalität

Abb. 37: *Allgemeine Bewertungsgrundsätze (§252 Abs. 1 Nr. 5 HGB)*

Dieser Grundsatz ermöglicht, dass Erfolgs- und Zahlungswirksamkeit eines Vorgangs zeitlich auseinanderfallen können. Er besagt aber nicht, nach welchen Kriterien die zeitliche Abgrenzung erfolgen soll. Hierbei ist auf allgemeine GoB-Normen zurück zu greifen, wie z.B.

- das Erkennbarkeitsprinzip (z.B. bei der Vornahme außerplanmäßiger Abschreibungen im Falle von erkennbaren Wertminderungen),
- das Planmäßigkeitsprinzip (z.B. bei der Verrechnung planmäßiger Abschreibungen),

- das Verursachungsprinzip (z.B. bei der Bildung von Rückstellungen),
- das Zeitproportionalitätsprinzip (z.B. bei der Bildung von Rechnungsabgrenzungsposten).

Der **Grundsatz der Methodenstetigkeit** bezieht sich auf die Bilanzierung dem Grunde nach (Ansatzstetigkeit) und die Bilanzierung der Höhe nach (Bewertungsstetigkeit) gleichermaßen.

- Die auf den vorhergehenden Jahresabschluss angewandten Ansatzmethoden sind beizubehalten. Von diesem Grundsatz darf nur in begründeten Ausnahmefällen abgewichen werden (§246 Abs. 3 HGB).
- Die auf den vorhergehenden Jahresabschluss angewandten Bewertungsmethoden sind beizubehalten (§252 Abs. 1 Nr. 6 HGB).
- Von diesem Grundsatz darf nur in begründeten Ausnahmefällen abgewichen werden (§252 Abs. 1 Nr. 6, Abs. 2 HGB). Das bedeutet:
  - Ein willkürlicher Methodenwechsel während der Nutzungsdauer ist nicht zulässig. Begründete Methodenwechsel während der Nutzungsdauer könnten sein:
    - Übergang von der Leistungsabschreibung auf die lineare Abschreibung im Falle des ruhenden Verschleißes,
    - Neueinschätzung der (Rest)Nutzungsdauer,
    - gleichartige Vermögensgegenstände sind nach gleichen Grundsätzen zu bewerten.

Werden begründete Methodenänderungen durchgeführt, sind diese nach §284 Abs. 2 Nr. 3 HGB im Anhang anzugeben und zu begründen, ihr Einfluss auf die Vermögens-, Finanz- und Ertragslage ist gesondert darzustellen.

Bewertungsstetigkeit (§ 252 Abs. 1 Nr. 6 HGB)	
Auf den vorangegangenen Jahresabschluss angewandte Bewertungsmethoden sind beizubehalten (§ 252 Abs. 1 Nr. 6 HGB).	
Grundsatz	**Ausnahme**
Ein Vermögensgegenstand ist über die ganze Nutzungsdauer nach gleichen Grundsätzen zu bewerten Gleichartige Vermögensgegenstände sind nach gleichen Grundsätzen zu bewerten Analog: Ansatzstetigkeit (§ 246 Abs. 3 HGB)	Sachlich begründeter Methodenwechsel (§ 252 Abs. 2 HGB), z.B. » technische Umwälzungen » wesentliche Veränderungen des Beschäftigungsgrades, der Finanz-, Kapital- und Gesellschafterstruktur, Produktions- und Sortimentsumstellungen Angabe und Begründungspflicht nebst Darstellung der Auswirkungen nach § 284 Abs. 2 Nr. 3 HGB

Abb. 38: *Allgemeine Bewertungsgrundsätze (§252 Abs. 1 Nr. 6 HGB)*

5.3 Bewertung von Anlage- und Umlaufvermögen

Die Bewertung von Anlage- und Umlaufvermögen in der Handelsbilanz ist bestimmt durch das Verhältnis von primären und sekundären Wertmaßstäben, welche durch das Niederstwertprinzip verknüpft sind.

Wertobergrenze sind zu jedem Bilanzstichtag die primären Wertansätze. Dies sind die Anschaffungs- oder Herstellungskosten beim nicht abnutzbaren Anlagevermögen und beim Umlaufvermögen, beim abnutzbaren Anlagevermögen sind dies die fortgeführten Anschaffungs- oder Herstellungskosten, d.h. die um planmäßige Abschreibungen reduzierten Anschaffungs- oder Herstellungskosten.

Im **Umlaufvermögen** gilt das strenge Niederstwertprinzip. Bei vertretbaren Sachen ist somit zu prüfen, ob ein niedrigerer aus dem Börsen- oder Marktpreis abgeleiteter Wert bzw. – subsidiär – ein niedrigerer beizulegender Wert (bei nicht vertretbaren Sachen) vorliegt. Ist dies zu bejahen, ist auf diesen niedrigeren sekundären Wert außerplanmäßig abzuschreiben.

Beim **Anlagevermögen** handelt es sich vornehmlich um nicht vertretbare Sachen vorliegen; für sie gilt als niedrigerer sekundärer Wert der beizulegende Wert. Es bestehen folgende Varianten des Niederstwertprinzips nach §253 Abs. 3 HGB:

- Pflicht zur außerplanmäßigen Abschreibung auf den niedrigeren beizulegenden Wert bei voraussichtlich dauernder Wertminderung (§253 Abs. 3 Satz 5 HGB),
- Wahlrecht zur außerplanmäßigen Abschreibung auf den niedrigeren beizulegenden Wert bei voraussichtlich vorübergehender Wertminderung im Finanzanlagevermögen (§253 Abs. 3 Satz 6 HGB); bei unterlassener außerplanmäßiger Abschreibung Angabepflicht nach §285 Nr. 18 HGB.
- Verbot zur außerplanmäßigen Abschreibung auf den niedrigeren beizulegenden Wert bei voraussichtlich vorübergehender Wertminderung im Sach- und immateriellen Anlagevermögen.

Eine Zuschreibungspflicht besteht nach §253 Abs. 5 Satz 1 HGB, wenn die Gründe für die außerplanmäßige Abschreibung früherer Jahre wegfallen. Dies gilt im gesamten Anlage- und Umlaufvermögen mit Ausnahme des derivativen Geschäfts- oder Firmenwerts (§253 Abs. 5 Satz 2 HGB).

Für das **nicht abnutzbare Anlagevermögen** sind die primären Wertansätze (Anschaffungs- oder Herstellungskosten) Ausgangspunkt der Bewertung.

<table>
<tr><th rowspan="2">Bewertungs-maßstäbe</th><th colspan="2">Anlagevermögen</th><th rowspan="2">Umlaufvermögen</th></tr>
<tr><th>Mit zeitlich begrenzter Nutzungsdauer</th><th>Mit zeitlich nicht begrenzter Nutzungsdauer</th></tr>
<tr><td rowspan="2">Primärer Bewertungs-maßstab (Ausgangswert)</td><td colspan="2">Wertobergrenzen nach</td><td>§ 253 Abs. 1 Satz 1 HGB</td></tr>
<tr><td>Anschaffungs-/ Herstellungskosten planmäßige Abschreibungen</td><td>Anschaffungs-/ Herstellungskosten</td><td>Anschaffungs-/ Herstellungskosten</td></tr>
<tr><td rowspan="2">Sekundäre Bewertungsmaßstäbe (Vergleichswerte)</td><td colspan="2">Niedrigerer beizulegender Wert
(§ 253 Abs. 3 Satz 5 und 6 HGB)
Die außerplanmäßige Abschreibung auf den niedrigeren beizulegenden Wert ist
» Bei voraussichtlich dauernder Wertminderung zwingend (§ 253 Abs. 3 Satz 5 HGB)
» Bei voraussichtlich vorübergehender Wertminderung nur bei Finanzanlagen möglich (gemildertes Niederstwertprinzip) (§ 253 Abs. 3 Satz 6 HGB)</td><td>Niedrigerer aus dem Börsen- oder Marktpreis abgeleiteter Wert (§ 253 Abs. 4 Satz 1 HGB) bzw. Niedrigerer beizulegender Wert (§ 253 Abs. 4 Satz 2 HGB)
Diese beiden Abschreibungen sind zwingend. (Strenges Niederstwertprinzip)</td></tr>
<tr><td colspan="3">Zuschreibung (§ 253 Abs. 5 HGB)
Bei Wegfall der Voraussetzungen für Abschreibungen nach § 253 Abs. 3 Satz 3 oder 4, Abs. 4 HGB ist der Betrag dieser Abschreibungen
» im Umfang der Werterhöhung
» unter Berücksichtigung von inzwischen vorzunehmenden Abschreibungen zuzuschreiben (Wertaufholungsgebot)
Ausnahme: derivativer Firmenwert (§ 253 Abs. 5 Satz 2 HGB)</td></tr>
</table>

Abb. 39: *Bewertung von Anlage- und Umlaufvermögen*

Bei dem sich anschließenden Niederstwerttest ist zu prüfen, ob der beizulegende Wert (beim Anlagevermögen geht man von nicht vertretbaren Sachen ohne Markt- oder Börsenpreis aus) *dauerhaft niedriger* ist als der primäre Wert.

- Ist dies zu bejahen, ist der niedrigere beizulegende Wert zwingend anzusetzen und eine außerplanmäßige Abschreibung vorzunehmen (§253 Abs. 3 Satz 5 HGB).
- Ist dies zu verneinen, weil der niedrigere beizulegende Wert nicht niedriger, sondern höher als der primäre Wert ist, so ist eine außerplanmäßige Abschreibung nicht zulässig.
- Ist dies zu verneinen, weil der niedrigere beizulegende Wert nur *vorübergehend niedriger* ist als der primäre Wert, so ist eine außerplanmäßige Abschreibung im Sachanlagevermögen (z.B. unbebaute Grundstücke) oder immateriellen Anlagevermögen nicht zulässig, im Finanzanlagevermögen (z.B. Beteiligungen) jedoch wahlweise möglich (§253 Abs. 3 Satz 6 HGB). Unterbleibt die außerplanmäßige Abschreibung bei vorübergehender Wertminderung im Finanzanlagevermögen, so ist eine Anhangangabe nach §285 Nr. 18 HGB zu machen.

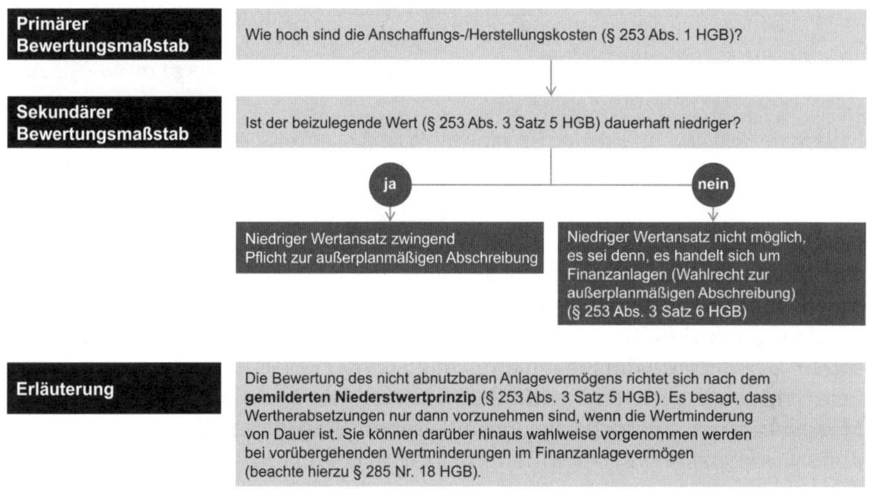

Abb. 40: *Bewertung des nicht abnutzbares Anlagevermögen*

Fallen die Gründe für eine außerplanmäßige Abschreibung früherer Jahre weg, so ist eine Wertaufholung zwingend durchzuführen §253 Abs. 5 Satz 1 HGB). Ausnahme ist der derivative Geschäfts- oder Firmenwert (§253 Abs. 5 Satz 2 HGB), für welchen ein Zuschreibungsverbot kodifiziert ist.

Für **das abnutzbare Anlagevermögens** sind die primären Wertansätze (fortgeführte Anschaffungs- oder Herstellungskosten) Ausgangspunkt der Bewertung.

Bei dem sich anschließenden Niederstwerttest ist zu prüfen, ob der beizulegende Wert (beim Anlagevermögen geht man von nicht vertretbaren Sachen ohne Markt- oder Börsenpreis aus) dauerhaft niedriger ist als der primäre Wert, d.h. die fortgeführten Anschaffungs- oder Herstellungskosten.

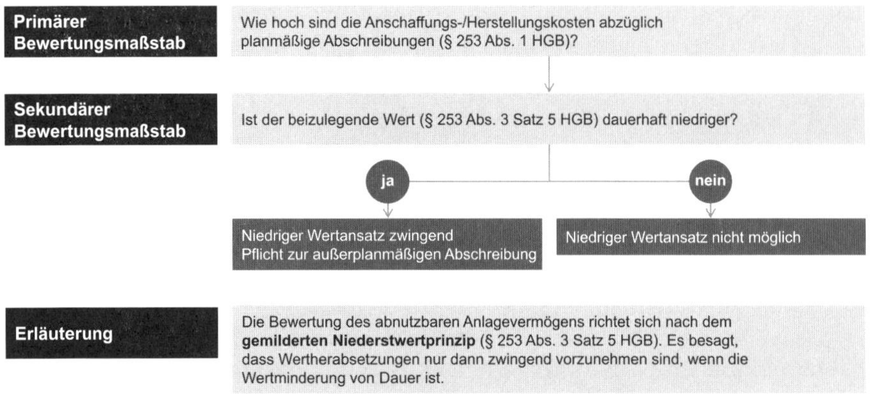

Abb. 41: *Bewertung des abnutzbaren Anlagevermögen*

- Ist dies zu bejahen, ist der niedrigere beizulegende Wert zwingend anzuwenden und eine außerplanmäßige Abschreibung vorzunehmen.
- Ist dies zu verneinen, weil der niedrigere beizulegende Wert höher als der primäre Wert ist, so ist eine außerplanmäßige Abschreibung nicht zulässig.
- Ist dies zu verneinen, weil der niedrigere beizulegende Wert nur vorübergehend niedriger ist als der primäre Wert, so ist eine außerplanmäßige Abschreibung nicht möglich.

Fallen die Gründe für eine außerplanmäßige Abschreibung früherer Jahre weg, so ist eine Wertaufholung zwingend durchzuführen (§253 Abs. 5 Satz 1 HGB). Einzige Ausnahme bildet der derivative Geschäfts- oder Firmenwert (§253 Abs. 5 Satz 2 HGB).

Die Vorschriften zur **Bilanzierung geringwertiger Wirtschaftsgüter** (vgl. §6 Abs. 2 und 2a EStR, R 6.13 EStR) sind steuerlicher Natur. Sie dienen der Vereinfachung der Anlagenbuchhaltung. Obwohl sie teilweise im Widerspruch zu den Grundsätzen der Wahrheit, der Einzelbewertung und der kaufmännischen Vorsicht stehen, ist hier mangels handelsrechtlicher Vorschriften eine faktische umgekehrte Maßgeblichkeit zulässig. Die ausgewiesenen Wahlrechte beinhalten bilanzpolitischen Spielraum. Wichtig ist, dass die angeführten Regelungen nur gelten

- bei geringwertigen Wirtschaftsgütern, die einer selbstständigen Nutzung zugänglich sind,

Geringwertige Wirtschaftsgüter	
Anschaffungs- oder Herstellungskosten bzw. Einlagewert	Bilanzielle Behandlung
Bis 250 EUR	Wahlrecht zwischen Sofortaufwand und Aktivierung und Vollabschreibung
Über 250 EUR bis 800 EUR	Wahlrecht zwischen Vollabschreibung und Poolbildung
Über 800 EUR bis 1.000 EUR	Wahlrecht zwischen Poolbildung und Behandlung als Anlagevermögen

Konsequenzen:
Die Entscheidung über die Poolbildung ist auf alle Wirtschaftsgüter der gleichen Art einheitlich auszuüben.
Ein vorzeitiger buchhalterischer Abgang bei Verschrottung ist nicht möglich.
Für geringwertige Wirtschaftsgüter mit Anschaffungs- oder Herstellungskosten bzw. Einlagewert über 150 EUR ist ein gesondertes Verzeichnis zu führen (§ 6 Abs. 2 Satz 4 EStG).

Abb. 42: *Bewertung geringwertiger Wirtschaftsgüter*

- wenn die Anschaffungs- oder Herstellungskosten nach den allgemeinen Grundsätzen ermittelt werden,
- wenn ein fortlaufend zu führendes Verzeichnis geführt und
- die Methodenstetigkeit beachtet wird.

Für die **Bewertung des Umlaufvermögens** (§253 Abs. 4 HGB) sind die primären Wertansätze (Anschaffungs- oder Herstellungskosten) Ausgangspunkt der Bewertung.

In dem sich anschließenden Niederstwerttest ist zu prüfen, ob der Börsen- oder Marktpreis (bei vertretbaren Sachen) bzw. der beizulegende Wert (bei nicht vertretbaren Sachen ohne Markt- oder Börsenpreis) niedriger ist als der primäre Wert.

- Ist dies zu bejahen, ist der niedrigere beizulegende Wert zwingend anzuwenden und eine außerplanmäßige Abschreibung vorzunehmen.
- Ist dies zu verneinen, weil der niedrigere beizulegende Wert nicht niedriger, sondern ggf. höher als der primäre Wert ist, so ist eine außerplanmäßige Abschreibung nicht zulässig.

Fallen die Gründe für eine außerplanmäßige Abschreibung früherer Jahre weg, so ist eine Wertaufholung zwingend durchzuführen (§253 Abs. 5 Satz 1 HGB).

Bei der Bewertung des Umlaufvermögens sind einerseits die spezifischen Methoden zur Ermittlung der Anschaffungs- oder Herstellungskosten zu beachten, z.B. Durchschnitts- und Festbewertung sowie Verbrauchsfolgeverfahren (Lifo und Fifo, wie auf Seite 54ff. dargestellt), als auch die standardisierten Formen der Niederstwertabschreibungen, wie z.B. Gängigkeits- und Reichweitenabschläge. Ferner ist zu bedenken, dass es bei der Anwendung des Niederstwertprinzips im Umlaufvermögens handelsrechtlich nicht auf die Frage ankommt, ob es sich um eine voraussichtlich dauernde oder vorübergehende Wertminderung handelt. Steuerlich sind Teilwertabschreibungen dagegen nur bei voraussichtlich dauernder Wertminderung zulässig.

Bei der Bewertung des abnutzbaren Anlagevermögens bilden die fortgeführten Anschaffungs- oder Herstellungskosten die Obergrenze der Bewertung. Auch

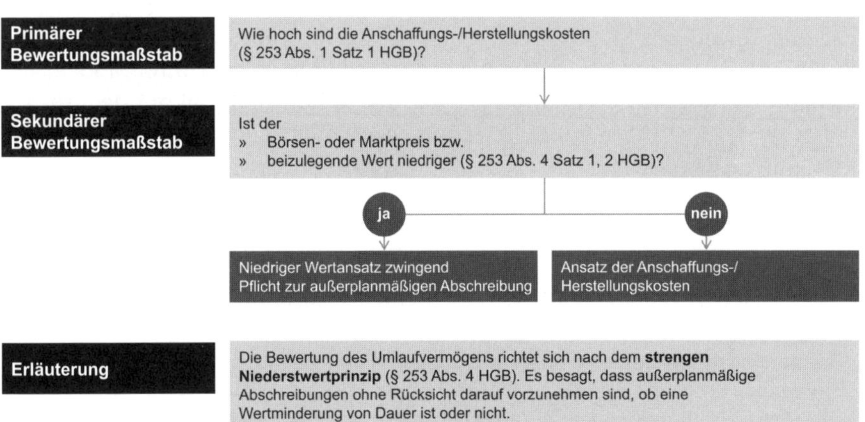

Abb. 43: *Bewertung des Umlaufvermögens*

wenn beizulegende Zeitwerte oder Marktpreise über den fortgeführten Anschaffungs- oder Herstellungskosten liegen, sind sie bilanziell nicht zu erfassen. Dies gilt auch für Wertaufholungen nach voran gegangenen außerplanmäßigen Abschreibungen. Fortgeführte Anschaffungs- oder Herstellungskosten sind die Anschaffungs- oder Herstellungskosten vermindert um planmäßige Abschreibungen. Sie sind unabhängig von außerplanmäßigen Abschreibungen, Wertaufholungen oder beizulegenden Zeitwerten. Haben in früheren Jahren außerplanmäßige Abschreibungen stattgefunden und sind die Gründe für diese außerplanmäßigen Abschreibungen früherer Jahre weggefallen, so sind sie in ihrer Wirkung zu neutralisieren. Das bedeutet, der Vermögensgegenstand des abnutzbaren Anlagevermögens ist so zu bewerten, als ob die außerplanmäßige Abschreibung nie vorgenommen worden wäre. Somit darf nicht einfach die außerplanmäßige Abschreibung als Wertaufholung wieder hinzugefügt werden. Vielmehr muss geprüft werden, wie hoch die fortgeführten Anschaffungs- oder Herstellungskosten inzwischen wären und auf diesen Betrag hat dann die Wertaufholung zu erfolgen. Da sich die Abschreibungsverläufe inzwischen angenähert haben, ist der Betrag der Wertaufholung geringer als der Betrag der vormaligen außerplanmäßigen Abschreibung.

Während eine außerplanmäßige Abschreibung bei Vermögensgegenständen des abnutzbaren Anlagevermögens nur vorgenommen werden dürfen, wenn es sich um voraussichtlich dauernde Wertminderungen handelt, ist eine Wertaufholung an dieses Kriterium nicht gebunden (§ 253 Abs. 5 HGB). Daher laufen handelsrechtliche Niederstwertabschreibungen und steuerliche Teilwertabschreibungen beim abnutzbaren Anlagevermögen im Gleichlauf. Dies gilt auch für handels- und steuerrechtliche Wertaufholungen.

5.4 Bewertungsvereinfachungsverfahren

Bewertungsvereinfachungsverfahren sind immer nur eine wahlweise Alternative zur Einzelbewertung. Ihre Anwendung ist freigestellt, allerdings ist die Methodenstetigkeit im Zeitablauf zu beachten. Bewertungsvereinfachungsverfahren dienen der vereinfachten Ermittlung der Anschaffungs- oder Herstellungskosten nach der jeweiligen Methode. Um zu entscheiden, welcher Wert in der Bilanz Berücksichtigung findet, ist der Niederstwerttest durchzuführen, indem der primäre Wertansatz (Anschaffungs- oder Herstellungskosten) mit dem sekundären Wertansatz (Markt- und Börsenpreis) am Bilanzstichtag verglichen wird.

Man unterscheidet die

- Durchschnittswertmethode (Methode des gewogenen Durchschnitts, § 240 Abs. 4 HGB),
- Festwertbildung (§ 240 Abs. 3 HGB)
- Verbrauchsfolgeverfahren (§ 256 HGB) mit Lifo-Methode und Fifo-Methode.

Bei **der Methode des gewogenen Durchschnitts** (§ 240 Abs. 4 HGB) werden die Einstandspreise der einzelnen Lieferungen mit dem Anfangsbestand und den unterjährigen Bestandszugängen gewichtet und die so ermittelte Summe durch die aufsummierte Gesamtstückzahl dividiert.

Bewertungsvereinfachungsverfahren
Wahlweise Alternative der vereinfachten Ermittlung der Anschaffungs- oder Herstellungskosten
Vereinfachte Ermittlung der Anschaffungs- oder Herstellungskosten (primärer Wertansatz), zusätzlich Pflicht, diese mit niedrigeren Sekundärwerten zu vergleichen (Niederstwertprinzip)

Durchschnittsmethode (gewogener Durchschnitt § 240 Abs. 4 HGB)
Anwendung für » gleichartige Vermögensgegenstände des Vorratsvermögens » andere gleichartige oder annährend gleichwertige bewegliche Vermögensgegenstände Zusammenfassung zu einer Gruppe, Bewertung mit dem gewogenen Durchschnitt ihrer Anschaffungs- oder Herstellungskosten. Durchschnittsbewertung ist handels- und steuerrechtlich unter bestimmten Voraussetzungen zulässig (R 6.8 Abs. 4 EStR).

Abb. 44: *Bewertungsvereinfachungsverfahren*

Dies ergibt die Anschaffungs- oder Herstellungskosten (primärer Wertansatz) nach der Durchschnittsmethode.

Die Methode des gleitenden Durchschnitts ermittelt nach jeder Lagerbewegung einen neuen Durchschnittswert, der seinerseits wieder in die jahresbezogene Durchschnittsbildung eingeht.

Anwendungsbeispiele für die Durchschnittsbewertung sind homogene Güter wie Sand, Kies, Flüssigkeiten etc.

Die Durchschnittswertmethode ist sowohl handels- als auch steuerrechtlich als Verbrauchsfolgefiktion zulässig (§240 Abs. 4 HGB, R 6.8 Abs. 4 EStR).

Die **Festwertbildung** (§240 Abs. 3 HGB) ist gleichermaßen ein Inventur- wie auch ein Bewertungsvereinfachungsverfahren.

Festwertbildung (§ 240 Abs. 3 HGB)
Voraussetzungen: » regelmäßiger Ersatz von Vermögensgegenständen des Sachanlagevermögens, von Roh-, Hilfs- und Betriebsstoffen sowie » nachrangige Bedeutung des Gesamtwertes dieser Posten für das Unternehmen und » geringfügige Änderungen nach Größe, Wert und Zusammensetzung Bestimmung des Festwertes aus den Anschaffungskosten unter Schätzung normaler Nutzungsdauern. Körperliche Bestandsaufnahme alle drei Jahre sowie wenn sich die Menge um mehr als 10 % verändert. Festwertbildung ist handels- und steuerrechtlich unter bestimmten Umständen zulässig (vgl. § 240 Abs. 3 HGB, R 5.4 Abs. 3 EStR).

Abb. 45: *Bewertungsvereinfachungsverfahren*

Unter den Voraussetzungen des §240 Abs. 3 HGB kann bei Vermögensgegenständen des Sachanlagevermögens sowie Roh-, Hilfs- und Betriebsstoffen wenn sie regelmäßig ersetzt werden und ihr Gesamtwert für das Unternehmen von nachrangiger Bedeutung ist, ein Festwert gebildet werden, sofern ihr Bestand in seiner Größe, seinem Wert und seiner Zusammensetzung nur geringen Veränderungen unterliegt. In diesem Fall ist eine körperliche Bestandsaufnahme nur alle drei Jahre (Steuerrecht spätestens alle fünf Jahre, R 5.4 Abs. 3 EStR) durchzuführen, es sei denn, der fest bewertete Bestand verändert sich um mehr als 10% nach oben oder unten. Der Festwert im Umlaufvermögen wird als Durchschnittswert ermittelt, beim Anlagevermögen als fortgeführte Anschaffungskosten bei einer unterstellten durchschnittlichen Nutzungsdauer. Laufende Zugänge werden als Sofortaufwand gebucht.

Anwendungsbeispiele sind Geschirr und Besteckteile eines Restaurants bzw. Gerüst- und Schalungsteile eines Bauunternehmens.

Die Festwertbildung ist unter den jeweils geltenden Voraussetzungen sowohl handels- wie auch steuerrechtlich zulässig (vgl. §240 Abs. 3 HGB, R 5.4 Abs. 3 EStR).

Die **Verbrauchsfolgeverfahren** nach §256 HGB (Fifo, Lifo) unterstellen eine Verbrauchs- oder Entnahmefolge, die nicht zwingend der tatsächlich geführten Lagerorganisation entsprechen muss.

Verbrauchsfolgeverfahren (§ 256 HGB)

Voraussetzungen:
- Anwendung bei gleichartigen Vermögensgegenständen
- strenge Bindung an die GoB

  Arten:
  - Lifo: Last in, first out. Die zuletzt angeschafften oder hergestellten Vermögensgegenstände gelten als zuerst verbraucht oder veräußert. Lifo führt bei monoton steigenden Einstandspreisen zu den höchsten stillen Rücklagen.
  - Fifo: First in, first out. Die zuletzt angeschafften oder hergestellten Vermögensgegenstände gelten als zuerst verbraucht oder veräußert. Handelsrechtlich sind alle erwähnten Verbrauchsfolgeverfahren als Verbrauchsfiktion zulässig, steuerlich nur die Lifo-Methode (R. 6.9 Abs. 4 EStR).

Abb. 46: *Bewertungsvereinfachungsverfahren*

Für die Verbrauchsfolgeverfahren, insbesondere das Lifo-Verfahren existieren mehrere den GoB entsprechende und damit zulässige Varianten. So kann das Lifo-Verfahren mit und ohne Layer angewandt werden. Ferner unterscheidet man das permanente Lifo vom Perioden-Lifo:

- Beim **permanenten Lifo** werden sowohl Zugänge als auch Verbrauch oder Veräußerungen aus dem Bestand fortlaufend erfasst, die Bewertung erfolgt nach der Verbrauchsfolgefiktion last in – first out. Dieses Verfahren erfordert eine umfangreiche Lagerbuchhaltung.
- Beim **Perioden-Lifo** werden Anfangs- und Schlussbestand verglichen, bei geringem Bestand (evtl. gegen null) darf bei der Wertermittlung nicht vom (ggf. vollen) Anfangsbestand ausgegangen werden.

Das Lifo-Verfahren ist als Verbrauchsfolgefiktion auch steuerrechtlich zulässig, das Fifo-Verfahren nur, wenn es der tatsächlichen Verbrauchsfolge entspricht. Bei monoton steigenden Preisen führt das Lifo-Verfahren zu den höchsten stillen Rücklagen.

5.5 Abschreibungen und Wertaufholungen

Nach der Bewertungskonzeption des HGB bestehen grundlegende Unterschiede zwischen der planmäßigen und der außerplanmäßigen Abschreibung. Die planmäßige Abschreibung ist vorgeschrieben für das abnutzbare Anlagevermögen. Darunter versteht man Anlagevermögen, dessen Nutzung zeitlich begrenzt ist. Somit ist die geplante Wertminderung über die Jahre der Nutzung erfolgsrechnerisch zu verteilen. Ziel der planmäßigen Abschreibung ist es

	Planmäßige Abschreibung	Außerplanmäßige Abschreibung	
Rechtsgrundlage	§ 253 Abs. 3 Satz 1, 2 HGB	§ 253 Abs. 3 Satz 5 HGB	§ 253 Abs. 4 Satz 1, 2 HGB
Anwendungsberechtigte Unternehmen	Alle	Alle	Alle
Objekt	Abnutzbares Anlagevermögen	Gesamtes Anlagevermögen	Umlaufvermögen
Wertuntergrenze	Der sich nach dem Plan für den Bilanzstichtag ergebende Buchwert	Niedrigerer beizulegender Wert	Niedrigerer Markt- oder Börsenpreis bzw. beizulegender Wert
Anlass	Planmäßige Abschreibung (Regelfall)	Dauernde oder voraussichtlich vorübergehende Wertminderung	Gesunkener Markt- oder Börsenpreis bzw. beizulegender Wert
Notwendigkeit	Pflicht	Pflicht bei dauernder Wertminderung, sonst Wahlrecht nur bei Finanzanlagen	Pflicht
Wertaufholung	Nein	Pflicht	Pflicht

Abb. 47: *Abschreibung in der Handelsbilanz im Überblick*

einerseits, eine Überbewertung des Vermögens in der Bilanz zu vermeiden (Vermögensdarstellung, statische Bilanztheorie), andererseits die damit zusammenhängende Erfolgsminderung gemäß einem zu Beginn der Nutzungsdauer festgelegten Plan zu verteilen (Erfolgsdarstellung, dynamische Bilanztheorie). Innerhalb der außerplanmäßigen Abschreibung wird zwischen dem gemilderten Niederstwertprinzip, das für das Anlagevermögen gilt, und dem strengen Niederstwertprinzip, das im Umlaufvermögen anzuwenden ist, unterschieden.

Sonderthemen der Abschreibungsverrechnung sind:

Berücksichtigung eines Restwertes

als mutmaßlichen Veräußerungswert am Ende der Nutzungsdauer. Er ist zu berücksichtigen, wenn er

- bei Aufstellung des Abschreibungsplanes hinreichend genau bestimmbar und
- von materieller Bedeutung ist.

In diesem Fall umfasst die Gesamtabschreibung des Anlagegutes über die gesamte Nutzungsdauer die Differenz zwischen den Anschaffungs- oder Herstellungskosten und dem bestmöglich geschätzten Restwert.

Anschaffung oder Herstellung während des Jahres

Grundsätzlich ist eine zeitanteilige Verrechnung vorgeschrieben, wobei der angefangene Monat wie ein voller Monat verrechnet wird. Als Ausnahme gilt die „Halbjahresregel“, die steuerlich nicht zulässig ist, wohl aber handelsrechtlich und die besagt, dass

- bei Anschaffung oder Herstellung im 1. Halbjahr die volle Jahresabschreibung und
- bei Anschaffung oder Herstellung im 2. Halbjahr die halbe Jahresabschreibung verrechnet wird.

Nachträgliche Anschaffungs- oder Herstellungskosten

Wird zu einem späteren Zeitpunkt ein Anlagegut „aufgerüstet", d.h. mit einem oder mehreren Zusatzaggregaten ausgestattet, die ihrerseits keiner selbstständigen Nutzung zugänglich sind, jedoch die Nutzungsmöglichkeiten der Anlage insgesamt erweitern oder wesentlich verbessern, so ist der Buchwert der Anlage auf den Zeitpunkt unmittelbar vor der nachträglichen Anschaffung oder Herstellung zu ermitteln, die nachträglichen Anschaffungs- oder Herstellungskosten dem Buchwert zuzuführen und ab diesem Zeitpunkt der neue Buchwert auf die Restnutzungsdauer der Gesamtanlage, die ggf. neu zu schätzen ist, planmäßig zu verteilen. R 7.4 Abs. 9 Satz 3 EStR geht vereinfachend davon aus, dass nachträgliche Anschaffungs- oder Herstellungskosten stets zu Beginn des Geschäftsjahres aufgewendet werden.

Komponentenansatz

Besteht ein Vermögensgegenstand des Sachanlagevermögens aus mehreren Komponenten mit unterschiedlichen Nutzungsdauern, die im Rahmen der Gesamtnutzungsdauer ein- oder mehrmals ersetzt werden müssen, so können diese Komponenten gesondert bilanziert werden, wenn sie einen signifikanten oder wesentlichen Anteil an den Gesamtanschaffungs- oder Gesamtherstellungskosten ausmachen. Wird eine Komponente später ersetzt, so ist ein ggf. noch vorhandener Restbuchwert erfolgswirksam auszubuchen und die Ausgaben für die Ersatzkomponente als Zugang zu aktivieren. Nach IDW RH 1.016 kommt für Großreparaturen und Inspektionen (Generalüberholungen) eine gesonderte Aktivierung nicht in Betracht. Die Komponentenbilanzierung ist also nur zulässig, wenn physisch abgrenzbare Komponenten ausgetauscht werden. Sie ist handelsrechtlich wahlweise für ähnliche Vermögensgegenstände des Sachanlagevermögens zulässig, steuerlich ist die Komponentenbilanzierung nicht zulässig; hier ist das Konzept der Sachgesamtheit anzuwenden. Danach sind einheitlich nutzbare Vermögensgegenstände des Anlagevermögens als ein Wirtschaftsgut zu aktivieren, über eine einheitliche Nutzungsdauer hinweg abzuschreiben und bei vorzeitigem Ersatz einzelner Komponenten sind diese als Erhaltungsaufwand und damit erfolgswirksam in der GuV-Rechnung auszuweisen.

Planmäßige Abschreibungen

Planmäßige Abschreibungen verteilen die Anschaffungs- oder Herstellungskosten auf die Nutzungsdauer gemäß einem Plan.

Damit soll die geplante Wertminderung, die sich während der Nutzungsdauer einstellt, erfolgsrechnerisch verteilt und damit die Vermögenslage angemessen abgebildet werden. Es stehen mehrere Methoden planmäßiger Abschreibung zur Verfügung, die alle den Grundsätzen ordnungsmäßiger Buchführung entsprechen.

Die **lineare Methode** verteilt die Anschaffungs- oder Herstellungskosten gleichmäßig auf die Nutzungsdauer.

Der Abschreibungsbetrag berechnet sich durch Division der Anschaffungs- oder Herstellungskosten durch die Nutzungsdauer. Jede Periode der Nutzungsdauer ist mit dem gleichen Aufwand belastet. Der Restbuchwert entwickelt sich linear. Die lineare Abschreibungsmethode ist handels- und steuerrechtlich uneingeschränkt zulässig.

Die **geometrisch-degressive Methode** verrechnet stets denselben Abschreibungsprozentsatz, jedoch vom jeweiligen Restbuchwert.

Da dieser im Zeitablauf geringer wird, wird auch der Abschreibungsaufwand im Zeitablauf niedriger. Diese Methode wird häufig als fiskalpolitisches Instrument zur Investitionssteuerung verwendet. So wird die steuerlich zulässige Obergrenze für den geometrisch-degressiven Abschreibungssatz diskretionär festgelegt, z.B.

- der doppelte Linearsatz, höchstens aber 20 %,
- der zweieinhalbfache Linearsatz, höchstens aber 25 %,
- der dreifache Linearsatz, höchstens aber 30 %.

Die Methode bringt zum Ausdruck, dass die Wertminderung in den ersten Jahren der Nutzung größer ist als in den späten Jahren der Nutzung. Der Nachteil ist, dass der Buchwert erst nach unendlicher Nutzungsdauer bei null ankommt. Will man berücksichtigen, dass auch am Ende der betriebsgewöhnlichen Nutzungsdauer noch ein Restwert bei der Veräußerung des Anlagegutes erzielbar ist, kann die geometrisch-degressive Methode am Ende der betriebsgewöhnlichen Nutzungsdauer u.U. zu einem Buchwert führen, der dem mutmaßlichen Veräußerungswert ungefähr entspricht. Bedenkt man, dass Sachanlagen mit zunehmender Nutzungsdauer höhere Reparaturaufwendungen verursachen und fasst man die Abschreibung und den Reparaturaufwand zusammen, so erhält man über die Gesamtnutzungsdauer einen ungefähr gleich hohen Periodenaufwand. Diese Methode ist zwar handelsrechtlich zulässig, steuerrechtlich derzeit aber nicht. Insofern ist auch ihre Anwendung in der handelsrechtlichen Rechnungslegung eher gering verbreitet.

Die **Leistungsabschreibung** verteilt die Anschaffungs- oder Herstellungskosten nicht auf die Nutzungsdauer, sondern auf die „entnommenen" Leistungseinheiten.

Der Abschreibungsbetrag pro Leistungseinheit errechnet sich als Division der Anschaffungs- oder Herstellungskosten durch das Gesamtleistungspotenzial der Sachanlage. Die Methode geht von der Grundvorstellung aus, dass Anlagen, die stark genutzt werden, eine höhere Wertminderung erfahren als Anlagen mit geringer Nutzung. Die Leistungsabschreibung ist sowohl handelsrechtlich als auch steuerrechtlich zulässig, sofern die „entnommenen" Leistungseinheiten nachgewiesen werden können. (§ 7 Abs. 1 Satz 6 EStG, R 7.4 Abs. 5 EStR). Damit werden Abschreibungen als variable Kosten verrechnet. Die Methode hat trotz großer Vorzüge bei der Anwendung im internen Rechnungswesen drei Nachteile bei der Anwendung im externen Rechnungswesen.

- Unregelmäßige Aufwandsverrechnung: Da sich die Abschreibungen proportional der entnommenen Leistungseinheiten berechnen, ist bei unterschiedlicher Beanspruchung der Anlage eine unterschiedlich hohe Aufwandsverrechnung in den einzelnen Perioden die Folge.

- Keine antizipative Bilanzpolitik möglich: Da die Messung der entnommenen Leistungseinheiten erst am Bilanzstichtag selbst durchgeführt werden kann, ist es nicht möglich im Voraus zu planen, welcher Aufwand aus der Abschreibung der einzelnen Anlagen zu erwarten ist.
- Ruhender Verschleiß: Wird eine Anlage vorübergehend stillgelegt, so ist die aus der Leistungsabschreibung resultierende planmäßige Abschreibung null. Tatsächlich findet mit der Alterung der Anlage auch eine Wertminderung statt, die durch die Leistungsabschreibung nicht angemessen wider gegeben wird. Dieses Phänomen kann über zwei Jahre hinweg durch außerplanmäßige Abschreibungen überbrückt werden. Ist bis dahin immer noch keine angemessene Nutzung und damit Abschreibungsverrechnung zu erwarten, ist ein Übergang auf die lineare Methode angezeigt, indem der Restbuchwert auf die Restnutzungsdauer linear verteilt wird. Dieser Übergang stellt einen nach §284 Abs. 2 Nr. 2 HGB berichtspflichtigen Methodenwechsel dar.

Die **Kombinationsform**, mit der geometrisch-degressiven Methode zu beginnen, und in dem Jahr auf die lineare Abschreibungsmethode überzugehen, wenn der Abschreibungsbetrag nach linearer Methode erstmals gleich oder größer ist als der nach geometrisch-degressiver Methode, entstand aus der Problematik, dass die durchgängige Anwendung der geometrisch-degressiven Methode erst nach unendlicher Nutzungsdauer bei einem Restbuchwert von null ankommt. Daher ist zu jedem Bilanzstichtag der Abschreibungsbetrag nach geometrisch-degressiver Methode zu vergleichen mit einem linearen Abschreibungsbetrag wie er sich ergeben würde, wenn der jeweilige Restbuchwert linear auf die Restnutzungsdauer verteilt würde. Da diese Kombinationsform eine eigenständige Methode planmäßiger Abschreibung darstellt, ist der Übergang auf die lineare Methode selbst kein berichtspflichtiger Methodenwechsel im Sinne des §284 Abs. 2 Nr. 3 HGB.

Die geometrisch-degressive Abschreibungsmethode beinhaltet insofern einen steuerlich vorteilhaften Aspekt, weil der Abschreibungsaufwand in den ersten Perioden der Nutzungsdauer höher ist als in den späteren Jahren der Nutzungsdauer. Damit ist ein für den Steuerpflichtigen positiver Barwerteffekt verbunden. Ob der Fiskus diesen Barwerteffekt für die steuerpflichtigen Kaufleute zur Verfügung stellen will, hängt von der allgemeinen Investitionsneigung der Unternehmen ab.

Methoden planmäßiger Abschreibungen	
Lineare Methode	Konstanter Abschreibungsprozentsatz von den Anschaffungs- oder Herstellungskosten, gleiche Jahresabschreibungen über die Nutzungsdauer.
Geometrisch-degressive Abschreibung	Konstanter Abschreibungsprozentsatz vom jeweiligen Restwert der Anlage, fallende Jahresabschreibungen über die Nutzungsdauer.
Leistungsabschreibung	Konstanter Abschreibungsbetrag pro entnommener Leistungseinheit, Abschreibungen als variable Kosten.
Kombinationsformen	Abschreibungsplan beginnt mit geometrisch-degressiver Abschreibung und geht auf die lineare Abschreibung über, wenn der Abschreibungsbetrag nach linearer Methode erstmals gleich oder höher ist als der Abschreibungsbetrag nach geometrisch-degressiver Methode.

Abb. 48: *Abschreibungsmethoden*

Für die Auswahl der planmäßigen Abschreibungsmethode gilt der Grundsatz der Methodenstetigkeit. Dieser besagt, dass

- ein Vermögensgegenstand grundsätzlich während seiner gesamten Nutzungsdauer nach derselben Methode abzuschreiben ist, eine Ausnahme liegt vor bei einem Methodenwechsel aufgrund von ruhendem Verschleiß, und
- gleichartige Vermögensgegenstände sind nach gleichen Methoden planmäßig abzuschreiben.

Soll aus überwiegenden Gründen eine Methodenänderung, hier eine Änderung der angewandten Abschreibungsmethoden, vorgenommen werden, so ist dies im Anhang anzugeben, zu begründen und der Einfluss der Methodenänderung auf die Vermögens-, Finanz- und Ertragslage darzustellen (§284 Abs. 2 Nr. 2 HGB).

Wertaufholung nach außerplanmäßigen Abschreibungen

Fallen die Gründe für eine außerplanmäßige Abschreibung früherer Jahre weg, so ist eine Wertaufholung (Zuschreibung) vorgeschrieben (§253 Abs. 5 Satz 1 HGB). Einzige Ausnahme ist der derivative Geschäfts- oder Firmenwert, für den ein Wertaufholungsverbot besteht (§253 Abs. 5 Nr. 2 HGB). Obergrenze der Wertaufholung sind die (fortgeführten) Anschaffungs- oder Herstellungskosten nach dem ursprünglichen Abschreibungsplan. Das bedeutet, die Wertaufholung soll den Buchwert abbilden wie er wäre, wenn die außerplanmäßige Abschreibung nie vorgenommen worden wäre. Daraus folgt, dass die zwischenzeitlich vorzunehmenden planmäßigen Abschreibungen zu berücksichtigen sind.

Die Wertaufholung ist sowohl handels- als auch steuerrechtlich vorgeschrieben (§253 Abs. 5 Satz 1 HGB, §6 Abs. 1 Nr. 1 Satz 4, Nr. 2 Satz 3 EStG) und zwar unabhängig davon, ob es sich um eine voraussichtlich dauernde oder eine vorübergehende Wertaufholung handelt. Daraus folgt, dass aus dem Wertaufholungsertrag auch regelmäßig eine Ertragsteuer folgt. Der Eigenkapitalanteil der Wertaufholung ist demnach der Wertaufholungsertrag nach Abzug der damit verbundenen Ertragsteuer. Zur Vermeidung weiterer Liquiditätsabflüsse besteht die Möglichkeit, dass der Vorstand im Einvernehmen mit dem Aufsichtsrat

Definition: Buchhalterischer Vorgang, durch den die Wirkung einer außerplanmäßigen Abschreibung früherer Jahre rückgängig gemacht wird, wenn die Gründe für die außerplanmäßige Abschreibung nicht mehr bestehen.

Grundsatz	Ausnahme
Bei Wegfall der Abschreibungsgründe Wertaufholungspflicht (§ 253 Abs. 5 Satz 1 HGB) Wertaufholungspflicht entspricht der Pflicht zur Teilwertzuschreibung nach § 6 Abs. 1 Nr. 1 Satz 4, Nr. 2 Satz 3 EStG	Wertaufholungsverbot für den derivativen Firmenwert (§ 253 Abs. 5 Satz 2 HGB)

Wertaufholung bei Kapitalgesellschaften:
Wahlrecht der jeweiligen Verwaltungen, den Eigenkapitalanteil der aufgedeckten stillen Reserven in die Anderen Gewinnrücklagen einzustellen (Wertaufholungsrücklage) (§ 58 Abs. 2a AktG, § 29 Abs. 4 GmbHG, § 20 Satz 2 GenG).

Eigenkapital als Differenz zwischen dem Wertaufholungsbetrag und dem damit verbundenen Steueraufwand.

Zuführung zur Wertaufholungsrücklage (Wahlrecht) nur im Zeitpunkt der Aufholung möglich, spätere Nachholungen sind nicht zulässig.

Abb. 49: *Wertaufholung nach außerplanmäßiger Abschreibung*

bei AGs (§58 Abs.2a AktG) sowie die Geschäftsführer bei GmbHs (§29 Abs.4 GmbHG) und Genossenschaften (§20 Satz 2 GenG) den Eigenkapitalanteil der Wertaufholungen in die Anderen Gewinnrücklagen einstellen. Dadurch werden Ausschüttungen aus dem nicht liquiditätswirksamen Wertaufholungsertrag vermieden.

6 Gliederungsvorschriften

6.1 Gliederungsgrundsätze

Die Gliederungsvorschriften für die Bilanzierung differenzieren nach Unternehmensgröße, Rechtsform und Geschäftszweig.

Geschäftszweigspezifische Gliederungsvorschriften knüpfen an das Geschäftsmodell an. Sie sind in Rechtsverordnungen, z.B. der RechKredV, geregelt.

Rechtsformspezifische Gliederungsvorschriften beziehen sich primär auf die Eigenkapitalgliederung und die Ergebnisverwendung.

Größenabhängige Gliederungsvorschriften ergeben sich in Abhängigkeit von Bilanzsumme, Umsatz und Zahl der durchschnittlich beschäftigten Arbeitnehmer. Die Grenzwerte für große, mittelgroße und kleine Kapitalgesellschaften beschreibt §267 HGB. Für die Größenklassifizierung müssen zwei der drei Merkmale zutreffen. Eine Änderung der Größenklasse ergibt sich (außer bei Neugründung oder Umwandlung) erst dann, wenn die Merkmale an den Abschlussstichtagen von zwei aufeinander folgenden Geschäftsjahren jeweils über- oder unterschritten werden. Im Falle der Umwandlung oder Neugründung treten die Rechtsfolgen schon ein, wenn die Voraussetzungen am ersten Abschlussstichtag nach der Umwandlung oder Neugründung vorliegen.

Eine Kapitalgesellschaft gilt stets als groß, wenn

- sie einen organisierten Markt im Sinne des §2 Abs. 5 WpHG durch von ihr ausgegebene Wertpapiere im Sinne des §2 Abs. 1 Satz 1 WpHG in Anspruch nimmt oder
- die Zulassung zum Handel an einem organisierten Markt beantragt hat.

Allgemeine Gliederungsprinzipien für die Bilanzierung (§ 265 HGB)
1. Darstellungsstetigkeit
2. Vorjahresbezug
3. Mitzugehörigkeit zu anderen Posten („Davon-Vermerk")
4. Gliederung bei mehreren Geschäftszweigen
5. Weitere Untergliederung und neue Posten
6. Abweichende Gliederung und Bezeichnung der mit arabischen Ziffern versehenen Posten
7. Zusammenfassung mehrerer mit arabischen Ziffern versehener Posten unter Materiality-Gesichtspunkten
8. Ausweis von Leerposten, wenn im Vorjahr ein von null verschiedener Betrag ausgewiesen wurde

Gliederung in Abhängigkeit von Unternehmensgröße, Rechtsform und Branche		
Große und mittelgroße Kapitalgesellschaften » Bilanzschema nach § 266 Abs. 2 und 3 HGB	**Kleine Kapitalgesellschaften** » verkürztes Bilanzschema nach § 266 Abs. 1 Satz 3 HGB	**Nicht-Kapitalgesellschaften** » kein Bilanzschema vorgeschrieben

Sondervorschriften für spezielle Geschäftszweige (Banken, Bausparkassen, Versicherungs- und Verkehrsunternehmen)

Abb. 50: *Gliederungsgrundsätze*

Kleinstkapitalgesellschaften gem. §267a HGB brauchen nur eine stark verkürzte Bilanz (§266 Abs. 1 Satz 4 HGB) und GuV-Rechnung (§275 Abs. 5 HGB) aufzustellen.

Beachte: Mittelgroßen Kapitalgesellschaften sind bestimmte Gliederungserleichterungen erst im Rahmen der Offenlegung gestattet (§327 HGB), nicht bereits bei der Aufstellung.

Bei der **Gliederung sind folgende Grundsätze ordnungsmäßiger Buchführung** zu beachten
- Klarheit und Übersichtlichkeit,
- Vollständigkeit,
- Verrechnungsverbot und
- Wesentlichkeit (Materiality).

6.2 Bilanzgliederung

Die **Bilanz** (ital. *bi lancia* = Waage) stellt die Mittelherkunft und die Mittelverwendung gegenüber. Als Formen der Mittelherkunft (Außenfinanzierung) stehen das Eigen- und das Fremdkapital (Rückstellungen und Verbindlichkeiten) gegenüber. Die Mittelverwendung (Investition) erfolgt in Anlage- und Umlaufvermögen.

Der Detaillierungsgrad der Bilanzgliederung variiert mit der Unternehmensgröße. Da das Recht der Rechnungslegung Schutzrecht im Interesse der Außen-

Bilanzgliederung für große und mittelgroße Kapitalgesellschafften (& Co)*

Aktiva

A. *Anlagevermögen*

I. Immaterielle Vermögensgegenstände
1. selbst geschaffene gewerbliche Schutzrechte und ähnliche Rechte und Werte;
2. entgeltlich erworbene Konzessionen, gewerbliche Schutzrechte und ähnliche Rechte und Werte sowie Lizenzen an solchen Rechten und Werten;
3. Geschäfts- oder Firmenwert;
4. geleistete Anzahlungen;

II. Sachanlagen
1. Grundstücke, grundstücksgleiche Rechte und Bauten einschließlich der Bauten auf fremden Grundstücken;
2. technische Anlagen und Maschinen;
3. andere Anlagen, Betriebs- und Geschäftsausstattung;
4. geleistete Anzahlungen und Anlagen im Bau;

III. Finanzanlagen
1. Anteile an verbundenen Unternehmen;
2. Ausleihungen an verbundene Unternehmen;
3. Beteiligungen;
4. Ausleihungen an Unternehmen, mit denen ein Beteiligungsverhältnis besteht;
5. Wertpapiere des Anlagevermögens;
6. sonstige Ausleihungen.

B. *Umlaufvermögen*

I. Vorräte
1. Roh-, Hilfs- und Betriebsstoffe;
2. unfertige Erzeugnisse, unfertige Leistungen;
3. fertige Erzeugnisse und Waren;
4. geleistete Anzahlungen;

II. Forderungen und sonstige Vermögensgegenstände
1. Forderungen aus Lieferungen und Leistungen;
2. Forderungen gegen verbundene Unternehmen;
3. Forderungen gegen Unternehmen, mit denen ein Beteiligungsverhältnis besteht;
4. sonstige Vermögensgegenstände

III. Wertpapiere
1. Anteile an verbundenen Unternehmen;
2. sonstige Wertpapiere;

IV. Kassenbestand, Bundesbankguthaben, Guthaben bei Kreditinstituten und Schecks:

C. *Rechnungsabgrenzungsposten*

D. *Aktive latente Steuern*

E. *Aktiver Unterschiedsbetrag aus der Vermögensverrechnung*

Passiva

A. *Eigenkapital*

I. Gezeichnetes Kapital

II. Kapitalrücklage

III. Gewinnrücklagen
1. gesetzliche Rücklage;
2. Rücklage für eigene Anteile an einem herrschenden oder mehrheitlich beteiligten Unternehmen;
3. satzungsmäßige Rücklagen;
4. andere Gewinnrücklagen;

IV. Gewinnvortrag/Verlustvortrag;

V. Jahresüberschuss/Jahresfehlbetrag.

B. *Rückstellungen*
1. Rückstellungen für Pensionen und ähnliche Verpflichtungen;
2. Steuerrückstellungen;
3. sonstige Rückstellungen.

C. *Verbindlichkeiten*
1. Anleihen, davon konvertibel;
2. Verbindlichkeiten gegenüber Kreditinstituten;
3. erhaltene Anzahlungen auf Bestellungen;
4. Verbindlichkeiten aus Lieferungen und Leistungen;
5. Verbindlichkeiten aus der Annahme gezogener Wechsel und der Ausstellung eigener Wechsel;
6. Verbindlichkeiten gegenüber verbundenen Unternehmen;
7. Verbindlichkeiten gegenüber Unternehmen, mit denen ein Beteiligungsverhältnis besteht;
8. sonstige Verbindlichkeiten,
   - davon aus Steuern,
   - davon im Rahmen der sozialen Sicherheit.

D. *Rechnungsabgrenzungsposten*

E. *Passive latente Steuern*

Bei Kapitalgesellschaften & Co. werden Kapital- und Gewinnrücklagen zusammengefasst und unter der Bezeichnung „Rücklagen" (§ 264c Abs. 2 HGB) ausgewiesen.

Abb. 51: *Bilanzgliederung für große und mittelgroße Kapitalgesellschaften (§266 HGB)*

stehenden ist, sind die Gliederungsvorschriften umso detaillierter, je größer das berichtspflichtige Unternehmen ist. Da kapitalmarktorientierte Unternehmen mit einer Vielzahl von nicht immer kaufmännisch vorgebildeten Personen kontrahieren, sind sie – unabhängig von ihrer tatsächlichen Größe – immer den strengsten, d.h. den für große Kapitalgesellschaften vorgeschriebenen Gliederungsnormen unterworfen.

Das Gliederungsschema nach §266 HGB ist für **große Kapitalgesellschaften** verbindlich vorgeschrieben. Es dürfen grundsätzlich weder neue Posten hinzugefügt noch willkürlich Posten zusammengefasst werden. Dies dient der zwischenbetrieblichen Vergleichbarkeit. Begründete Ausnahmen von dieser Regelung sind allerdings zulässig (§265 Abs. 5 HGB).

Für **Nicht-Kapitalgesellschaften** ist formell-gesetzlich kein Gliederungsschema vorgeschrieben, allerdings ergibt sich aus §247 Abs. 1 HGB die Verpflichtung, Anlage- und Umlaufvermögen, Eigenkapital und Schulden sowie die Rechnungsabgrenzungsposten gesondert auszuweisen und hinreichend aufzugliedern. Schließlich verlangt §243 Abs. 2 HGB, die Beachtung der Grundsätze von Klarheit und Übersichtlichkeit. Rechtsformspezifische Gliederungsanforderungen ergeben sich insbesondere im Bereich der Eigenkapitaldarstellung und der Ergebnisverwendung.

Bilanz von Nicht-Kapitalgesellschaften	
Aktiva	**Passiva**
A. Anlagevermögen	*A. Eigenkapital*
I. Immaterielle Vermögensgegenstände	1. Kapitaleinlagen unbeschränkt haftender Gesellschafter
1. Selbst geschaffene immaterielle Vermögensgegenstände	2. Kapitaleinlagen der Kommanditisten
2. Entgeltlich erworbene immaterielle Vermögensgegenstände	
II. Sachanlagen	*B. Rückstellungen*
1. Grundstücke, grundstücksgleiche Rechte und Bauten	1. Rückstellungen für Pensionen und ähnliche Verpflichtungen
2. Technische Anlagen und Maschinen	2. Rückstellungen für Steuern
3. Andere Anlagen, Betriebs- und Geschäftsausstattung	3. Sonstige Rückstellungen
4. Geleistete Anzahlungen und Anlagen im Bau	
III. Finanzanlagen	*C. Verbindlichkeiten*
1. Beteiligungen	1. Verbindlichkeiten gegenüber Kreditinstituten
2. Wertpapiere, Ausleihungen und sonstige Finanzanlagen	2. Verbindlichkeiten aus Lieferungen und Leistungen
	3. Erhaltene Anzahlungen
B. Umlaufvermögen	4. Verbindlichkeiten aus der Annahme gezogener und der Ausstellung eigener Wechsel
I. Vorräte	
1. Roh-, Hilfs- und Betriebsstoffe	5. Verbindlichkeiten gegenüber Gesellschaftern
2. Unfertige Erzeugnisse	6. Sonstige Verbindlichkeiten
3. Fertige Erzeugnisse und Waren	
4. Geleistete Anzahlungen	*D. Rechnungsabgrenzungsposten*
II. Forderungen und sonstige Vermögensgegenstände	
1. Forderungen aus Lieferungen und Leistungen	
2. Forderungen an Gesellschafter	
3. Sonstige Forderungen	
III. Wertpapiere	
IV. Flüssige Mittel	
1. Kassenbestand und Schecks	
2. Bundesbankguthaben	
3. Guthaben bei Kreditinstituten	
C. Rechnungsabgrenzungsposten	

Abb. 52: *Bilanzgliederung von Nicht-Kapitalgesellschaften*

Kleine Kapitalgesellschaften können nach §266 Abs. 1 Satz 3 HGB eine verkürzte Bilanz aufstellen und bestimmte Posten zusammenfassen. Danach sind nur die in der Bilanzgliederung für große Kapitalgesellschaften mit Buchstaben und römischen Ziffern bezeichneten Posten gesondert und in der vorgeschriebenen Reihenfolge darzustellen. Spezialgesetzliche Regelungen, z.B. GmbHG, AktG, sind ggf. zu beachten, beispielsweise Gesellschafterengagements gemäß §42 Abs. 3 GmbHG.

Verkürzte Bilanz kleiner Kapitalgesellschaften (& Co)	
Aktiva	**Passiva**
A. Anlagevermögen I. Immaterielle Vermögensgegenstände II. Sachanlagen III. Finanzanlagen *B. Umlaufvermögen* I. Vorräte II. Forderungen und sonstige Vermögensgegenstände → davon Forderungen mit einer Restlaufzeit von mehr als einem Jahr III. Wertpapiere IV. Kassenbestand, Bundesbankguthaben, Guthaben bei Kreditinstituten und Schecks *C. Rechnungsabgrenzungsposten*	*A. Eigenkapital* I. Gezeichnetes Kapital (bzw. Kapitalanteile bei & Co) II. Kapitalrücklage III. Gewinnrücklagen IV. Gewinn-/Verlustvortrag V. Jahresüberschuss/Jahresfehlbetrag *B. Rückstellungen* *C. Verbindlichkeiten* → davon mit einer Restlaufzeit bis zu einem Jahr *D. Rechnungsabgrenzungsposten*

Abb. 53: *Bilanzgliederung kleiner Kapitalgesellschaften (& Co.)*

Kleinstkapitalgesellschaften gem. §267a HGB können nach §266 Abs. 1 Satz 4 HGB ebenfalls eine verkürzte Bilanz aufstellen und bestimmte Posten zusammenfassen. Danach sind nur die in der Bilanzgliederung für große Kapitalgesellschaften mit Buchstaben bezeichneten Posten gesondert und in der vorgeschriebenen Reihenfolge darzustellen.

6.3 Gliederung der GuV

Für die **GuV-Rechnung** sind nach §275 HGB zwei Gliederungsschemata vorgesehen. Beiden gemeinsam ist die betriebswirtschaftliche Grobstruktur, aufgeteilt in das Ergebnis der eigentlichen Betriebstätigkeit (operatives Ergebnis) und das Finanzergebnis sowie die Steuerpositionen um zum Jahresüberschuss/ Jahresfehlbetrag zu gelangen.

Beide Gliederungsschemata unterscheiden sich lediglich in der Darstellung des Ergebnisses der eigentlichen Betriebstätigkeit.

Das **Gesamtkostenverfahren** (§275 Abs. 2 HGB) stellt die Erträge und Aufwendungen der produzierten Mengen gegenüber. Dies schließt neben den Umsätzen die Bestandsveränderungen und aktivierten Eigenleistungen ein, denen die Aufwendungen der produzierten Mengen, gegliedert nach Aufwandsarten, gegenübergestellt werden. Das Gesamtkostenverfahren ist einfach aus der Finanzbuchhaltung abzuleiten und findet in kontinental-europäischen Ländern eine hinreichende Verbreitung.

Das **Umsatzkostenverfahren** (§275 Abs. 3 HGB) stellt die Erträge und Aufwendungen der verkauften Mengen gegenüber. So werden den Umsatzerlösen als Erträgen der verkauften Mengen die Herstellungskosten der zur Erzielung der Umsatzerlöse erbrachten Leistungen als die Aufwendungen der verkauften Mengen gegenübergestellt. Der Saldo ergibt das Bruttoergebnis vom Umsatz (engl. Gross Profit), welches eine wichtige Steuerungsgröße nach innen und eine bedeutsame Berichtsgröße nach außen darstellt. Aus dem Bruttoergebnis vom Umsatz sind die Funktionskosten, d.h. die Aufwendungen der Funktionsbereiche (Verwaltung, Vertrieb, etc.) abzudecken. Die Aufwendungen sind somit nach Kostenstellen gegliedert. Das Umsatzkostenverfahren ist insbesondere in angelsächsischen Ländern verbreitet und findet demzufolge in der internationalen Rechnungslegung breite Anwendung. US-GAAP-Bilanzierern steht nur das Umsatzkostenverfahren als GuV-Gliederungsschema zur Verfügung. Das Umsatzkostenverfahren ist ohne ein ausgebautes internes Rechnungswesen mit Kostenstellen- und Kostenträgerrechnung nicht umsetzbar.

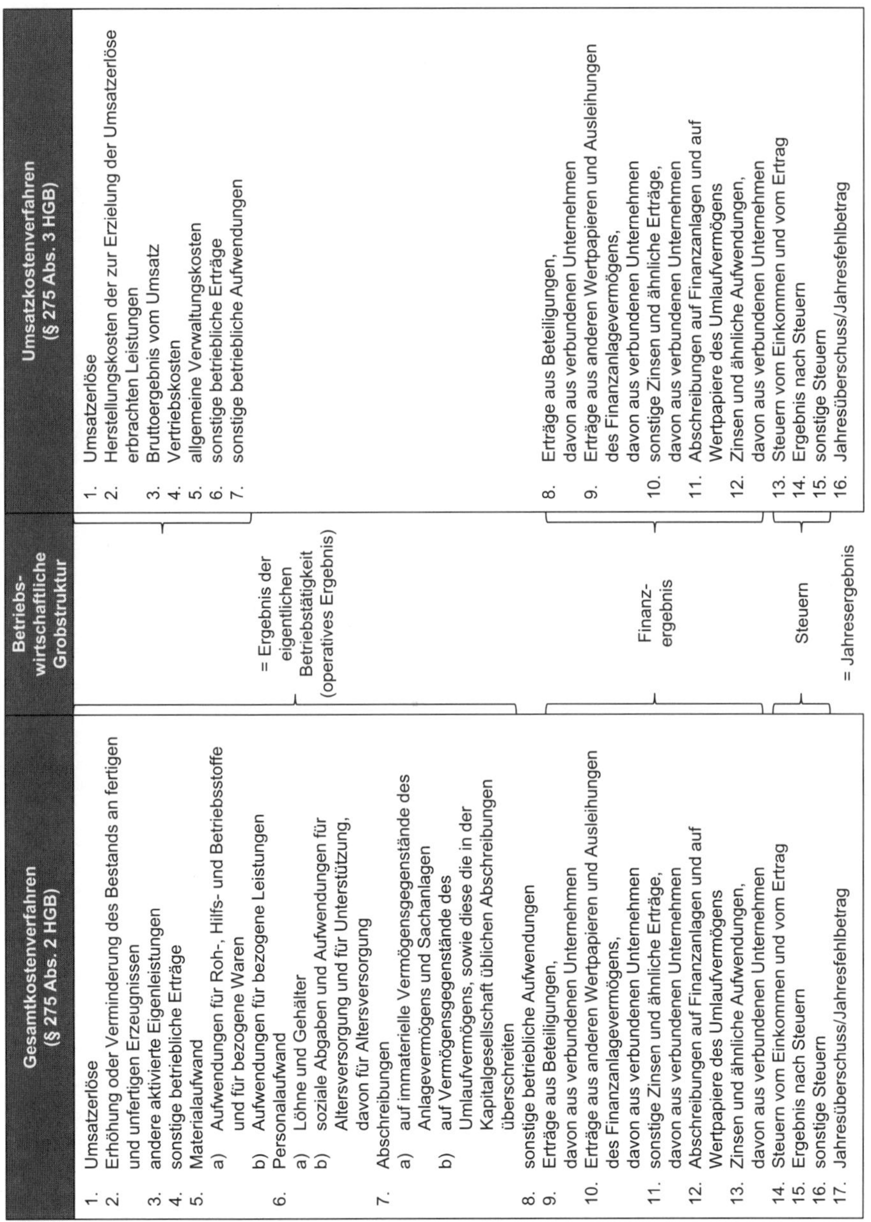

Gesamtkostenverfahren (§ 275 Abs. 2 HGB)	Betriebswirtschaftliche Grobstruktur	Umsatzkostenverfahren (§ 275 Abs. 3 HGB)
1. Umsatzerlöse 2. Erhöhung oder Verminderung des Bestands an fertigen und unfertigen Erzeugnissen 3. andere aktivierte Eigenleistungen 4. sonstige betriebliche Erträge 5. Materialaufwand a) Aufwendungen für Roh-, Hilfs- und Betriebsstoffe und für bezogene Waren b) Aufwendungen für bezogene Leistungen 6. Personalaufwand a) Löhne und Gehälter b) soziale Abgaben und Aufwendungen für Altersversorgung und für Unterstützung, davon für Altersversorgung 7. Abschreibungen a) auf immaterielle Vermögensgegenstände des Anlagevermögens und Sachanlagen b) auf Vermögensgegenstände des Umlaufvermögens, sowie diese die in der Kapitalgesellschaft üblichen Abschreibungen überschreiten 8. sonstige betriebliche Aufwendungen	= Ergebnis der eigentlichen Betriebstätigkeit (operatives Ergebnis)	1. Umsatzerlöse 2. Herstellungskosten der zur Erzielung der Umsatzerlöse erbrachten Leistungen 3. Bruttoergebnis vom Umsatz 4. Vertriebskosten 5. allgemeine Verwaltungskosten 6. sonstige betriebliche Erträge 7. sonstige betriebliche Aufwendungen
9. Erträge aus Beteiligungen, davon aus verbundenen Unternehmen 10. Erträge aus anderen Wertpapieren und Ausleihungen des Finanzanlagevermögens, davon aus verbundenen Unternehmen 11. sonstige Zinsen und ähnliche Erträge, davon aus verbundenen Unternehmen 12. Abschreibungen auf Finanzanlagen und auf Wertpapiere des Umlaufvermögens 13. Zinsen und ähnliche Aufwendungen, davon aus verbundenen Unternehmen	Finanzergebnis	8. Erträge aus Beteiligungen, davon aus verbundenen Unternehmen 9. Erträge aus anderen Wertpapieren und Ausleihungen des Finanzanlagevermögens, davon aus verbundenen Unternehmen 10. sonstige Zinsen und ähnliche Erträge, davon aus verbundenen Unternehmen 11. Abschreibungen auf Finanzanlagen und auf Wertpapiere des Umlaufvermögens 12. Zinsen und ähnliche Aufwendungen, davon aus verbundenen Unternehmen
14. Steuern vom Einkommen und vom Ertrag 15. Ergebnis nach Steuern 16. sonstige Steuern	Steuern	13. Steuern vom Einkommen und vom Ertrag 14. Ergebnis nach Steuern 15. sonstige Steuern
17. Jahresüberschuss/Jahresfehlbetrag	= Jahresergebnis	16. Jahresüberschuss/Jahresfehlbetrag

Abb. 54: *GuV-Gliederung*

Der Vorteil des Gesamtkostenverfahrens besteht darin, dass die Aufwandsarten sichtbar sind. Dies lässt bilanzanalytische Schlüsse im Hinblick auf die absolute Höhe und die Veränderung der jeweiligen Aufwandsart im Zeitablauf zu. Auch lassen sich Lagerbestandsänderungen nicht nur in der Bilanz, sondern auch in der GuV-Rechnung erkennen. Analoges gilt für selbst erstelltes Anlagevermögen (andere aktivierte Eigenleistungen). Beim Umsatzkostenverfahren lassen sich die Kosten je Kostenstelle ermitteln und die Veränderungen zu den Veränderungen des Umsatzes ins Verhältnis setzen. Außerdem weist das Umsatzkostenverfahren das Bruttoergebnis vom Umsatz, also den Rohgewinn aus, der eine wichtige Indikation für die Profitabilität im operativen Bereich darstellt.

7 Die Bilanzposten im Einzelnen

7.1 Die Aktiva

7.1.1 Immaterielle Vermögensgegenstände

Ein immaterieller Vermögensgegenstand ist ein identifizierbarer, nicht monetärer Vermögensgegenstand ohne physische Substanz. Die Zugangsform **immaterieller Vermögensgegenstände** ist maßgeblich für die Anwendung der Regelungen über

- die Bilanzierung dem Grunde nach: Ansatzverbot, -wahlrecht oder -pflicht,
- die Bilanzierung der Höhe nach: Anschaffungskosten, Entwicklungskosten als Herstellungskosten in der Entwicklungsphase oder beizulegendem Zeitwert,
- den Ausweis im Rahmen der Gliederung nach §266 Abs. 2 A I HGB als selbst geschaffene oder entgeltlich erworbene immaterielle Vermögensgegenstände bzw. Geschäfts- oder Firmenwert; er gilt als begrenzt nutzbarer immaterieller Vermögensgegenstand des Anlagevermögens (§246 Abs. 1 Satz 4 HGB),
- das Vorhandensein einer Ausschüttungssperre nach §268 Abs. 8 HGB;
- ggf. Anhangangaben:
  - nach §285 Nr. 13 HGB über die Nutzungsdauer des Geschäfts- und Firmenwertes,

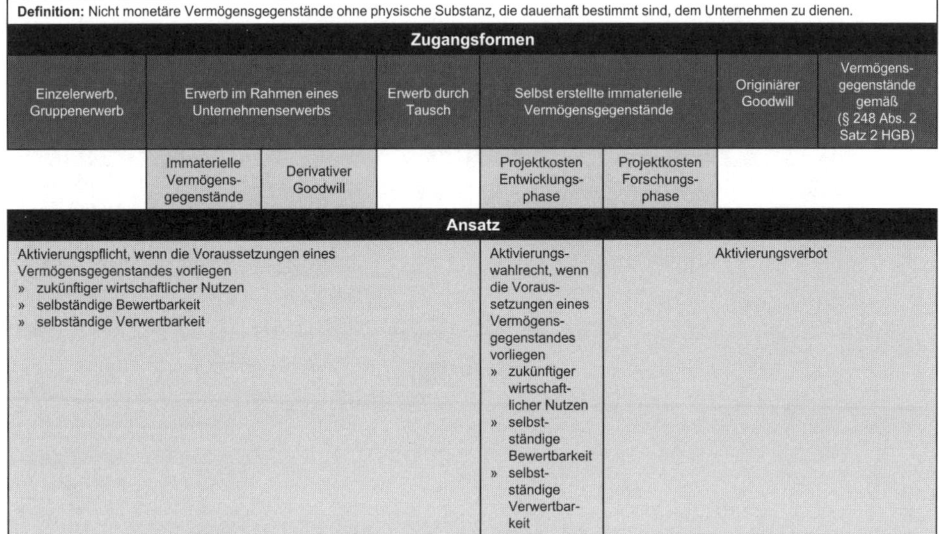

Abb. 55: *Immaterielle Vermögensgegenstände – Ansatz*

- nach § 285 Nr. 22 HGB über den Gesamtbetrag der Forschungs- und Entwicklungskosten und den davon aktivierten Betrag,
- nach § 285 Nr. 28 HGB über den aufgrund der Aktivierung selbst geschaffener immaterieller Vermögensgegenstände ausschüttungsgesperrten Betrag.

Die **Aktivierung immaterieller Vermögensgegenstände** setzt immer das Vorhandensein der Merkmale eines Vermögensgegenstandes voraus, nämlich
- dass ein zukünftiger wirtschaftlicher Nutzen vorliegt,
- dass dieser selbstständig bewertbar und
- dass dieser selbstständig verwertbar ist.

Lediglich der derivative Firmenwert ergibt sich als Residualgröße als der Betrag, um den die hingegebene Gegenleistung für den Erwerb des Unternehmens die Fair Value-Differenz der erworbenen Aktiva und der übernommenen Schulden übersteigt (§ 246 Abs. 1 Satz 4 HGB).

Die **Erstbewertung aktivierungsfähiger immaterieller Vermögensgegenstände** erfolgt bei entgeltlichem Einzel- oder Gruppenerwerb zu Anschaffungskosten, bei Selbsterstellung zu den Herstellungskosten in der Entwicklungsphase und bei Erwerb im Rahmen eines Unternehmenserwerbs sowie bei Tausch zum beizulegenden Zeitwert.

Für selbst erstellte immaterielle Vermögensgegenstände besteht ein Wahlrecht für die Aktivierung der projektbezogenen Ausgaben in der Entwicklungsphase. Sollen die Entwicklungskosten selbst erstellter immaterieller Vermögensgegenstände (wahlweise) aktiviert werden, so bedarf es einer Abgrenzung der Projektkosten in der Forschungs- und jener in der Entwicklungsphase (zeitlich sequenzielle Abgrenzung). Anhaltspunkte dafür finden sich in § 255 Abs. 2a Sätze 2 und 3 HGB. Ferner bedarf es der Abgrenzung von Projektkosten und allgemeinen Verwaltungskosten (zeitlich parallele Abgrenzung). Dies setzt eine

Erstbewertung				
Einzelerwerb, Gruppenerwerb	Unternehmens-erwerb Immaterielle VG	Goodwill	Tausch	Entwicklungskosten
Anschaffungs-kosten (§ 255 Abs. 1 HGB)	Beizulegender Zeitwert (§ 255 Abs. 4 HGB)	Überschuss der für die Übernahme eines Unternehmens bewirkten Gegenleistung über das zum beizulegenden Zeitwert angesetzte Nettovermögen (§ 246 Abs. 1 Satz 4 HGB)	Beizulegender Zeitwert des erworbenen immateriellen Vermögensgegenstandes » Wenn nicht zuverlässig ermittelbar: beizulegender Zeitwert des hingegebenen Vermögensgegenstandes unter Berücksichtigung von Aufzahlungen » Wenn nicht zuverlässig ermittelbar: Buchwert des hingegebenen Vermögensgegenstandes unter Berücksichtigung von Aufzahlungen	Entwicklungskosten als Herstellungskosten in der Entwicklungsphase (§ 255 Abs. 2a Satz 1 HGB) Entwicklung als Anwendung von Forschungsergebnissen oder von anderem Wissen für die Neuentwicklung von Gütern oder Verfahren oder die Weiterentwicklung von Gütern oder Verfahren mittels wesentlicher Änderungen (§ 255 Abs. 2a Satz 4 HGB) Zu unterscheiden von Forschungskosten (§ 255 Abs. 2a Satz 3 HGB)
				Projektkosten in der Forschungs- und Entwicklungsphase müssen zuverlässig voneinander unterschieden werden können (§ 255 Abs. 2a Sätze 2 und 3 HGB)
				Sonderthema: Ausschüttungssperre nach § 268 Abs. 8 HGB

Abb. 56: *Immaterielle Vermögensgegenstände – Erstbewertung*

entsprechende Dokumentation sowie ein FuE-Projekt-Controlling voraus, das einerseits in der Lage ist, die Abgrenzung von Forschung und Entwicklung projektunabhängig in Bezug auf das unternehmensspezifische Geschäftsmodell zu beschreiben, andererseits die projektspezifische Dokumentation entsprechend den bilanziellen Anforderungen bereitstellen kann. Die Ausübung des Wahlrechts zur Aktivierung von Entwicklungskosten (§248 Abs. 2 Satz 1 HGB) ist an den Grundsatz der Methodenstetigkeit gebunden (§246 Abs. 3 HGB).

Auf aktivierte selbst erstellte immaterielle Vermögensgegenstände besteht nach §268 Abs. 8 HGB eine Ausschüttungssperre unter Berücksichtigung der damit zusammenhängenden passiven latenten Steuern. Dies schließt Anhangangabepflichten nach §285 Nr. 22 und Nr. 28 HGB ein.

Für die **Folgebewertung immaterieller Vermögensgegenstände** gibt es grundsätzlich keine Sondervorschriften. Vielmehr gelten die allgemeinen Bewertungsnormen des §253 Abs. 3 HGB über das abnutzbare Anlagevermögen.

Das heißt, die immateriellen Vermögensgegenstände des Anlagevermögens sind planmäßig über die voraussichtliche Nutzungsdauer abzuschreiben. Es gilt das gemilderte Niederstwertprinzip, das besagt, dass bei voraussichtlich dauernder Wertminderung eine außerplanmäßige Abschreibung auf den niedrigeren beizulegenden Wert vorzunehmen ist. Sollte die Bestimmung der voraussichtlichen Nutzungsdauer von selbst erstellten immateriellen Vermögensgegenständen und von derivativen Geschäfts- oder Firmenwerten Schwierigkeiten bereiten, so ist von einer Standardnutzungsdauer von 10 Jahren auszugehen (§253 Abs. 3 Sätze 3 und 4 HGB). Die Nutzungsdauer, über den ein derivativer Geschäfts- oder Firmenwert abgeschrieben wird, ist im Anhang zu erläutern (§285 Nr. 13 HGB). Die betriebsgewöhnliche Nutzungsdauer des derivativen Ge-

Folgebewertung				
Einzelerwerb, Gruppenerwerb	Unternehmenserwerb Immaterielle VG	Goodwill	Tausch	Entwicklungskosten
Fortgeführte Anschaffungskosten nach dem gemilderten Niederstwertprinzip, d.h. planmäßige Abschreibung über die voraussichtliche Nutzungsdauer (§ 253 Abs. 3 Sätze 1 und 2 HGB)	Fortgeführte Anschaffungskosten nach dem gemilderten Niederstwertprinzip, d.h. planmäßige Abschreibung über die voraussichtliche Nutzungsdauer (§ 253 Abs. 3 Sätze 1 und 2 HGB)	Fortgeführte Anschaffungskosten nach dem gemilderten Niederstwertprinzip, d.h. planmäßige Abschreibung über die voraussichtliche Nutzungsdauer (§ 253 Abs. 3 Sätze 1 und 2 HGB). Standardnutzungsdauer von 10 Jahren (§ 253 Abs. 3 Sätze 3 und 4 HGB). Die Nutzungsdauer, über den ein derivativer Geschäfts-oder Firmenwert abgeschrieben wird, ist im Anhang zu erläutern (§ 285 Nr. 13 HGB)	Fortgeführte Anschaffungskosten nach dem gemilderten Niederstwertprinzip, d.h. planmäßige Abschreibung über die voraussichtliche Nutzungsdauer (§ 253 Abs. 3 Sätze 1 und 2 HGB)	Fortgeführte Anschaffungskosten nach dem gemilderten Niederstwertprinzip, d.h. planmäßige Abschreibung über die voraussichtliche Nutzungsdauer (§ 253 Abs. 3 Sätze 1 und 2 HGB)
Pflicht zur außerplanmäßigen Abschreibung auf den niedrigeren beizulegenden Wert im Falle voraussichtlich dauernder Wertminderungen (§ 253 Abs. 3 Satz 5 HGB)	Pflicht zur außerplanmäßigen Abschreibung auf den niedrigeren beizulegenden Wert im Falle voraussichtlich dauernder Wertminderungen (§ 253 Abs. 3 Satz 5 HGHB)	Pflicht zur außerplanmäßigen Abschreibung auf den niedrigeren beizulegenden Wert im Falle voraussichtlich dauernder Wertminderungen (§ 253 Abs. 3 Satz 5 HGB)	Pflicht zur außerplanmäßigen Abschreibung auf den niedrigeren beizulegenden Wert im Falle voraussichtlich dauernder Wertminderungen (§ 253 Abs. 3 Satz 5 HGB)	Pflicht zur außerplanmäßigen Abschreibung auf den niedrigeren beizulegenden Wert im Falle voraussichtlich dauernder Wertminderungen (§ 253 Abs. 3 Satz 5 HGB)

Abb. 57: *Immaterielle Vermögensgegenstände – Folgebewertung*

schäfts- oder Firmenwerts in der Steuerbilanz beträgt 15 Jahre (§7 Abs. 1 Satz 3 EStG). Dadurch kann es zu temporären Durchbrechungen der Maßgeblichkeit kommen mit der Folge, dass der Ansatz aktiver latenter Steuern zu prüfen ist.

Fallen die Gründe für außerplanmäßige Abschreibungen früherer Jahre weg, so hat bei allen immateriellen Vermögensgegenständen eine Wertaufholung bis zu den fortgeführten Anschaffungs- oder Herstellungskosten zu erfolgen (§253 Abs. 5 Satz 1 HGB). Einzige Ausnahme ist der derivative Firmenwert. Bei ihm ist eine nachträgliche Wertzuschreibung ausdrücklich untersagt (§253 Abs. 5 Satz 2 HGB).

Der Bilanzausweis immaterieller Vermögensgegenstände des Anlagevermögens folgt den Vorschriften des §266 Abs. 2 A I HGB in den dort vorgesehenen Kategorien.

Folgebewertung				
Einzelerwerb, Gruppenerwerb	Unternehmenserwerb Immaterielle VG	Goodwill	Tausch	Entwicklungskosten
Wertaufholung				
Wertaufholungspflicht nach § 253 Abs. 5 Satz 1 HGB, Obergrenze fortgeführte Anschaffungskosten	Wertaufholungspflicht nach § 253 Abs. 5 Satz 1 HGB, Obergrenze fortgeführte Anschaffungskosten	Wertaufholungsverbot nach § 253 Abs. 5 Satz 2 HGB	Wertaufholungspflicht nach § 253 Abs. 5 Satz 1 HGB, Obergrenze fortgeführte Anschaffungskosten	Wertaufholungspflicht nach § 253 Abs. 5 Satz 1 HGB, Obergrenze fortgeführte Anschaffungskosten
Ausweis				
Entgeltich erworbene Konzessionen, gewerbliche Schutzrechte und ähnliche Rechte und Werte sowie Lizenzen an solchen Rechten und Werten (§ 266 Abs. 2 A I 2 HGB)	Entgeltich erworbene Konzessionen, gewerbliche Schutzrechte und ähnliche Rechte und Werte sowie Lizenzen an solchen Rechten und Werten (§ 266 Abs. 2 A I 2 HGB)	Geschäfts- oder Firmenwert (§ 266 Abs. 2 A I 3 HGB)	Entgeltich erworbene Konzessionen, gewerbliche Schutzrechte und ähnliche Rechte und Werte sowie Lizenzen an solchen Rechten und Werten (§ 266 Abs. 2 A I 2 HGB)	Selbst geschaffene gewerbliche Schutzrechte und Werte (§ 266 Abs. 2 A I 1 HGB)
Anhang				
Anlagenspiegel nach § 284 Abs. 3 HGB	Anlagenspiegel nach § 284 Abs. 3 HGB	Anlagenspiegel nach § 284 Abs. 3 HGB Angenommene Nutzungsdauer für den derivativen Firmenwert und deren Begründung nach § 285 Nr. 13 HGB	Anlagenspiegel nach § 284 Abs. 3 HGB Angabe über die Einbeziehung von Fremdkapitalzinsen in die Herstellungskosten (§ 284 Abs. 2 Nr. 4 HGB)	Anlagenspiegel nach § 284 Abs. 3 HGB Angabe des Gesamtbetrags der Forschungs- und Entwicklungskosten und des davon aktivierten Betrags (§ 285 Nr. 22 HGB) Ausschüttungsgesperrter Betrag nach § 268 Abs. 8 Satz 1 HGB (§ 285 Nr. 28 HGB)

Abb. 58: *Immaterielle Vermögensgegenstände – Ausweis*

Anhangangaben zu immateriellen Vermögensgegenständen des Anlagevermögens beziehen sich auf den Anlagenspiegel nach §284 Abs. 3 HGB, die angenommene Nutzungsdauer für den derivativen Firmenwert und deren Begründung nach §285 Nr. 13 HGB, die Angabe des Gesamtbetrags der Forschungs- und Entwicklungskosten und des davon aktivierten Betrags (§285 Nr. 22 HGB), die Angabe über die Einbeziehung von Fremdkapitalzinsen in die Herstellungskosten selbst geschaffener immaterieller Vermögensgegenstände (§284 Abs. 2 Nr. 4 HGB), sowie auf den ausschüttungsgesperrten Betrag gemäß §268 Abs. 8 Satz 1 HGB nach §285 Nr. 28 HGB.

7.1.2 Sachanlagen

Sachanlagen sind Vermögensgegenstände des Anlagevermögens, mit physischer Substanz, welche dazu bestimmt sind, dauernd dem Geschäftsbetrieb zu dienen (§247 Abs. 2 HGB). Der Zugang von **Sachanlagen** kann auf unterschiedliche Art und Weise erfolgen. Eine Aktivierung kommt nur in Betracht, wenn es sich um einen Vermögensgegenstand handelt. Dies schließt die Merkmale ein, dass

- ein zukünftiger wirtschaftlicher Nutzen erwartet werden kann,
- dieser selbstständig bewertbar und auch
- dieser selbstständig verwertbar ist.

Auch unfertige Anlagen sind als „Anlagen im Bau" zu aktivieren. Die Zuordnung erfolgt grundsätzlich nach dem juristischen Eigentum. In Einzelfällen kann auch vorrangig eine Zuordnung nach dem wirtschaftlichen Eigentum erfolgen, z.B. bei bestimmten Formen des Leasings (Finance Lease), Eigentumsvorbehalt oder Sicherungseigentum.

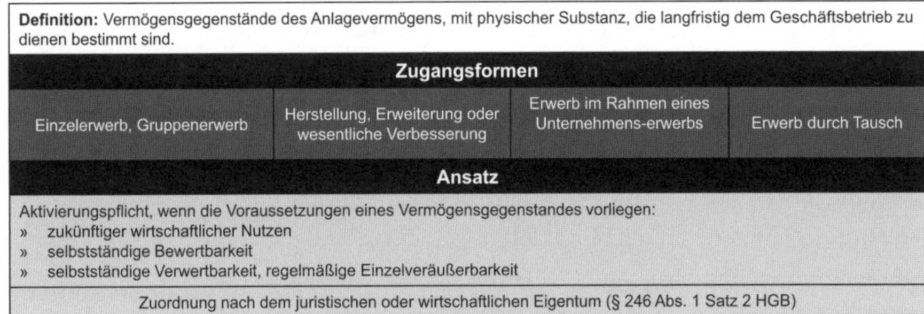

Abb. 59: *Sachanlagen – Ansatz*

In Abhängigkeit vom Zugang ergibt sich allerdings der Wertansatz für die **Erstbewertung**: Anschaffungskosten, Herstellungskosten oder beizulegender Zeitwert. Dabei treten einige Sonderthemen auf wie z.B.

- Aufteilung der Anschaffungs- oder Herstellungskosten bei Immobilien in
  - Grundvermögen,
  - Betriebsvorrichtungen,
  - Gebäude und
  - Außenanlagen,
- die Aufteilung in
  - unselbstständige Gebäudeteile,
  - selbstständige Gebäudeteile (Betriebsvorrichtungen, Scheinbestandteile, modeabhängige Einbauten, sonstige Mietereinbauten, sonstige selbstständige Gebäudeteile), vgl. §§68, 78 und 99 BewG.
- die Anwendung des Komponentenansatzes (vgl. IDW RH 1.016),
- nachträgliche Anschaffungs- oder Herstellungskosten,
- die Anwendung der Festwertbildung (§240 Abs. 3 HGB),
- die Behandlung geringwertiger Wirtschaftsgüter (§6 Abs. 2a EStG, R. 6.13 EStR),

Erstbewertung			
Einzelerwerb, Gruppenerwerb	Herstellung, Erweiterung oder wesentliche Verbesserung	Erwerb im Rahmen eines Unternehmenserwerbs	Erwerb durch Tausch
Anschaffungskosten (§ 255 Abs. 1 HGB)	Herstellungskosten (§ 255 Abs. 2 und 3 HGB)	Beizulegender Zeitwert (§ 255 Abs. 4 HGB)	Beizulegender Zeitwert des erworbenen Vermögensgegenstandes
			Wenn nicht zuverlässig ermittelbar: beizulegender Zeitwert des hingegebenen Vermögensgegenstandes unter Berücksichtigung von Aufzahlungen
			Wenn nicht zuverlässig ermittelbar: Buchwert des hingegebenen Vermögensgegenstandes unter Berücksichtigung von Aufzahlungen

Abb. 60: *Sachanlagen – Erstbewertung*

- die Vorgehensweise bei Anschaffung oder Herstellung während des Jahres,
- anschaffungsnaher Aufwand (§6 Abs. 1 Satz 1 Ziff. 1a EStG, R 6.4 Abs. 1 EStR).

Bei der **Folgebewertung** unterscheidet man nicht abnutzbare Sachanlagen, z.B. unbebaute Grundstücke, und abnutzbare Sachanlagen. Letztere sind planmäßig über ihre voraussichtliche Nutzungsdauer abzuschreiben.

Bei beiden Kategorien ist das gemilderte Niederstwertprinzip anzuwenden, das bei voraussichtlich dauernder Wertminderung eine außerplanmäßige Abschreibung auf den niedrigeren beizulegenden Wert verlangt. Vorübergehende Wertminderungen bleiben bilanziell dagegen außer Betracht (§253 Abs. 3 HGB).

Sonderthemen bei der Folgebewertung von Sachanlagen sind z.B.

- die Festlegung des Abschreibungsplanes, insbesondere
  - die Festlegung der Methode planmäßiger Abschreibung,
  - die Bestimmung der voraussichtlichen Nutzungsdauer,
  - die Berücksichtigung eines Restwertes,
- die Relevanz steuerlicher Regelungen für die handelsrechtliche Bilanzierung und Bewertung von Sachanlagen, insbesondere
  - die Relevanz von AfA-Tabellen,
  - die steuerlichen Vorschriften über die bilanzielle Behandlung geringwertiger Wirtschaftsgüter,
  - der Zusammenhang zwischen Niederstwertprinzip und Teilwertabschreibungen.

Fallen in nachfolgenden Jahren die Gründe für die außerplanmäßige Abschreibung weg, so ist eine Wertaufholung bis höchstens zu den fortgeführten Anschaffungs- oder Herstellungskosten geboten (§253 Abs. 5 Satz 1 HGB).

Der Ausweis von Sachanlagen hat den Vorschriften des §266 Abs. 2 A II HGB in den dort vorgesehenen Kategorien zu folgen.

Anhangangaben zu Sachanlagen beziehen sich auf den Anlagenspiegel nach §284 Abs. 3 HGB sowie auf die Einbeziehung von Fremdkapitalzinsen in die Herstellungskosten nach §284 Abs. 2 Nr. 4 HGB.

Folgebewertung	
Nicht abnutzbare Sachanlagen	**Abnutzbare Sachanlagen**
Gemildertes Niederstwertprinzip Pflicht zur außerplanmäßigen Abschreibung auf den niedrigeren beizulegenden Wert im Falle voraussichtlich dauernder Wertminderungen (§ 253 Abs. 3 Satz 5 HGB)	Fortgeführte Anschaffungskosten nach dem gemilderten Niederstwertprinzip, d.h. planmäßige Abschreibung über die voraussichtliche Nutzungsdauer (§ 253 Abs. 3 Sätze 1 und 2 HGB) Daneben: Pflicht zur außerplanmäßigen Abschreibung auf den niedrigeren beizulegenden Wert im Falle voraussichtlich dauernder Wertminderungen (§ 253 Abs. 3 Satz 5 HGB)
Wertaufholung	
Wertaufholungspflicht nach § 253 Abs. 5 Satz 1 HGB, Obergrenze Anschaffungs- oder Herstellungskosten	Wertaufholungspflicht nach § 253 Abs. 5 Satz 1 HGB, Obergrenze fortgeführte Anschaffungs- oder Herstellungskosten
Ausweis § 266 Abs. 2 A II HGB	
» Grundstücke, grundstücksgleiche Rechte und Bauten einschließlich der Bauten auf fremden Grundstücken » Technische Anlagen und Maschinen » Andere Anlagen, Betriebs- und Geschäftsausstattung » Geleistete Anzahlung und Anlagen im Bau	
Anhang	
Anlagenspiegel nach § 284 Abs. 3 HGB Angabe über die Einbeziehung von Fremdkapitalzinsen in die Herstellungskosten (§ 284 Abs. 2 Nr. 4 HGB)	

Abb. 61: *Sachanlagen – Folgebewertung*

7.1.3 Finanzanlagen

Finanzanlagen sind finanzielle Vermögensgegenstände des Anlagevermögens, die bestimmt sind, dauerhaft dem Geschäftsbetrieb zu dienen (§247 Abs. 2 HGB). Sie haben im Gegensatz zum Finanzumlaufvermögen eine strategische Bedeutung für das Unternehmen (vgl. §271 HGB).

Finanzanlagen können einzeln oder in Gruppen erworben werden, sie können Teil eines Unternehmenserwerbs sein oder sie können durch Tausch erlangt werden. Originäre Finanzanlagen sind zu aktivieren, wenn sie die Merkmale eines Vermögensgegenstandes aufweisen.

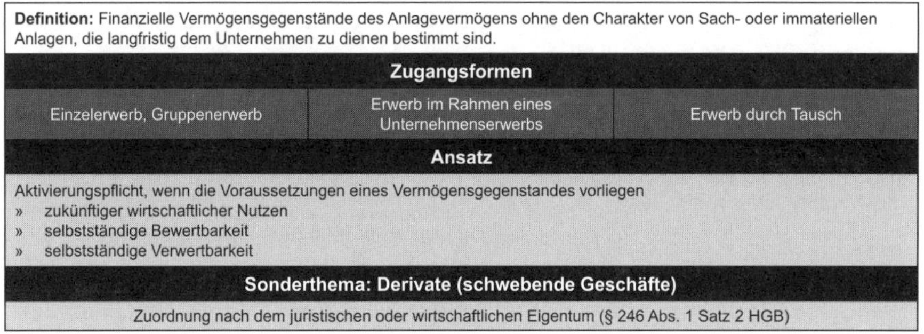

Definition: Finanzielle Vermögensgegenstände des Anlagevermögens ohne den Charakter von Sach- oder immateriellen Anlagen, die langfristig dem Unternehmen zu dienen bestimmt sind.		
Zugangsformen		
Einzelerwerb, Gruppenerwerb	Erwerb im Rahmen eines Unternehmenserwerbs	Erwerb durch Tausch
Ansatz		
Aktivierungspflicht, wenn die Voraussetzungen eines Vermögensgegenstandes vorliegen » zukünftiger wirtschaftlicher Nutzen » selbstständige Bewertbarkeit » selbstständige Verwertbarkeit		
Sonderthema: Derivate (schwebende Geschäfte)		
Zuordnung nach dem juristischen oder wirtschaftlichen Eigentum (§ 246 Abs. 1 Satz 2 HGB)		

Abb. 62: *Finanzanlagen – Ansatz*

Derivative Finanzinstrumente werden als schwebende Geschäfte behandelt und als solche grundsätzlich bilanziell nicht erfasst, es sei denn es haben Erfüllungshandlungen stattgefunden (Lieferungen, Leistungen, Zahlungen) oder es droht ein Verlust; in diesem Fall ist eine Drohverlustrückstellung zu bilden. Allerdings sind Anhangangaben zu derivativen Finanzinstrumenten zu machen (§285 Nr. 19 HGB), ebenso zu deren Einsatz im Rahmen des Hedge Accounting (§285 Nr. 23 HGB).

Je nach Erwerbsform hat die **Erstbewertung** zu Anschaffungskosten oder beizulegendem Zeitwert zu erfolgen. Agien und Disagien können sofort erfolgswirksam berücksichtigt oder aktiviert und auf die Laufzeit der Finanzanlage verteilt werden (§250 Abs. 3 HGB). Hierzu ist regelmäßig die Effektivzinsmethode anzuwenden.

Erstbewertung		
Einzelerwerb, Gruppenerwerb	Erwerb im Rahmen eines Unternehmenserwerbs	Erwerb durch Tausch
Anschaffungskosten (§ 255 Abs. 1 HGB)	Beizulegender Zeitwert (§ 255 Abs. 4 HGB)	Beizulegender Zeitwert des erworbenen Vermögensgegenstandes
		Wenn nicht zuverlässig ermittelbar: beizulegender Zeitwert des hingegebenen Vermögensgegenstandes unter Berücksichtigung von Aufzahlungen Wenn nicht zuverlässig ermittelbar: Buchwert des hingegebenen Vermögensgegenstandes unter Berücksichtigung von Aufzahlungen
Sonderfragen: Agio, Disagio: § 250 Abs. 3 HGB Sofortabzug bzw. Auf- oder Abzinsung über die Laufzeit der Finanzanlage		

Abb. 63: *Finanzanlagen – Erstbewertung*

Für die **Folgebewertung** von Finanzanlagen gilt §253 Abs. 3 Satz 5 HGB in der Weise, dass bei einer voraussichtlich dauernden Wertminderung eine außerplanmäßige Abschreibung auf den niedrigeren beizulegenden Wert zwingend vorzunehmen ist, bei vorübergehender Wertminderung eine außerplanmäßige Abschreibung auf den niedrigeren beizulegenden Wert freigestellt ist (§253 Abs. 3 Satz 6 HGB). Wird sie nicht vorgenommen, so sind die Anhangangaben nach §285 Nr. 18 HGB zu machen.

Fallen in nachfolgenden Jahren die Gründe für die außerplanmäßige Abschreibung weg, so ist eine **Wertaufholung** bis höchstens zu den Anschaffungskosten geboten (§253 Abs. 5 Satz 1 HGB).

Folgebewertung	
Aktiviertes Agio bzw. passiviertes Disagio	Gemildertes Niederstwertprinzip
» Verteilung auf die Laufzeit der Finanzanlage	Pflicht zur außerplanmäßigen Abschreibung auf den niedrigeren beizulegenden Wert im Falle voraussichtlich dauernder Wertminderungen (§ 253 Abs. 3 Satz 5 HGB) Wahlrecht zur außerplanmäßigen Abschreibung auf den niedrigeren beizulegenden Wert im Falle voraussichtlich nicht dauernden Wertminderungen (§ 253 Abs. 3 Satz 6 HGB)

Abb. 64: *Finanzanlagen – Folgebewertung*

Der Ausweis von Finanzanlagen hat den Vorschriften des §266 Abs. 2 A III HGB in den dort vorgesehenen Kategorien zu folgen.

Für Rückbeteiligungen, d.h. Anteile an Komplementärgesellschaften oder an herrschenden oder mit Mehrheit beteiligten Unternehmen, sind auf der Aktivseite entsprechend benannte Sonderposten vorgesehen, in deren Höhe auf der Passivseite eine ausschüttungsgesperrte Rücklage zu bilden ist (§272 Abs. 4 HGB).

Wertaufholung

Wertaufholungspflicht nach § 253 Abs. 5 Satz 1 HGB, Obergrenze Anschaffungskosten

Ausweis § 266 Abs. 2 A III HGB

- Anteile an verbundenen Unternehmen (§ 271 Abs. 2 HGB)
- Ausleihungen an verbundenen Unternehmen
- Beteiligungen (§ 271 Abs. 1 HGB)
- Ausleihungen an Unternehmen, mit denen ein Beteiligungsverhältnis besteht
- Wertpapiere des Anlagevermögens
- Sonstige Ausleihungen

Sonderposten

Anteile an Komplementärgesellschaften nach § 264c Abs. 4 HGB (Bildung einer ausschüttungsgesperrten Rücklage nach § 272 Abs. 4 HGB)
Anteile an herrschenden oder mit Mehrheit beteiligten Unternehmen (Bildung einer ausschüttungsgesperrten Rücklage nach § 272 Abs. 4 HGB)

Abb. 65: *Finanzanlagen – Ausweis*

Anhangangaben zu Finanzanlagen beziehen sich auf den Anlagenspiegel nach §284 Abs. 3 HGB. Bei Finanzanlagen, die wegen unterlassener außerplanmäßiger Abschreibung nach §253 Abs. 3 Satz 4 HGB über ihrem beizulegenden Zeitwert ausgewiesen werden, sind anzugeben:

- der Buchwert und der beizulegende Zeitwert der einzelnen Finanzanlagen oder angemessener Gruppierungen sowie
- die Gründe für das Unterlassen der Abschreibung einschließlich der Anhaltspunkte, die darauf hindeuten, dass die Wertminderung voraussichtlich nicht von Dauer ist (§285 Nr. 18 HGB).

Anhangangabepflichten zu derivativen Finanzinstrumenten ergeben sich aus §285 Nr. 19 HGB für „stand-alone Derivate" und aus §285 Nr. 23 HGB für Derivate in Hedge Beziehungen.

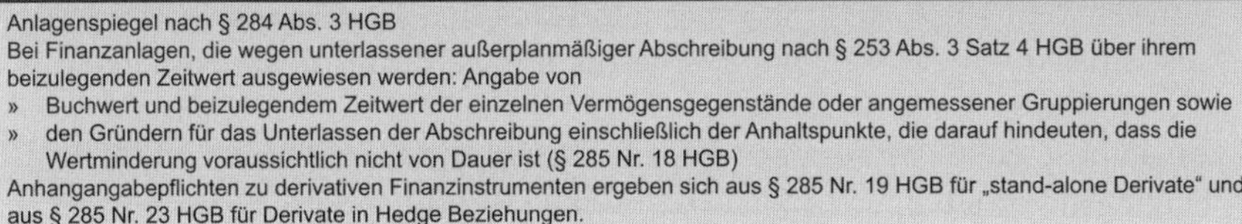

Anhang

Anlagenspiegel nach § 284 Abs. 3 HGB
Bei Finanzanlagen, die wegen unterlassener außerplanmäßiger Abschreibung nach § 253 Abs. 3 Satz 4 HGB über ihrem beizulegenden Zeitwert ausgewiesen werden: Angabe von

- Buchwert und beizulegendem Zeitwert der einzelnen Vermögensgegenstände oder angemessener Gruppierungen sowie
- den Gründern für das Unterlassen der Abschreibung einschließlich der Anhaltspunkte, die darauf hindeuten, dass die Wertminderung voraussichtlich nicht von Dauer ist (§ 285 Nr. 18 HGB)

Anhangangabepflichten zu derivativen Finanzinstrumenten ergeben sich aus § 285 Nr. 19 HGB für „stand-alone Derivate" und aus § 285 Nr. 23 HGB für Derivate in Hedge Beziehungen.

Abb. 66: *Finanzanlagen – Anhang*

Ein **Derivat** ist nach IDW RS BFA 2 Tz.6 ein Finanzinstrument als Vertragsverhältnis mit drei Merkmalen:

- sein (beizulegender Zeit-)Wert hängt von einem Basisinstrument (Underlying) ab,
- es sind bei Abschluss des Geschäfts keine oder keine nennenswerten Ausgaben angefallen und
- das Geschäft wird in der Zukunft erfüllt, zunächst ist es als schwebendes Geschäft anzusehen und zu behandeln.

Für die Verwendung von Derivaten bestehen zwei alternative Motive:

- Zur Spekulation, d.h. zur Erzielung von Wertsteigerungs- oder Arbitragegewinnen. Man spricht von dem Motiv einer Wette bzw. einem Spekulationsmotiv. In diesen Fällen wird mit dem Abschluss des Derivategeschäfts ein offenes Risiko eingegangen mit der Chance auf Gewinn und dem Risiko des Verlusts, jeweils in Abhängigkeit von der Wertentwicklung des Underlyings. Wegen der Geltung des Imparitätsprinzips bleiben unrealisierte Wertsteigerungen bilanziell außer Betracht, unrealisierte Verluste sind dagegen in Form von Drohverlustrückstellungen zu erfassen.
- Zur Absicherung bestehender Risiken aus vorhandenen Bilanzpositionen oder Geschäften. In diesen Fällen spricht man von Hedging-Zwecken (zum Hedge Accounting siehe Kapitel 9).

Der Einsatz von Derivaten unterliegt umfangreichen Anhangangabepflichten. Einen Ausdruck in Bilanzpositionen können Derivate nur finden in Form von

- Drohverlustrückstellungen, wenn stichtagsbezogen ein Verpflichtungsüberhang des bilanzierenden Unternehmens besteht, oder in Form von
- Aktiven Rechnungsabgrenzungsposten, wenn Derivategebühren als vorschüssige Zahlungen für einen Zeitraum geleistet wurden, der in das nächste Geschäftsjahr reicht.

Ein Disagio liegt vor, wenn der Erfüllungsbetrag einer Verbindlichkeit höher ist als der Ausgabebetrag. In diesem Fall besteht (wahlweise) die Möglichkeit, den Differenzbetrag in den aktiven Rechnungsabgrenzungsposten aufzunehmen und auf die Darlehenslaufzeit zu verteilen (§250 Abs. 3 HGB).

Die Bilanzposten im Finanzanlagevermögen stellen sich nach §266 Abs. 2 III HGB wie folgt dar:

- Anteile an verbundenen Unternehmen sind (Eigen-)Kapitalanteile an Tochtergesellschaften (§271 Abs. 2 HGB). Sie sind grundsätzlich in einen Konzernabschluss des Mutterunternehmens einzubeziehen. Auch wenn die Einbeziehung unterbleiben kann (§296 HGB) oder die Aufstellung eines Konzernabschlusses aufgrund von Befreiungsvorschriften (§§291, 292 HGB) unterbleiben kann, so sind die entsprechenden Kapitalanteile im Einzelabschluss des beherrschenden Unternehmens (Mutterunternehmens) unter diesem Posten auszuweisen.
- Ausleihungen an verbundene Unternehmen sind Gesellschafterdarlehen.
- Beteiligungen sind nach §271 Abs. 1 Satz 1 HGB (Eigenkapital-)Anteile an anderen Unternehmen, die bestimmt sind, dem eigenen Geschäftsbetrieb durch Herstellung einer dauernden Verbindung zu jenen Unternehmen zu dienen. Es wird in der Legaldefinition auf die beiden, den Finanzanlagen generell innewohnenden Eigenschaften Bezug genommen, nämlich Langfristigkeit und strategische Bedeutung der finanziellen Verbindung. Beteiligungen können in Wertpapieren verbrieft sein oder nicht (§271 Abs. 1 Satz 2 HGB). Es besteht eine Vermutung, dass es sich um eine Beteiligung handelt, wenn die Anteile 20% des Nennkapitals oder der Summe aller Kapitalanteile an diesem Unternehmen überschreiten. Diese quantitative Schwelle ist allerdings nur subsidiär maßgebend. Von primärer Bedeutung sind die Begriffsmerkmale nach §271 Abs. 1 Satz 1 HGB.

- Ausleihungen an Unternehmen, mit denen ein Beteiligungsverhältnis besteht. Auch hier handelt es sich um Gesellschafterdarlehen.
- Wertpapiere des Anlagevermögens sind verbriefte Eigen- oder Fremdkapitalanteile (z.B. Aktien, Schuldverschreibungen), die die Merkmale Langfristigkeit und strategische Bedeutung erfüllen.
- Sonstige Ausleihungen sind langfristige ausgereichte Darlehen, welche regelmäßig unverbrieft sind.

7.1.4 Vorräte

Vorräte sind sachliche Vermögensgegenstände des Umlaufvermögens. Sie werden zum Verkauf bzw. zur Verwertung im Rahmen des normalen Geschäftsgangs gehalten. Dabei können Vorräte (noch) unbearbeitet (Roh-, Hilfs- und Betriebsstoffe), bearbeitet (unfertige Erzeugnisse, unfertige Leistungen) oder verkaufsfertig (fertige Erzeugnisse und Waren) sein.

Vorräte können durch Einzel- oder Gruppenerwerb, Eigenerstellung, Erwerb im Rahmen eines Unternehmenserwerbs erlangt oder durch Tausch erworben werden.

Bei erworbenen Vorräten erfolgt die Aktivierung im Erwerbszeitpunkt. Die Herstellung von zum Verkauf bestimmten Erzeugnissen führt in laufender Rechnung zunächst zu Aufwand. Die Aktivierung erfolgt spätestens am Bilanzstichtag als unfertige Erzeugnisse, unfertige Leistungen oder fertige Erzeugnisse. Das Gegenkonto bei der Aktivierung lautet

- beim Gesamtkostenverfahren „Erhöhung oder Verminderung des Bestands an fertigen und unfertigen Erzeugnissen",
- beim Umsatzkostenverfahren eine Habenbuchung auf dem Konto „Herstellungskosten der zur Erzielung der Umsatzerlöse erbrachten Leistungen".

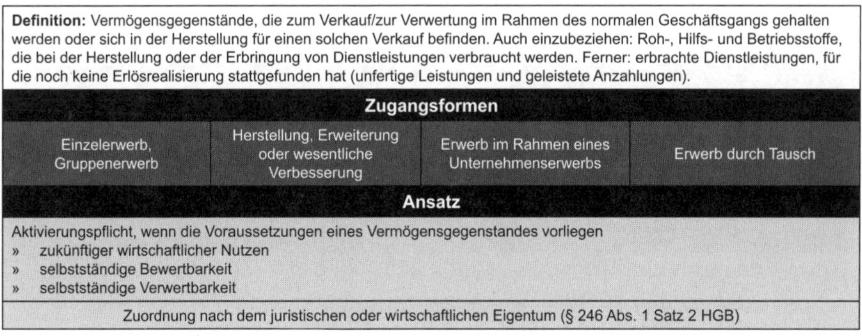

Abb. 67: *Vorräte – Ansatz*

Die **Erstbewertung** erfolgt in Abhängigkeit von der Zugangsform zu Anschaffungskosten, Herstellungskosten oder beizulegendem Zeitwert. Hierbei sind die Regelungen des § 255 HGB zu beachten.

Vorräte sind der hauptsächliche Anwendungsbereich der Bewertungsvereinfachungsverfahren (vgl. hierzu Kapitel 5.4). In Betracht kommen die Durchschnittswertmethode (§240 Abs. 4 HGB), die Festwertbildung (§240 Abs. 3 HGB), die Verbrauchsfolgeverfahren Lifo und Fifo (§256 HGB). Ferner kommen die retrograde Ermittlung der Anschaffungs- oder Herstellungskosten durch Abzug der Handelsspanne von den kalkulierten Verkaufspreisen sowie die Standardkostenmethode zur Bestimmung der Anschaffungs- oder Herstellungskosten in Betracht.

Erstbewertung			
Einzelerwerb, Gruppenerwerb	Herstellung, Erweiterung oder wesentliche Verbesserung	Erwerb im Rahmen eines Unternehmenserwerbs	Erwerb durch Tausch
Anschaffungskosten (§ 255 Abs. 1 HGB)	Herstellungskosten (§ 255 Abs. 2 und 3 HGB)	Beizulegender Zeitwert (§ 255 Abs. 4 HGB)	Beizulegender Zeitwert des erworbenen Vermögensgegenstandes
			Wenn nicht zuverlässig ermittelbar: beizulegender Zeitwert des hingegebenen Vermögensgegenstandes unter Berücksichtigung von Aufzahlungen Wenn nicht zuverlässig ermittelbar: Buchwert des hingegebenen Vermögensgegenstandes unter Berücksichtigung von Aufzahlungen

Abb. 68: *Vorräte – Erstbewertung*

Die Bewertungsvereinfachungsverfahren stehen als wahlweise Alternative zur Einzelbewertung zur Verfügung und dienen der vereinfachten Ermittlung der Anschaffungs- oder Herstellungskosten. Bei der Folgebewertung ist allerdings das strenge Niederstwertprinzip zu beachten, wonach für den Fall, dass am Bilanzstichtag ein niedrigerer Markt- oder Börsenpreis (bei vertretbaren Sachen) bzw. beizulegender Wert (bei nicht vertretbaren Sachen) existiert, zwingend auf diesen außerplanmäßig abgeschrieben werden muss.

Sonderfragen
Bewertungsvereinfachungsverfahren zur Ermittlung der Anschaffungs- oder Herstellungskosten » Durchschnittsbewertung, Bewertung nach dem gewogenen Durchschnittswert (§ 240 Abs. 4 HGB) » Festwertbildung (§ 240 Abs. 3 HGB) » Verbrauchsfolgeverfahren: Lifo oder Fifo (§ 256 HGB) » Retrograde Ermittlung: kalkulierter Verkaufspreis abzüglich Handelsspanne » Standardkostenmethode
Folgebewertung
Strenges Niederstwertprinzip Pflicht zur außerplanmäßigen Abschreibung » auf den niederen, aus einem Börsen- oder Marktpreis abgeleiteten Wert (§ 253 Abs. 4 Satz 1 HGB) bei vertretbaren Sachen (§ 90 BGB) bzw. » auf den niederen beizulegenden Wert (§ 253 Abs. 4 Satz 2 HGB) bei nicht vertretbaren Sachen
Sonderthema: Gängigkeits- und Reichweitenabschläge

Abb. 69: *Vorräte – Folgebewertung*

Bei der Zuordnung von Vorräten nach dem juristischen bzw. wirtschaftlichen Eigentum können Themen wie Eigentumsvorbehalt, Sicherungseigentum, etc. von Bedeutung sein.

In Handelsunternehmen mit heterogenen Sortimenten werden zur Verwirklichung des strengen Niederstwertprinzips Gängigkeits- oder Reichweitenabschläge eingesetzt. Darunter versteht man eine standardisierte Niederstwertabschreibung in Abhängigkeit von der Lagerdauer. Die Lagerdauer als Zeitraum zwischen Einkaufs- und Bilanzstichtag wird als Maß für die (Un-)Verkäuflichkeit der Ware angesehen.

Für vorgegebene Zeitintervalle werden standardisierte Abschläge von den Anschaffungs- oder Herstellungskosten vorgenommen, die für die gesamte Warengruppe verwendet werden. Dabei wird kein Unterschied zwischen Standardartikeln und hoch modischen Erzeugnissen gemacht. Der Gängigkeitsabschlag muss sich allerdings aus Preisnachlässen in Form von Sonderverkäufen und Sonderpreisaktionen rechtfertigen lassen. Er wird meist im Rahmen von steuerlichen Außenprüfungen festgelegt und erlangt durch verbindliche Zusagen der Finanzbehörden (§§204ff. AO) einen gewissen Vertrauensschutz.

Fallen in nachfolgenden Jahren die Gründe für die außerplanmäßige Abschreibung weg, so ist eine Wertaufholung bis höchstens zu den Anschaffungs- oder Herstellungskosten geboten (§253 Abs. 5 Satz 1 HGB).

Der Ausweis von Vorräten hat den Vorschriften des §266 Abs. 2 B I HGB in den dort vorgesehenen Kategorien zu folgen. Dies sind

- Roh-, Hilfs- und Betriebsstoffe,
- Unfertige Erzeugnisse, unfertige Leistungen,
- Fertige Erzeugnisse und Waren,
- Geleistete Anzahlungen.

Anzahlungen auf Vorräte können von dem Posten Vorräte offen abgesetzt werden oder unter den Verbindlichkeiten ausgewiesen werden. Die offene Absetzung der Kundenanzahlung von den Vorräten hat den Vorteil, dass dadurch die Bilanzsumme verkürzt und die ausgewiesene Eigenkapitalquote erhöht wird. Andererseits ist bei dieser Darstellungsform die Kapitalbindung im Net Working Capital deutlicher sichtbar.

Wertaufholung
Wertaufholungspflicht nach § 253 Abs. 5 Satz 1 HGB, Obergrenze Anschaffungs- oder Herstellungskosten
Ausweis, § 266 Abs. 2 B I HGB
» Roh-, Hilfs- und Betriebsstoffe » Unfertige Erzeugnisse, unfertige Leistungen » Fertige Erzeugnisse und Waren » Geleistete Anzahlungen » Erhaltene Anzahlungen auf Bestellungen können offen von den Vorräten abgesetzt werden (§ 268 Abs. 5 Satz 2 HGB)
Anhang
» Angabe über die Einbeziehung von Fremdkapitalzinsen in die Herstellungskosten (§ 284 Abs. 2 Nr. 4 HGB) » Bei Anwendung einer Bewertungsmethode nach § 240 Abs. 4 HGB (Durchschnittsbewertung) oder § 256 Satz 1 HGB (Verbrauchsfolgeverfahren) pauschaler Ausweis der Unterschiede für die jeweilige Gruppe, wenn die Bewertung im Vergleich zu einer Bewertung auf der Grundlage des letzten vor dem Abschlussstichtag bekannten Börsenkurses oder Marktpreises einen erheblichen Unterschied aufweist (§ 284 Abs. 2 Nr. 3 HGB)

Abb. 70: *Vorräte – Ausweis*

Anhangangaben zu Vorräten beziehen sich auf Angabe über die Einbeziehung von Fremdkapitalzinsen in die Herstellungskosten (§284 Abs. 2 Nr. 4 HGB). Bei

Anwendung der Durchschnittswertmethode nach §240 Abs. 4 HGB oder eines Verbrauchsfolgeverfahrens nach §256 Satz 1 HGB sind pauschal die Unterschiede für die jeweilige Gruppe anzugeben, wenn die Bewertung im Vergleich zu einer Bewertung auf der Grundlage des letzten vor dem Abschlussstichtag bekannten Börsenkurses oder Marktpreises einen erheblichen Unterschied aufweist (§284 Abs. 2 Nr. 3 HGB).

7.1.5 Forderungen und sonstige Vermögensgegenstände

Forderungen sind einklagbare Ansprüche aus öffentlich-rechtlichen oder privatrechtlichen Schuldverhältnissen.

Sie können über das Entstehen solcher Schuldverhältnisse hinausgehen durch Einzel- oder Gruppenerwerb, Erwerb im Rahmen eines Unternehmenserwerbs oder durch Tausch erlangt werden. Forderungen müssen soweit konkretisiert sein, dass sie rechtlich durchsetzbar, im Zweifel einklagbar sind. Bedingte Forderungen sind nicht bilanzierungsfähig.

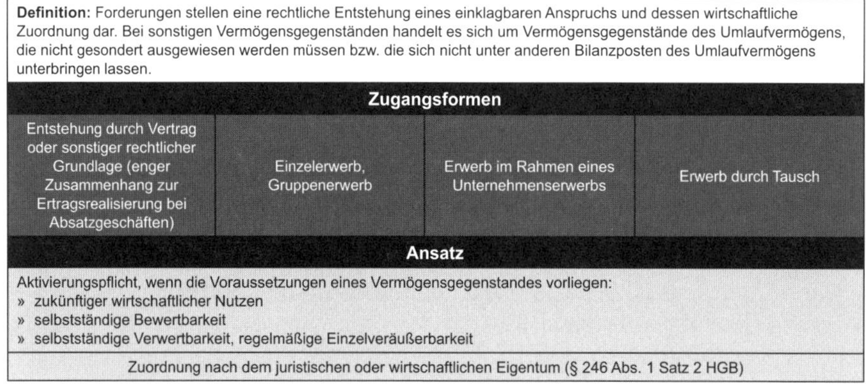

Abb. 71: *Forderungen und sonstige Vermögensgegenstände – Ansatz*

Sonstige Vermögensgegenstände sind als Sammelposten für die Sachverhalte des Umlaufvermögens vorgesehen, die sich anderweitig nicht zurechnen lassen.

Beispiele sind kurzfristige Kredite, kurzfristige Darlehen gegenüber Arbeitnehmern, Lohn- und Gehaltsvorschüsse, Kautionen mit einer Restlaufzeit bis zu einem Jahr, Ansprüche auf Steuererstattungen und Sozialversicherungsbeiträge, Schadenersatzansprüche etc.

Je nach Zugangsform sind Forderungen mit ihrem Nennwert (Zugangswert bei Entstehen der Forderung), ihren Anschaffungskosten oder ihrem beizulegenden Zeitwert anzusetzen. Vereinbarte Agien oder Disagien werden entweder sofort erfolgswirksam behandelt oder nach der Effektivzinsmethode auf die Forderungslaufzeit verteilt.

Erstbewertung			
Entstehung durch Vertrag oder sonstiger rechtlicher Grundlage (enger Zusammenhang zur Ertragsrealisierung bei Absatzgeschäften)	Einzelerwerb, Gruppenerwerb	Erwerb im Rahmen eines Unternehmens-erwerbs	Erwerb durch Tausch
Nennwert der Forderungen	Anschaffungs- oder Herstellungskosten der sonstigen Vermögensgegenstände (§ 255 Abs. 1, 2 und 3 HGB)	Beizulegender Zeitwert (§ 255 Abs. 4 HGB)	Beizulegender Zeitwert des erworbenen Vermögensgegenstandes
			Wenn nicht zuverlässig ermittelbar: beizulegender Zeitwert des hingegebenen Vermögensgegenstandes unter Berücksichtigung von Aufzahlungen Wenn nicht zuverlässig ermittelbar: Buchwert des hingegebenen Vermögensgegenstandes unter Berücksichtigung von Aufzahlungen
Sonderfragen: Agio, Disagio			

Abb. 72: *Forderungen und sonstige Vermögensgegenstände – Erstbewertung*

Für die **Folgebewertung** von Forderungen gilt – wie für alle Vermögensgegenstände des Umlaufvermögens – das strenge Niederstwertprinzip nach § 253 Abs. 4 HGB. Dies führt zu einer Pflicht zur außerplanmäßigen Abschreibung auf den niedrigeren Markt- und Börsenpreis bzw. beizulegenden Wert. Wichtigstes Indiz für Wertminderungen ist die Bonität des Vertragspartners. Je nach Einschätzung der Einbringlichkeit der Forderung unterscheidet man Ausbuchungen, Einzel- oder Pauschalwertberichtigungen. Uneinbringliche Forderungen sind auszubuchen. Die Uneinbringlichkeit wird anhand objektiver Merkmale (z.B. gerichtlicher oder außergerichtlicher Vergleich, eidesstattliche Versicherung) erkannt. Sie stellt eine Entgeltänderung im umsatzsteuerlichen Sinne dar und berechtigt zu einer Umsatzsteuer-Korrektur. Bei Einzelwertberichtigungen wird die Einbringlichkeit einer Forderung einzelfallbezogen beurteilt, bei Pauschalwertberichtigungen gibt es regelmäßig keinen Anhaltspunkt für den teilweisen oder gesamten Ausfall einzelner Forderungen, dennoch lässt sich aus der Erfahrung ein Prozentsatz für den Ausfall von nicht ausgebuchten und nicht einzelwertberichtigten Forderungen bestimmen (allgemeines Bonitäts- oder Adressausfallrisiko). Dieser Prozentsatz wird – ggf. nach Risikogruppen (Cluster) gegliedert – als Pauschalwertberichtigung in Ansatz gebracht. Bei Einzel- und Pauschalwertberichtigungen als Ausdruck von

Folgebewertung
Strenges Niederstwertprinzip Pflicht zur außerplanmäßigen Abschreibung » Auf den niederen, aus einem Börsen- oder Marktpreis abgeleiteten Wert (§ 253 Abs. 4 Satz 1 HGB) bei vertretbaren Sachen (§ 90 BGB) bzw. » Auf den niederen beizulegenden Wert (§ 253 Abs. 4 Satz 2 HGB) bei nicht vertretbaren Sachen
Sonderthema: Einzel- und Pauschalwertberichtigungen auf Forderungen
Ausbuchung uneinbringlicher Forderungen (Entgeltänderung nach § 17 Abs. 1 UStG → MwSt.-Korrektur)
Wertaufholung
Wertaufholungspflicht nach § 253 Abs. 5 Satz 1 HGB, Obergrenze Anschaffungs- oder Herstellungskosten

Abb. 73: *Forderungen und sonstige Vermögensgegenstände – Folgebewertung*

Niederstwertabschreibungen wird die Wertminderung indirekt, d.h. über die Verwendung von Wertberichtigungskonten zum Ausdruck gebracht. Dies hat den Vorteil, dass der Nennwert der Forderung stets auf dem Forderungskonto sichtbar bleibt, z.B. für Mahnungen, Gläubigerlisten, etc.

Fallen die Gründe für die Einzel- oder Pauschalwertberichtigungen in nachfolgenden Jahren weg, so sind diese Wertberichtigungen aufzulösen. Dies kommt einer Wertaufholung nach §253 Abs. 5 Satz 1 HGB gleich. Obergrenze der Wertaufholung ist der Nennwert der Forderung bzw. deren Anschaffungskosten.

Der **Ausweis** von Forderungen hat den Vorschriften des §266 Abs. 2 B II HGB in den dort vorgesehenen Kategorien zu folgen. Diese sind

- Forderungen aus Lieferungen und Leistungen,
- Forderungen gegen verbundene Unternehmen,
- Forderungen gegen Unternehmen, mit denen ein Beteiligungsverhältnis besteht,
- Sonstige Vermögensgegenstände.

Der Betrag der Forderungen mit einer Restlaufzeit von mehr als einem Jahr ist bei jedem gesondert ausgewiesenen Forderungsposten zu vermerken (§268 Abs. 4 Satz 1 HGB).

Über dieses Gliederungsschema hinaus kann der Ausweis von Sonderposten erforderlich sein. Sie betreffen Ansprüche der Gesellschaft gegenüber ihren Gesellschaftern. Beispiele sind

- Eingeforderte, noch ausstehende Kapitaleinlagen (§272 Abs. 1 Satz 3 HGB),
- Einzahlungsverpflichtung persönlich haftender KGaA-Gesellschafter (§286 Abs. 2 Satz 3 AktG),
- Eingeforderte Nachschüsse (§42 GmbHG) und
- Unter §89 AktG fallende Kredite der KGaA an persönlich haftende Gesellschafter, deren Ehegatten oder Lebenspartner oder minderjährigen Kindern oder Dritten, die für Rechnung dieser Personen handeln, gewährt hat (§286 Abs. 2 Satz 4 AktG),
- Forderungen gegen Gesellschafter.

Ausweis, § 266 Abs. 2 B II HGB
» Forderungen aus Lieferungen und Leistungen » Forderungen gegen verbundene Unternehmen (§ 271 Abs. 2 HGB) » Forderungen gegen Unternehmen, mit denen ein Beteiligungsverhältnis besteht (§ 271 Abs. 1 HGB) » Sonstige Vermögensgegenstände
Sonderposten
» Eingeforderte, noch ausstehende Kapitaleinlagen (§ 272 Abs. 1 Satz 3 HGB) » Einzahlungsverpflichtung persönlich haftender KGaA-Gesellschafter (§ 286 Abs. 2 Satz 3 AktG) » Eingeforderte Nachschüsse (§ 42 GmbHG) » Unter § 89 AktG fallende Kredite der KGaA an persönlich haftende Gesellschafter, deren Ehegatten oder Lebenspartner oder minderjährigen Kindern oder Dritten, die für Rechnung dieser Personen handeln, gewährt hat (§ 286 Abs. 2 Satz 4 AktG)
Anhang
» Forderungsbetrag mit einer Restlaufzeit von mehr als einem Jahr bei jedem gesondert ausgewiesenen Posten (§ 268 Abs. 4 Satz 1 HGB), ggf. Restlaufzeitenspiegel » Sonstige Vermögensgegenstände: Erläuterung der Beträge, die erst nach dem Abschlussstichtag rechtlich entstehen, sofern sie einen größeren Umfang haben (§ 268 Abs. 4 Satz 2 HGB) » Forderungen gegenüber GmbH-Gesellschaftern (§ 42 Abs. 3 GmbHG)

Abb. 74: *Forderungen und sonstige Vermögensgegenstände – Ausweis*

Anhangangaben zu Forderungen beziehen sich auf die Restlaufzeiten (Restlaufzeitenspiegel, §268 Abs. 4 Satz 1 HGB). Zum Bilanzposten Sonstige Vermögensgegenstände sind Erläuterungen der Beträge angezeigt, die erst nach dem Abschlussstichtag rechtlich entstehen, sofern sie einen größeren Umfang haben (§268 Abs. 4 Satz 2 HGB). §42 Abs. 3 GmbHG verlangt die Angabe der Forderungen der GmbH gegenüber den GmbH-Gesellschaftern im Anhang, sofern diese nicht der Bilanz zu entnehmen sind.

7.1.6 Wertpapiere des Umlaufvermögens

Wertpapiere des Umlaufvermögens sind verbriefte Eigen- oder Fremdkapitalpositionen, mit denen – im Gegensatz zu den Wertpapieren des Anlagevermögens – weder eine langfristige Haltedauer noch die Realisierung strategischer Ziele verfolgt wird.

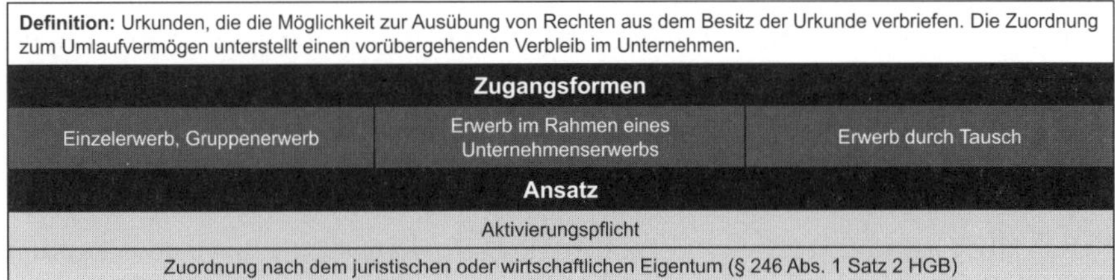

Abb. 75: *Wertpapiere des Umlaufvermögens – Ansatz*

Sie können einzeln oder in Gruppen erworben werden, im Rahmen eines Unternehmenserwerbs oder durch Tausch zugehen. Die Aktivierungspflicht knüpft an das juristische oder wirtschaftliche Eigentum an.

Für Wertpapiere des Umlaufvermögens sind die Bilanzposten

- Anteile an verbundenen Unternehmen und
- sonstige Wertpapiere

vorgesehen. Auch bei „Namensgleichheit" mit dem ersten Posten im Rahmen der Finanzanlagen ist hier nur der Teil des Eigenkapitalengagements in das verbundene Unternehmen auszuweisen, das dem kurzfristigen Parken liquider Mittel und nicht der Aufrechterhaltung des Control-Verhältnisses dient.

Die **Erstbewertung** erfolgt je nach Zugangsform zu den Anschaffungskosten bzw. zum beizulegenden Zeitwert. Anschaffungsnebenkosten sind ebenfalls zu aktivieren. Agien oder Disagien sind entweder erfolgswirksam zu behandeln oder abzugrenzen und über die Laufzeit des Wertpapiers zu verteilen.

Erstbewertung		
Einzelerwerb, Gruppenerwerb	Erwerb im Rahmen eines Unternehmenserwerbs	Erwerb durch Tausch
Anschaffungskosten (§ 255 Abs. 1 HGB)	Beizulegender Zeitwert (§ 255 Abs. 4 HGB)	Beizulegender Zeitwert des erworbenen Vermögensgegenstandes
		Wenn nicht zuverlässig ermittelbar: beizulegender Zeitwert des hingegebenen Vermögensgegenstandes unter Berücksichtigung von Aufzahlungen Wenn nicht zuverlässig ermittelbar: Buchwert des hingegebenen Vermögensgegenstandes unter Berücksichtigung von Aufzahlungen
Sonderfragen: Anschaffungsnebenkosten Agio, Disagio		

Abb. 76: *Wertpapiere des Umlaufvermögens – Erstbewertung*

Für die **Folgebewertung** von Wertpapieren des Umlaufvermögens gilt – wie für alle Vermögensgegenstände des Umlaufvermögens – das strenge Niederstwertprinzip. Dies bedeutet eine Pflicht zu außerplanmäßigen Abschreibungen im Falle von Wertminderungen auf den niedrigeren Markt- oder Börsenpreis bzw. beizulegenden Wert. Eine Fair Value-Bewertung ist – auch bei Handelsabsicht – nicht zulässig. Eine Ausnahme bilden Handelsbestände bei Finanzdienstleistern nach § 340e Abs. 3 HGB.

Fallen die Gründe für die außerplanmäßige Abschreibung in nachfolgenden Jahren weg, ist eine **Wertaufholung** bis höchstens zu den Anschaffungskosten verpflichtend vorgeschrieben (§ 253 Abs. 5 Satz 1 HGB).

Folgebewertung
Strenges Niederstwertprinzip Pflicht zur außerplanmäßigen Abschreibung » auf den niederen, aus einem Börsen- oder Marktpreis abgeleiteten Wert (§ 253 Abs. 4 Satz 1 HGB) bzw. » auf den niederen beizulegenden Wert (§ 253 Abs. 4 Satz 2 HGB)
Wertaufholung
Wertaufholungspflicht nach § 253 Abs. 5 Satz 1 HGB, Obergrenze Anschaffungskosten
Ausweis § 266 Abs. 2 B III HGB
» Anteile an verbundenen Unternehmen (Die Zuordnung zum Umlaufvermögen unterstellt einen vorübergehenden Verbleib im Unternehmen) » Sonstige Wertpapiere » Sonderposten: Anteile an einem herrschenden oder mit Mehrheit beteiligten Unternehmen – Bildung einer betragsgleichen ausschüttungsgesperrten Rücklage nach § 272 Abs. 4 HGB

Abb. 77: *Wertpapiere des Umlaufvermögens – Folgebewertung*

Der **Ausweis** von Forderungen hat den Vorschriften des § 266 Abs. 2 B III HGB in den dort vorgesehenen Kategorien zu folgen.

Über dieses Gliederungsschema hinaus kann der Ausweis des Sonderpostens „Anteile an einem herrschenden oder mit Mehrheit beteiligten Unternehmen" erforderlich sein. Werden solche Rückbeteiligungen gehalten, so ist in gleicher Höhe eine ausschüttungsgesperrte „Rücklage für Anteile an einem herrschenden oder mit Mehrheit beteiligten Unternehmen" zu bilden (§ 272 Abs. 4 HGB).

7.1.7 Sonderthema Derivate

Ein **Derivat** ist nach IDW RS BFA 2 Tz.6 ein Finanzinstrument als Vertragsverhältnis mit drei Merkmalen:

- sein (beizulegender Zeit-)Wert hängt von einem Basisinstrument (Underlying) ab,
- es sind bei Abschluss des Geschäfts keine oder keine nennenswerten Ausgaben angefallen und
- das Geschäft wird in der Zukunft erfüllt, zunächst ist es als schwebendes Geschäft anzusehen und zu behandeln.

Man unterscheidet z.B. Termingeschäfte, Optionen und Swaps.

Derivate können aus Spekulations- bzw. Arbitragemotiven oder zu Hedgingzwecken gehalten werden. Die Vorschriften zum Hedge Accounting werden ab S. 127 erläutert.

Derivate werden im Gegensatz zur Handhabung in der internationalen Rechnungslegung im HGB als schwebende Geschäfte behandelt. Sie werden deshalb grundsätzlich bilanziell nicht erfasst, es sei denn, es haben Erfüllungshandlungen stattgefunden (Lieferungen, Leistungen, Zahlungen) oder es droht ein Verlust.

In diesem Fall ist eine Drohverlustrückstellung zu bilden, die steuerlich nicht gestattet ist. Somit sind Derivate in der Handelsbilanz regelmäßig bilanziell nicht erfasst, Ausnahmen sind Rechnungsabgrenzungsposten für abgegrenzte Derivategebühren oder Rückstellungen für drohende Verluste. Da allerdings aus Derivaten aufgrund der ihnen innewohnenden Hebelwirkung Chancen und Risiken erwachsen können, sind Anhangangaben nach §285 Abs. 19 HGB erforderlich für jede Kategorie von nicht zum beizulegenden Zeitwert bilanzierten Derivaten hinsichtlich:

- deren Art und Umfang,
- deren nach §255 Abs. 4 HGB verlässlich ermittelten beizulegenden Zeitwert unter Angabe der angewandten Bewertungsmethode,

Definition: Derivate sind Finanzinstrumente, deren Wert von einem Basisinstrument abhängt, die keine oder keine nennenswerte Anfangsausgabe erfordern und die in der Zukunft erfüllt werden.
Ansatz
Derivate gelten als schwebende Geschäfte, Ansatz nur, wenn Erfüllungshandlungen stattgefunden haben oder ein Verlust droht (Bildung einer Drohverlustrückstellung)
Sondervorschriften
Wenn Derivate Bestandteil einer Bewertungseinheit (Hedge-Bezeichnung) nach § 254 HGB sind
Ausweis
Rechnungsabgrenzungsposten für eine abgegrenzte Derivategebühr (z.B. Optionsprämie) Drohverlustrückstellung
Anhang
Angabe für jede Kategorie von nicht zum beizulegenden Zeitwert bilanzierten Derivaten über » deren Art und Umfang » deren nach § 255 Abs. 4 HGB verlässlich ermittelter beizulegender Zeitwert unter Angabe der angewandten Bewertungsmethode » deren Buchwert und der Bilanzposten, in welchem der Buchwert, soweit vorhanden, erfasst ist » die Gründe, warum der beizulegende Zeitwert nicht bestimmt werden kann

Abb. 78: *Sonderthema Derivate*

- deren Buchwert und der Bilanzposten, in welchem der Buchwert, soweit vorhanden, erfasst ist und ggf.
- die Gründe, warum der beizulegende Zeitwert nicht bestimmt werden kann.

7.1.8 Rechnungsabgrenzungsposten nach §250 HGB

Rechnungsabgrenzungsposten sind Ausdruck vorschüssiger Zahlungen, deren Erfolgswirksamkeit ganz oder teilweise einen bestimmten Zeitraum in nachfolgenden Geschäftsjahren betrifft.

Sie sind sowohl auf der Aktiv- als auch auf der Passivseite denkbar und sind auch jeweils in gesonderten Posten auf der ersten Gliederungsebene auszuweisen. Sondervorschriften bestehen für die wahlweise zu aktivierenden Disagiobeträge von aufgenommenen Darlehen (§250 Abs. 3 HGB). Für sie besteht auch die Pflicht des gesonderten Ausweises oder der Angabe im Anhang (§268 Abs. 6 HGB).

Definition: Bilanzposten, die vorschüssige Zahlungen repräsentieren, welche sachlich einem bestimmten Zeitraum nach dem Bilanzstichtag zuzuordnen sind.	
Aktive Rechnungsabgrenzungsposten	**Passive Rechnungsabgrenzungsposten**
Ausgaben vor dem Bilanzstichtag, soweit sie Aufwand für eine bestimmte Zeit nach diesem Tag darstellen (§ 250 Abs. 1 HGB)	Einnahmen vor dem Bilanzstichtag, soweit sie Ertrag für eine bestimmte Zeit nach diesem Tag darstellen (§ 250 Abs. 2 HGB)
Disagio bei aufgenommenen Verbindlichkeiten (§ 250 Abs. 3 HGB)	
Wahlrecht zur Aktivierung und Verteilung über die Darlehenslaufzeit Alternativ: Sofortaufwand	
Ansatz	
Ansatzpflicht	
Bewertung	
Zeitanteilige Abgrenzung des (Teils der) Einnahme bzw. Ausgabe, der nicht dem abzuschließenden Geschäftsjahr zuzuordnen ist	
Ausweis	
Rechnungsabgrenzungsposten als gesonderter Bilanzposten der ersten Gliederungsebene auf der Aktivseite der Bilanz (§ 266 Abs. 2 C HGB)	
Anhang	
Aktivierte Disagio-Beträge: gesonderter Ausweis in der Bilanz oder Angabe im Anhang (§ 268 Abs. 6 HGB)	

Abb. 79: *Rechnungsabgrenzungsposten (§250 HGB)*

7.1.9 Aktive latente Steuern nach §274 HGB und DRS 18

Aktive latente Steuern entstehen durch temporäre oder quasi-permanente Bilanzstandsdifferenzen zwischen handelsrechtlichen Wertansätzen von Vermögensgegenständen, Schulden und Rechnungsabgrenzungsposten und ihren steuerlichen Wertansätzen, die zu einer künftigen steuerlichen Entlastung führen werden, sowie steuerlichen Verlustvorträge, deren Verrechnung innerhalb der nächsten fünf Jahre erwartet werden kann, multipliziert mit dem unternehmensindividuellen Steuersatz im Zeitpunkt des Abbaus der Differenzen bzw. Verrechnung der Verlustvorträge, sofern dieser hinreichend sicher ist.

Definition: Ausdruck künftiger steuerlicher Entlastungen aufgrund von » temporären oder quasi-permanenten Bilanzierungsdifferenzen zwischen handelsrechtlichen Wertansätzen von Vermögensgegenständen, Schulden und Rechnungsabgrenzungsposten und ihren steuerlichen Wertansätzen oder » steuerlichen Verlustvorträgen, deren Verrechnung innerhalb der nächsten fünf Jahre erwartet werden kann
Ansatz
» Ansatzwahlrecht für den aktiven Latenzübergang » Auflösung, sobald die Steuerentlastung eintritt oder mit ihr nicht mehr zu rechnen ist **Bewertung:** Temporäre oder quasi-permanente Bilanzstandsdifferenzen zwischen handelsrechtlichen Wertansätzen von Vermögensgegenständen, Schulden und Rechnungsabgrenzungsposten und ihren steuerlichen Wertansätzen, die zu einer künftigen steuerlichen Entlastung führen werden, und steuerliche Verlustvorträge, deren Verrechnung innerhalb der nächsten fünf Jahre erwartet werden kann, multipliziert mit dem unternehmensindividuellen Steuersatz im Zeitpunkt des Abbaus der Differenzen bzw. Verrechnung der Verlustvorträge, sofern dieser hinreichend sicher ist. Abzinsungsverbot, Bewertung zum Nennwert, nicht zum Barwert
Ausweis
Ausweis aktiver latenter Steuern saldiert oder unsaldiert mit passiven latenten Steuern (§ 274 Abs. 1 Satz 3 HGB) in einem gesonderten Posten auf der 1. Gliederungsebene der Bilanz (§ 266 Abs. 2 D HGB).

Abb. 80: *Aktive latente Steuern (§274 HGB, DRS 18) – Ansatz und Ausweis*

Aktive latente Steuern sind mithilfe eines Differenzenspiegels als Gesamtdifferenzenbetrachtung zu ermitteln. Mit dem bilanzorientierten Konzept latenter Steuern nähert sich die Regelung des §274 HGB an IAS 12 an. Allerdings gibt es bedeutende Unterschiede im Ausweis. So bestehen ein nicht weiter eingeschränktes Saldierungswahlrecht sowie ein Ausweiswahlrecht für den aktiven Latenzüberhang nach Saldierung mit den passiven latenten Steuern (§274 Abs. 1 Sätze 2 und 3 HGB). Anhangangaben neutralisieren die mit der Saldierung und dem Verzicht auf den Ausweis eines aktiven Latenzüberhangs verbundene Informationseinbuße (§285 Nr. 29 HGB), sodass diese Wahlrechte faktisch nicht als Erleichterungen für die Ermittlung und Berechnung der Steuerlatenzen interpretiert werden können.

Im **Anhang** sind anzugeben, auf welchen Differenzen oder steuerlichen Verlustvorträgen die latenten Steuern beruhen und mit welchen Steuersätzen die Bewertung erfolgt ist (§285 Nr. 29 HGB, die Anhangangabe nach §285 Nr. 30 HGB bezieht sich auf passivierte latente Steuerschulden).

Diese Angabe nach §285 Nr. 29 HGB ist unabhängig davon vorzunehmen, ob in der Bilanz latente Steuern ausgewiesen werden oder nicht. Nach DRS 18.64 sind sowohl die latenten Steuern, die im Rahmen der Saldierung verrechnet wurden als auch die in Ausübung des Aktivierungswahlrechts (Aktivüberhang) nicht angesetzten latenten Steuern im Anhang zu erläutern.

Anhangangaben
» auf welchen Differenzen oder steuerlichen Verlustvorträgen die latenten Steuern beruhen » mit welchen Steuersätzen die Bewertung erfolgt ist (§ 285 Nr. 29 HGB, die Anhangangabe nach § 285 Nr. 30 HGB bezieht sich auf passivierte latente Steuerschulden).
Sonderthema kleine Kapitalgesellschaften
Entlastung kleiner Kapitalgesellschaften von der Anwendung der Vorschriften zu latenten Steuern (§ 274a Nr. 5 HGB) *Aber:* Pflicht zur Passivierung latenter Steuerabgrenzungen als Verpflichtungsrückstellung gemäß § 249 Abs. 1 HGB. Saldierung mit aktiven Steuerlatenzen zulässig. Wenn § 274a Nr. 5 HGB in Anspruch genommen wird, ist der Ausweis eines aktiven Latenzüberhangs für kleine Kapitalgesellschaften ausgeschlossen.

Abb. 81: *Aktive latente Steuern (§274 HGB, DRS 18) – Anhang und Sonderthema*

Lediglich die dem Ansatzverbot unterliegenden latenten Steuern bedürfen nach DRS 18.64 keiner Erläuterung.

Bezüglich des Umfangs der Erläuterungen führt DRS 18.65 aus, dass qualitative Angaben zu den bestehenden Differenzen und Verlustvorträgen regelmäßig ausreichend sind. Eine betragsmäßige Erläuterung nach einzelnen Bilanzposten und die auf sie zurückzuführenden Differenzen sowie auf spezifische Verlustvorträge muss nicht erfolgen. DRS 18.67 verlangt eine Überleitungsrechnung vom auf Basis des handelsrechtlichen Ergebnisses erwarteten Steueraufwand zum in der GuV-Rechnung tatsächlich ausgewiesenen Steueraufwand. Diese Anforderung geht über die gesetzlichen Vorschriften hinaus. Daher verweist das HFA des IDW darauf, dass das Fehlen einer solchen Überleitungsrechnung zwar im Prüfungsbericht zu vermerken ist, eine Einschränkung des Testats aber nicht rechtfertigt (IDW PS 450 Ziff. 134 i.V.m. IDW PS 201 Ziff. 12).

7.1.10 Aktiver Unterschiedsbetrag aus der Vermögensverrechnung nach § 246 Abs. 2 Satz 3 HGB

§ 246 Abs. 2 Satz 2 HGB schreibt vor, Vermögensgegenstände, die dem Zugriff aller übrigen Gläubiger entzogen sind und ausschließlich der Erfüllung von Schulden aus Altersversorgungsverpflichtungen oder vergleichbaren langfristig fälligen Verpflichtungen dienen, mit diesen Schulden zu verrechnen.

Gründe sind juristischer und betriebswirtschaftlicher Natur:

- wenn das Unternehmen auf dieses Vermögen keinen Zugriff hat, ist es ihm wirtschaftlich nicht zuzurechnen und deshalb nicht zu bilanzieren und wenn das Pensionsvermögen ausschließlich zur Erfüllung von Altersversorgungsverpflichtungen oder vergleichbaren langfristig fälligen Verpflichtungen dienen soll, bestehen in dieser Höhe auch keine Verpflichtungen und daher sind auch diese aus der Bilanz zu entfernen;

Definition: Aktiver Überhang nach der Saldierung von Pensionsverpflichtungen oder vergleichbaren langfristig fälligen Verpflichtungen und Pensionsvermögen nach § 246 Abs. 2 Satz 2 HGB		
Aktivseite		**Passivseite**
	Komponenten	
Vermögensgegenstände, die dem Zugriff aller übrigen Gläubiger entzogen sind und ausschließlich der Erfüllung von Schulden aus Altersversorgungspflichten oder vergleichbaren langfristig fälligen Verpflichtungen dienen	Verrechnungspflicht nach § 246 Abs. 2 Satz 2 HGB	Schulden aus Altersversorgungsverpflichtungen oder vergleichbaren langfristig fälligen Verpflichtungen
	Beispiele	
Zugunsten der Abreitnehmer verpfändete Rückdeckungsversicherungen Vermögen von Unterstützungsklassen, Pensionsfonds, Pensionsklassen, wenn bestimmte Kriterien erfüllt sind (Insolvenzsicherheit) Contractual Trust Arrangements (CTA-Modelle)		Pensionsverpflichtungen Altersteilzeitverpflichtungen

Abb. 82: *Aktiver Unterschiedsbetrag aus der Vermögensverrechnung (§ 246 Abs. 2 Satz 3 HGB)*

- wenn das Unternehmen das Pensionsvermögen so anlegt, dass es dem Zugriff aller übrigen Gläubiger entzogen ist und ausschließlich der Erfüllung von Schulden aus Altersversorgungsverpflichtungen oder vergleichbaren langfristig fälligen Verpflichtungen dienen soll, dann soll dies mit einem „Anreiz“ verbunden werden, der darin besteht, dass durch das „Wegsaldieren“ die Bilanzsumme kürzer und die Eigenkapitalquote höher wird.

Daher ist juristisch zu prüfen, ob die Voraussetzungen für eine Saldierung gegeben sind.

Typische Formen von saldierungsfähigem Pensionsvermögen sind

- zugunsten der Mitarbeiter verpfändete Rückdeckungsversicherungen,
- Vermögen von Unterstützungskassen, Pensionsfonds oder Pensionskassen, wenn bestimmte Kriterien erfüllt sind, oder
- Contractual Trust Arrangements (CTA-Modelle), wenn die Insolvenzsicherheit gesondert geprüft und festgestellt ist.

Die **Bewertung der Pensionsverpflichtung** erfolgt nach dem Anwartschaftsdeckungsverfahren (analog §6a EStG) oder dem Anwartschaftsbarwertverfahren (Projected Unit Credit Method, analog IAS 19). Die Bewertung des Pensionsvermögens erfolgt zum beizulegenden Zeitwert (§253 Abs. 1 Satz 4 HGB) unter Außerkraftsetzung der Anschaffungskostenrestriktion. Daraus ergeben sich drei Problemfelder:

- Übersteigt der beizulegende Zeitwert die Anschaffungskosten, dann handelt es sich bei der im HGB-Rechnungswesen nachvollzogenen Wertsteigerung um einen unrealisierten Gewinn. Da das gesamte Pensionsvermögen ausschließlich der Erfüllung von Schulden aus Altersversorgungsverpflichtungen oder vergleichbaren langfristig fälligen Verpflichtungen dienen soll, unterliegt dieser unrealisierte Gewinn einer Ausschüttungssperre (§268 Abs. 8 HGB), über die nach §285 Nr. 28 HGB im Anhang zu berichten ist).
- Da in der Steuerbilanz die Anschaffungskosten für die Bewertung des Pensionsvermögens die Obergrenze bilden, führt eine über die Anschaffungskosten hinausgehende Wertsteigerung zu einer Bilanzstandsdifferenz zwischen Handels- und Steuerbilanz mit der Folge, passive latente Steuern ansetzen zu müssen. Diese sind auch bei der Quantifizierung der Ausschüttungssperre nach §268 Abs. 8 HGB zu berücksichtigen.
- Da die Wertentwicklung des Pensionsvermögens unabhängig von der Entwicklung der Pensionsverpflichtung verläuft, kann es dazu kommen, dass der beizulegende Zeitwert des Pensionsvermögens den Erfüllungsbetrag der Pensionsrückstellung übersteigt. Diese Tatsache steht der Saldierung nicht im Wege. Das dadurch entstehende Nettoaktivum ist unter einem gesonderten Posten auf der 1. Gliederungsebene der Bilanz unter der Bezeichnung „Aktiver Unterschiedsbetrag aus der Vermögensverrechnung“ §§246 Abs. 2 Satz 3, 266 Abs. 2 E HGB auszuweisen.

Im Zusammenhang mit ggf. verrechneten Pensionsverpflichtungen und Pensionsvermögen sind folgende Anhangangaben vorgeschrieben (§285 Ziff. 24 und 25 HGB):

- das angewandte versicherungsmathematische Berechnungsverfahren,
- die grundlegenden Annahmen der Berechnung, wie Zinssatz, die erwarteten Lohn- und Gehaltssteigerungen und die zugrunde gelegten Sterbetafeln,

Aktivseite	Passivseite
Bewertung	
Beizulegender Zeitwert nach § 255 Abs. 4 HGB (253 Abs. 1 Satz 4 HGB)	Anwartschaftsdeckungsverfahren (Teilwertverfahren) Anwartschaftsbarwertverfahren (Projected Unit Credit Method)
Ausweis	
Aktiver Unterschiedsbetrag aus der Vermögensverrechnung (§ 266 Abs. 2 E HGB)	Rückstellungen für Pensionen oder ähnliche Verpflichtungen (§ 266 Abs. 3 B1 HGB)
Anhang	
» Anschaffungskosten und beizulegender Zeitwert der verrechneten Vermögensgegenstände » Erfüllungsbetrag der verrechneten Schulden » Verrechnete Aufwendungen und Erträge » Grundlegende Annahmen, die der Bestimmung des beizulegenden Zeitwertes mithilfe allgemein anerkannter Bewertungsmethoden zugrunde gelegt wurden (§ 285 Nr. 25 HGB)	

Abb. 83: *Aktiver Unterschiedsbetrag aus der Vermögensverrechnung (§246 Abs. 2 Satz 3 HGB)*

- die Anschaffungskosten und der beizulegende Zeitwert der verrechneten Vermögensgegenstände, der Erfüllungsbetrag der verrechneten Schulden sowie die verrechneten Aufwendungen und Erträge, sowie
- die grundlegenden Annahmen, die der Bestimmung des beizulegenden Zeitwertes mithilfe allgemein anerkannter Bewertungsmethoden zugrunde gelegt wurden.

Die Auslagerung von Pensionsverpflichtungen auf einen Fonds, der die Voraussetzungen für die Qualifikation als Pensionsvermögen aufweist, hat für das bilanzierende Unternehmen folgende Vorteile:

- die Aufrechnung von Pensionsrückstellungen und Pensionsvermögen verkürzt die Bilanzsumme und erhöht die ausgewiesene Eigenkapitalquote,
- die Wertsteigerungen des Pensionsvermögens, welche aufgrund der Bewertungspflicht des Pensionsvermögens mit dem beizulegenden Zeitwert als Erträge ausgewiesen werden (§§253 Abs. 1 Satz 4, 246 Abs. 2 Satz 2 HGB), reduzieren den Aufwand aus der Neubewertung der Pensionsrückstellungen, einerseits durch die Aufzinsung von Jahr zu Jahr, andererseits durch die Anwendung von in den letzten Jahren ständig sinkenden Abzinsungssätzen nach §253 Abs. 2 HGB.

Bilanzanalytisch sagt der aktive Unterschiedsbetrag aus der Vermögensverrechnung, dass für die Finanzierung der Pensionsverpflichtungen außerhalb des Unternehmens mehr Mittel zur Verfügung stehen als dem Verpflichtungsumfang entspricht. Da Unternehmen regelmäßig nicht mehr Mittel auf den Pensionsfonds übertragen als sie Verpflichtungen den Arbeitnehmern gegenüber haben, resultiert ein aktiver Unterschiedsbetrag regelmäßig daraus, dass der Zinsertrag aus dem Pensionsvermögen höher ist als der (Aufzinsungs-) Aufwand aus den Pensionsverpflichtungen.

7.1.11 Nicht durch Eigenkapital gedeckter Fehlbetrag

Ein nicht durch Eigenkapital gedeckter Fehlbetrag kann entstehen, wenn die Summe aus Einlagen und Gewinnen geringer ist als die Summe aus Entnahmen und Verlusten.

Voraussetzungen
Eigenkapital durch Verluste aufgebraucht Überschuss der Passivposten über die Aktivposten
Gesonderter Ausweis am Schluss der Bilanz auf der Aktivseite
Bezeichnung: Nicht durch Eigenkapital gedeckter Fehlbetrag

Abb. 84: *Nicht durch Eigenkapital gedeckter Fehlbetrag (§ 268 Abs. 3 HGB)*

Dies führt nicht zwingend zu dem Insolvenztatbestand der Überschuldung, da zur Bestimmung der insolvenzrechtlichen Überschuldung eine Fortbestandsprognose zu erstellen und in Abhängigkeit von deren Ergebnis von Fortführungswerten abzuweichen und auf Zeitwerte (Einzelveräußerungswerte) überzugehen wäre. Bei Nicht-Kapitalgesellschaften (& Co.) ist eine Überschuldung ohnehin nur unter Einbeziehung des Privatvermögens der Komplementäre festzustellen.

7.1.12 Nicht durch Vermögenseinlagen gedeckter Verlustanteil persönlich haftender Gesellschafter bzw. Kommanditisten

Der auf der Aktivseite auszuweisende Sonderposten „Nicht durch Vermögenseinlagen gedeckter Verlustanteil persönlich haftender Gesellschafter (bzw. Kommanditisten)" entsteht, wenn der auf den Kapitalanteil eines persönlich haftenden Gesellschafters (oder Kommanditisten) einer Kapitalgesellschaft & Co. entfallende Verlust dessen Kapitalanteil übersteigt und diesbezüglich keine Einzahlungsverpflichtung des Gesellschafters besteht.

Würde eine Einzahlungsverpflichtung bestehen, wäre diese unter den Forderungen und Sonstigen Vermögensgegenständen auszuweisen.

Voraussetzungen	
Verlust übersteigt den Kapitalanteil persönlich haftender Gesellschafter oder Kommanditisten	
Der auf den Kapitalanteil eines Komplementärs oder Kommanditisten entfallende Verlust übersteigt dessen Kapitalanteil	Es besteht keine Einzahlungsverpflichtung der Komplementäre oder Kommanditisten
Gesonderter Ausweis am Schluss der Bilanz auf der Aktivseite	Bezeichnung: Nicht durch Vermögenseinlagen gedeckter Verlustanteil persönlich haftender Gesellschafter bzw. Kommanditisten (§ 264c Abs. 2 HGB)

Abb. 85: *Nicht durch Vermögenseinlagen gedeckter Verlustanteil persönlich haftender Gesellschafter bzw. Kommanditisten (§ 264c Abs. 2 HGB)*

Der auf der Aktivseite auszuweisende Sonderposten „Nicht durch Vermögenseinlagen gedeckter Verlustanteil persönlich haftender Gesellschafter einer KGaA" entsteht, wenn der auf den Kapitalanteil eines persönlich haftenden

Gesellschafters einer KGaA entfallende Verlust dessen Kapitalanteil übersteigt und diesbezüglich keine Einzahlungsverpflichtung des Gesellschafters besteht. Würde eine Einzahlungsverpflichtung bestehen, wäre diese unter den Forderungen und Sonstigen Vermögensgegenständen auszuweisen.

Voraussetzungen	
Verlust übersteigt den Kapitalanteil persönlich haftender Gesellschafter einer KGaA	
Zahlungsverpflichtung der KGaA-Komplementäre Gesonderter Ausweis unter den Forderungen	Keine Zahlungsverpflichtung der KGaA-Komplementäre Gesonderter Ausweis am Schluss der Bilanz auf der Aktivseite
Bezeichnung: Einzahlungsverpflichtungen persönlich haftender Gesellschafter	Bezeichnung: Nicht durch Vermögenseinlagen gedeckter Verlustanteil persönlich haftender Gesellschafter (Analog § 268 Abs. 3 HGB)

Abb. 86: *Nicht durch Vermögenseinlagen gedeckter Verlustanteil persönlich haftender Gesellschafter einer KGaA (§ 286 Abs. 2 Satz 3 AktG)*

7.2 Die Passiva

7.2.1 Eigenkapital

Eigenkapital ist grundsätzlich der erste Block von Bilanzposten auf der Passivseite der Bilanz. Er repräsentiert den buchmäßigen Saldo der Aktiva über die Schulden.

Wegen seiner Langfristigkeit und der vorrangigen Haftung des Eigenkapitals hat die Eigenkapitalquote eine besondere Bedeutung als rating-relevante Kennzahl. Das Eigenkapital ist in verschiedene Einzelposten aufgeteilt; diese hängen von der Rechtsform ab. Man unterscheidet:

- Außen- und innenfinanzierte Eigenkapitalposten
  - Außenfinanzierte Eigenkapitalposten werden im Rahmen der Gründung oder einer Kapitalerhöhung von außen durch die Gesellschafter eingebracht.
  - Innenfinanzierte Eigenkapitalposten entstehen durch Gewinnerzielung und Gewinneinbehaltung. Sie entstehen durch Übertrag des gesamten oder teilweisen Jahresüberschusses an das Eigenkapital und durch eine

Definition: Eigenkapital als vorrangig haftender, einen substanziellen Anspruch begründenden, regelmäßig unbefristeter, mit Mitsprache- und Mitwirkungsrechten versehener Residualanspruch der Gesellschafter als Saldo der Aktiva über die Schulden.	
Unterscheidung Eigenkapital – Fremdkapital (Rückstellungen, Verbindlichkeiten)	
Eigenkapital	**Fremdkapital**
Anspruch der Gesellschafter	Anspruch der Gläubiger
regelmäßig unbefristet	regelmäßig befristet
substanzieller Anspruch	nomineller Anspruch
Residualvergütung	regelmäßig fester Zins oder referenzgrößenabhängige Vergütung
Mitspracherechte	keine Mitspracherechte
vorrangige Haftung	keine Haftung

Abb. 87: *Eigenkapital*

Gewinnverwendungsentscheidung, die auf die Einbehaltung (Thesaurierung) dieser Mittel gerichtet ist.

- Ausschüttungsoffene und ausschüttungsgesperrte Eigenkapitalposten.
  - Ausschüttungsoffene Eigenkapitalposten können im Rahmen von Ausschüttungen/Entnahmen an die Gesellschafter aufgelöst werden; ihnen kommt eine verminderte Bedeutung in gläubigerschutzbezogener Hinsicht zu.
  - Ausschüttungsgesperrte Eigenkapitalposten können nicht im Rahmen von Ausschüttungen/Entnahmen an die Gesellschafter aufgelöst werden; sie stehen ausschließlich für einen Ausgleich von Verlusten zur Verfügung.

Rechtsformspezifische Besonderheiten ergeben sich generell durch die Unterscheidung in

- Vorschriften für alle Kaufleute (lex generalis, §§ 238–263 HGB) und
- ergänzende Vorschriften für Kapitalgesellschaften (lex specialis, §§ 264–335 HGB).

Rechtsformspezifisch geregelt sind

- die Eigenkapitaldarstellung und
- die Gewinnverwendung.

Rechtsformspezifische Gliederung des Eigenkapitals			
Eigenkapital bei Kapitalgesellschaften	Eigenkapital bei Kapitalgesellschaften & Co	Eigenkapital bei Personen-gesellschaften	Eigenkapital bei Einzelunternehmen
» Gezeichnetes Kapital » Kapitalrücklage » Gewinnrücklagen » Gewinnvortrag/Verlustvortrag » Jahresüberschuss/Bilanz-gewinn §§ 266 Abs. 3 A, 268 Abs. 1, 272 HGB	» Komplementär- und Kommanditanteile » Gewinnvortrag/Verlustvortrag » Jahresüberschuss/Bilanz-gewinn §§ 264a, 264c Abs. 2, 266 Abs. 3 A, 268 Abs. 1, 272 HGB	» Komplementär- und Kommanditanteile §§ 120-122, 167-169 HGB	» Kapitalkonto

Abb. 88: *Rechtsformspezifische Gliederung des Eigenkapitals*

Einzelunternehmen

Beim Einzelunternehmen wird ein Eigenkapitalkonto als variables Konto geführt. Dieses wird positiv beeinflusst durch Einlagen und Gewinne, negativ durch Entnahmen und Verluste.

Unterkonten für Privatentnahmen und -einlagen sind möglich. Ein negatives Kapitalkonto ist auf der Aktivseite der Bilanz auszuweisen.

Stille Gesellschaft

Der Jahresabschluss einer stillen Gesellschaft erscheint äußerlich wie der bei Einzelunternehmen. Allerdings unterscheidet man:

Typisch stille Gesellschaft	Atypisch stille Gesellschaft
Stiller Gesellschafter ist kein Mitunternehmer	Stiller Gesellschafter ist Mitunternehmer
Ausweis der stillen Einlage ohne gesonderte Erwähnung im Fremdkapital (Sonstige Verbindlichkeiten)	Ausweis der stillen Einlage unter gesonderter Erwähnung im Eigenkapital (haftungsbeschränktes Eigenkapital) möglich

Abb. 89: *Stille Gesellschaft*

Für die Gewinnverteilung ist eine vertragliche Regelung notwendig, da § 231 Abs. 1 HGB lediglich fordert, sie soll „den Umständen nach angemessen" sein.

Einlagenerbringung	Gewinnverwendung
Voll eingezahlte Einlage	Gewinnanteil ist auszubezahlen
Nicht voll eingezahlte Einlage	Gewinnanteil ist dem Einlagekonto gutzuschreiben, bis die bedungene Einlage erreicht ist
Durch Verluste geminderte Einlage	Gewinnanteil ist dem Einlagekonto gutzuschreiben, zuvor ausbezahlte Gewinnanteile brauchen nicht zurückgezahlt werden

Abb. 90: *Gewinnverteilung bei einer stillen Gesellschaft*

OHG

Bei der OHG obliegt die Jahresabschlussfeststellung als Akt der Geschäftsführung allen Gesellschaftern zusammen. Der Jahresabschluss umfasst das Gesamthandsvermögen der Gesellschaft. Für jeden OHG-Gesellschafter wird ein auf seinen Namen lautendes Kapitalkonto geführt. Bei der OHG hat der Jahresabschluss folgende Funktionen bzgl. Zahlungsbemessung:

- keine Ausschüttungssperrfunktion,
- Quantifizierung der sich nach den Kapitalanteilen bemessenden Gesellschaftsrechten,
- Bestimmung der Höhe des Gesamtgewinns/-verlustes und des auf den einzelnen Gesellschafter entfallenden Ergebnisanteils.

Die vorgeschlagene, aber nicht vorgeschriebene Ergebnisverteilung (§ 121 HGB, dispositives Recht) sieht vor:

- 4 %-ige Vorabverzinsung auf das eingelegte Kapital,
- Restgewinn nach Köpfen,
- Bei Verlust: Verteilung nach Köpfen.

Aber: es sind zusätzliche oder abweichende privatrechtliche Vereinbarungen des Gesellschaftsvertrags möglich.

Zur Berechnung der Kapitalverzinsung bei unterjährigen Entnahmen/Einlagen ist eine Zinsstaffel notwendig.

KG

Bei der KG dienen die Kapitalkonten der einzelnen Gesellschafter der Bemessung der quantifizierbaren Gesellschaftsrechte. Für jeden Gesellschafter wird ein auf seinen Namen lautendes Kapitalkonto geführt. Die Darstellung im Jahresabschluss kann zusammengefasst erfolgen:

- Komplementärkapital,
- Kommanditkapital.

Für Komplementäre gelten die Ausführungen über OHG-Gesellschafter entsprechend. Für jeden Kommanditisten wird ein Konto mit seiner bedungenen Einlage geführt. Wenn die Hafteinlage und die bedungene Einlage voneinander abweichen, erfolgt die Angabe des Haftungsumfangs im Anhang. Bei nur teilweiser Einzahlung der bedungenen Einlage wird ein Korrekturposten „Ausstehende Einlagen – eingefordert" bzw. „Ausstehende Einlagen – nicht eingefordert" eingeführt. In Höhe nicht geleisteter Hafteinlagen besteht eine unmittelbare Haftung des Kommanditisten gegenüber den Gläubigern. Die Haftung ist ausgeschlossen, sofern die Einlage erbracht ist. Kommanditisten haben keine Entnahmeberechtigung. Die Gewinnverteilung erfolgt nach gesetzlichen (§§ 167 Abs. 3, 168, 121 HGB) und vertraglichen Bestimmungen und hat „den Umständen nach angemessen" zu sein. Die sorgfältige Führung der Kapitalkosten in der Handelsbilanz ist insbesondere für die steuerliche Verlustrechnung unabdingbar (§15a EStG).

Sondervorschriften bestehen für Kapitalgesellschaften & Co.

GmbH

Bei der GmbH wird das gezeichnete Kapital „Stammkapital" genannt (Summe der Stammeinlagen § 5 GmbHG). Evtl. Nachschüsse sind als Aktivposten bei den Forderungen als eingeforderte Nachschüsse auszuweisen. Forderungen und Verbindlichkeiten gegenüber Gesellschaftern sind gesondert auszuweisen (§ 42 Abs. 3 GmbHG). Nicht eingezahlte Stammeinlagen sind als ausstehende Einlagen auf das gezeichnete Kapital kenntlich zu machen und offen in einer Vorspalte vom gezeichneten Kapital abzusetzen.

Die Ergebnisverwendung erfolgt folgendermaßen: Die Aufstellung des Entwurfs zum Jahresabschluss ist Aufgabe der Geschäftsführer; die Feststellung des Jahresabschlusses obliegt der Gesellschafterversammlung. Eine abweichende Kompetenzverteilung ist möglich.

Die Jahresabschlussfeststellung ist ohne bzw. bei ganz oder teilweise erfolgter Gewinnverwendung möglich. Die Ausschüttungen erfolgen im Verhältnis der Geschäftsanteile.

AG

Rechte und Pflichten der AG-Organe im Zusammenhang mit der Rechnungslegung sind wie folgt geregelt. Die Aufstellung des Jahresabschlusses und des Lageberichts sowie eines (Bilanz-)Gewinnverwendungsvorschlags erfolgt durch den Vorstand.

Bei prüfungspflichtigen AGs sind diese Unterlagen dem Abschlussprüfer vorzulegen, der zuvor von der Hauptversammlung gewählt und vom Aufsichtsrat bestellt wurde. Er prüft und erstellt den Prüfungsbericht sowie den Bestätigungsvermerk.

Anschließend werden der geprüfte Jahresabschluss, der geprüfte Lagebericht, der geprüfte Gewinnverwendungsvorschlag und der Prüfungsbericht an den Aufsichtsrat weitergeleitet. Dieser prüft die Unterlagen ebenfalls und wenn er sie billigt, so ist der Jahresabschluss festgestellt. Bei der AG ist somit die Hauptversammlung nicht an der Feststellung des Jahresabschlusses beteiligt. Eine Ausnahme liegt vor, wenn der Aufsichtsrat den Jahresabschluss nicht billigt, so ist er der Hauptversammlung zur Feststellung vorzulegen.

Die Eigenkapitaldarstellung bei der AG zeigt folgendes Erscheinungsbild:

- Grundkapital: gezeichnetes Kapital als Summe der Aktiennennbeträge oder rechnerischen Werte. Im Lagebericht hat eine Aufgliederung in Aktiengattungen zu erfolgen, (§§ 152 Abs. 1 Satz 2, 160 Abs. 1 Nr. 3 AktG)
  - Stamm- und Vorzugsaktien,
  - Inhaber- oder Namensaktien,
  - Nennwert- oder Stückaktien.
- Kapitalrücklage: außenfinanziertes Eigenkapital, das den Nennwert übersteigt, insbesondere Agiobeträge aus der Außenfinanzierung (§ 272 Abs. 2 Nr. 1–4 HGB).
- Gewinnrücklage innenfinanziertes Eigenkapital, das entsteht durch Gewinnerzielung und Gewinneinbehaltung:
  - Besonderheit: gesetzliche Rücklage § 150 AktG
    - Bildung: 5 % des um einen Verlustvortrag aus dem Vorjahr geminderten Jahresüberschusses bis diese zusammen mit den Kapitalrücklagen nach § 272 Abs. 2 Nr. 1–3 HGB den zehnten oder den in der Satzung bestimmten höheren Teil des Grundkapitals erreicht.
    - Auflösung: zum Ausgleich eines Verlustvortrages aus dem Vorjahr bzw. eines Jahresfehlbetrags aus dem Abschlussjahr; der die 10 %-ige oder satzungsmäßig bestimmt höhere Grenze übersteigende Betrag kann auch zu einer Kapitalerhöhung aus Gesellschaftsmitteln verwendet werden (§§ 207 ff. AktG).
  - Bildung weiterer Gewinnrücklagen:
    - aufgrund von Satzungsvorschriften (satzungsmäßige Rücklagen, z.B. Erweiterungsrücklagen) § 266 Abs. 3 A III 3 HGB,
    - durch den Vorstand und Aufsichtsrat:
      - bis zur Hälfte oder des in der Satzung zugelassenen höheren Teils des Jahresüberschusses (§ 58 Abs. 2 AktG),
      - unabhängig davon kann der Eigenkapitalanteil von Wertaufholungen in andere Gewinnrücklagen eingestellt werden (§ 58 Abs. 2a AktG),
    - durch die Hauptversammlung:
      - Sie kann weiterhin Teile des Bilanzgewinns in andere Gewinnrücklagen einstellen (§ 58 Abs. 3 AktG). Grenze: Anfechtungsrecht nach § 254 Abs. 1 AktG.

  - Im Unterschied zu den Gewinnrücklagen bleibt der Gewinnvortrag in der Entscheidungskompetenz der Hauptversammlung, da er im Folgejahr erneut Bestandteil des Bilanzgewinns sein wird.

Angabepflichten zu Kapitalrücklagen (§ 152 Abs. 2 AktG):

- Betrag, der während des Geschäftsjahres eingestellt wurde,
- Betrag, der für das Geschäftsjahr entnommen wurde,
- Angabepflichten zu Gewinnrücklagen (§ 152 Abs. 3 AktG):
  - Beträge, die aus dem Jahresüberschuss des Geschäftsjahres eingestellt wurden,
  - Beträge, die für das Geschäftsjahr entnommen wurden,
  - Beträge, die die Hauptversammlung aus dem Bilanzgewinn des Vorjahres eingestellt hat.

Genossenschaften

Genossenschaften haben, da sie keine Kapitalgesellschaften sind, Sondervorschriften zur Eigenkapitaldarstellung zu beachten (§ 337 HGB).

An Stelle des gezeichneten Kapitals ist der Betrag der Geschäftsguthaben der Mitglieder auszuweisen. Der Betrag der Geschäftsguthaben, der mit Ablauf des Geschäftsjahrs ausgeschiedenen Mitglieder ist gesondert anzugeben. Rückständige fällige Einzahlungen auf Geschäftsanteile sind als Korrekturposten zu den Geschäftsguthaben auf der Aktivseite unter der Bezeichnung „Rückständige fällige Einzahlungen auf Geschäftsanteile“ darzustellen. Sie können auch offen von den Geschäftsguthaben in der Vorspalte auf der Passivseite abgesetzt werden. Die Bewertung erfolgt jeweils zum Nennwert. Ein satzungsmäßig bestimmtes Mindestkapital ist gesondert anzugeben.

Gewinnrücklagen heißen bei Genossenschaften Ergebnisrücklagen. Sie sind mindestens zu gliedern in:

- gesetzliche Rücklagen,
- andere Ergebnisrücklagen, wobei die Ergebnisrücklage (§ 73 Abs. 3 GenG) und die Beträge, die aus dieser Ergebnisrücklage an ausgeschiedene Mitglieder auszuzahlen sind, gesondert vermerkt werden müssen.

Gesondert anzugeben sind

- die Beträge, die die Generalversammlung aus dem Bilanzgewinn des Vorjahres eingestellt hat,
- die Beträge, die aus dem Jahresüberschuss des Geschäftsjahres eingestellt werden,
- die Beträge, die für das Geschäftsjahr aufgelöst wurden (§ 337 Abs. 2 HGB).

7.2.2 Eigenkapitalposten

Gezeichnetes Kapital

Das gezeichnete Kapital ist die Summe der Nennwerte bzw. rechnerischen Werte der Anteile. Es entsteht regelmäßig durch Außenfinanzierung bei Gründung und Kapitalerhöhungen, ausnahmsweise durch Innenfinanzierung im Rahmen von Kapitalerhöhungen aus Gesellschaftsmitteln (§§ 207–221 AktG).

Das Eigenkapital unterliegt bei allen Kapitalgesellschaften und Genossenschaften als Mindesthaftungspotenzial, auf das die Haftung der Gesellschafter für die Verbindlichkeiten der Kapitalgesellschaft gegenüber den Gläubigern beschränkt ist, einer Ausschüttungssperre.

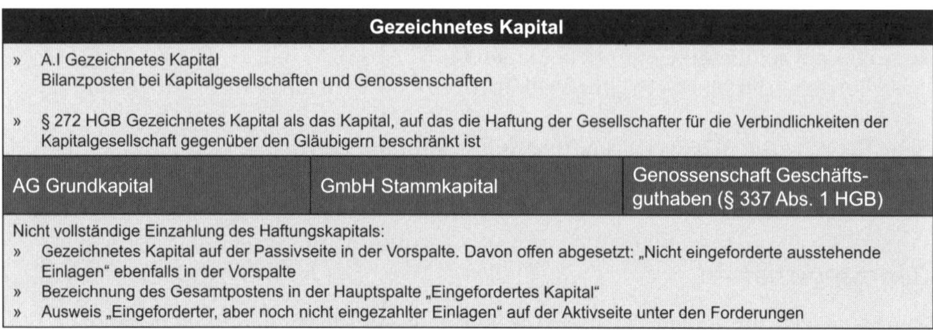

Gezeichnetes Kapital

» A.I Gezeichnetes Kapital
Bilanzposten bei Kapitalgesellschaften und Genossenschaften

» § 272 HGB Gezeichnetes Kapital als das Kapital, auf das die Haftung der Gesellschafter für die Verbindlichkeiten der Kapitalgesellschaft gegenüber den Gläubigern beschränkt ist

AG Grundkapital	GmbH Stammkapital	Genossenschaft Geschäftsguthaben (§ 337 Abs. 1 HGB)

Nicht vollständige Einzahlung des Haftungskapitals:
» Gezeichnetes Kapital auf der Passivseite in der Vorspalte. Davon offen abgesetzt: „Nicht eingeforderte ausstehende Einlagen" ebenfalls in der Vorspalte
» Bezeichnung des Gesamtpostens in der Hauptspalte „Eingefordertes Kapital"
» Ausweis „Eingeforderter, aber noch nicht eingezahlter Einlagen" auf der Aktivseite unter den Forderungen

Abb. 91: *Gezeichnetes Kapital*

Da das gezeichnete Kapital im Handelsregister vermerkt ist und eine Aussage zur Bonität der Kapitalgesellschaft macht, führen nicht vollständig erbrachte Einlagen nicht zu einer Modifizierung des gezeichneten Kapitals, wohl aber zu offenen Abzügen und einer persönlichen Haftung der Gesellschafter. So sind die nicht eingeforderten Einlagen offen vom gezeichneten Kapital abzusetzen. Die eingeforderten, aber noch nicht eingezahlten Einlagen sind in einem gesonderten Posten auf der Aktivseite unter den „Forderungen und Sonstigen Vermögensgegenständen" auszuweisen (§ 272 Abs. 1 HGB).

Eigene Anteile sind in der Vorspalte offen vom Gezeichneten Kapital abzusetzen. Der Unterschiedsbetrag zwischen dem Nennbetrag bzw. dem rechneri-

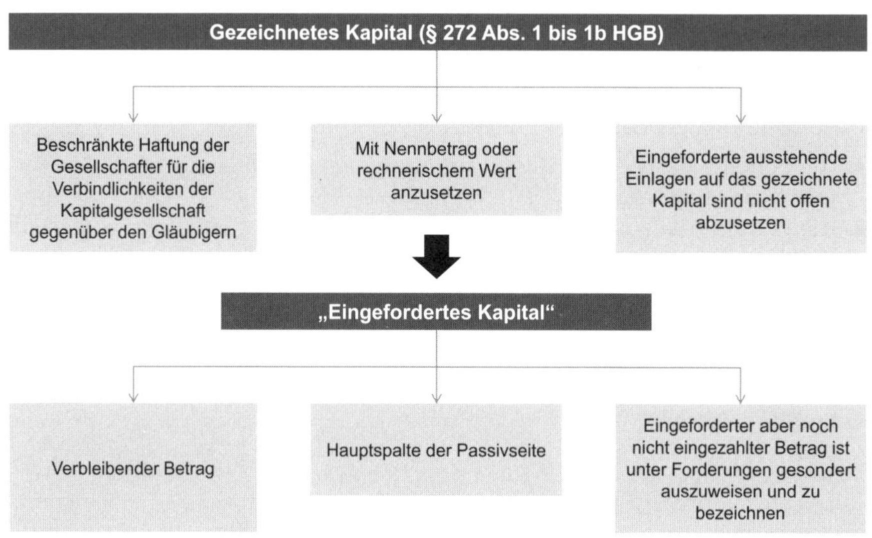

Abb. 92: *Gezeichnetes Kapital*

schen Wert der eigenen Anteile und deren Anschaffungskosten ist mit den frei verfügbaren Rücklagen zu verrechnen (§272 Abs. 1a HGB). Bei Veräußerung der eigenen Anteile ist ein den Nennbetrag oder den rechnerischen wertübersteigender Differenzbetrag aus dem Veräußerungserlös bis zur Höhe des mit den frei verfügbaren Rücklagen verrechneten Betrags in die jeweiligen Rücklagen einzustellen. Ein darüber hinaus gehender Differenzbetrag ist in die Kapitalrücklage nach §272 Abs. 2 Nr. 1 HGB einzustellen.

Nach der Veräußerung der eigenen Anteile ist der den Nennbetrag bzw. rechnerischen Wert übersteigende Differenzbetrag aus dem Veräußerungserlös bis zur Höhe des mit den frei verfügbaren Rücklagen verrechneten Betrag in die jeweiligen Rücklagen einzustellen. Ein darüberhinausgehender Differenzbetrag ist in die Kapitalrücklage einzustellen (§272 Abs. 1b HGB).

Kapitalrücklagen

Kapitalrücklagen entstehen bei Gründung oder Kapitalerhöhungen, wenn der Ausgabekurs der Anteile deren Nennwert bzw. rechnerischen Wert übersteigt.

Kapitalrücklagen sind der Teil des außenfinanzierten Eigenkapitals, der den Nennwert bzw. den rechnerischen Wert der Anteile übersteigt.

Sie sind nach §272 Abs. 2 Nr. 1–4 HGB in verschiedene Kategorien aufzuteilen, die allerdings nicht in der Mindestgliederung nach §266 HGB jeweils gesondert auszuweisen sind.

Es handelt sich dabei um

- den Betrag, der bei der Ausgabe von Anteilen einschließlich von Bezugsanteilen über den Nennbetrag bzw. den rechnerischen Wert hinaus erzielt wird,
- den Betrag, der bei der Ausgabe von Schuldverschreibungen für Wandlungsrechte und Optionsrechte zum Erwerb von Anteilen erzielt wird,

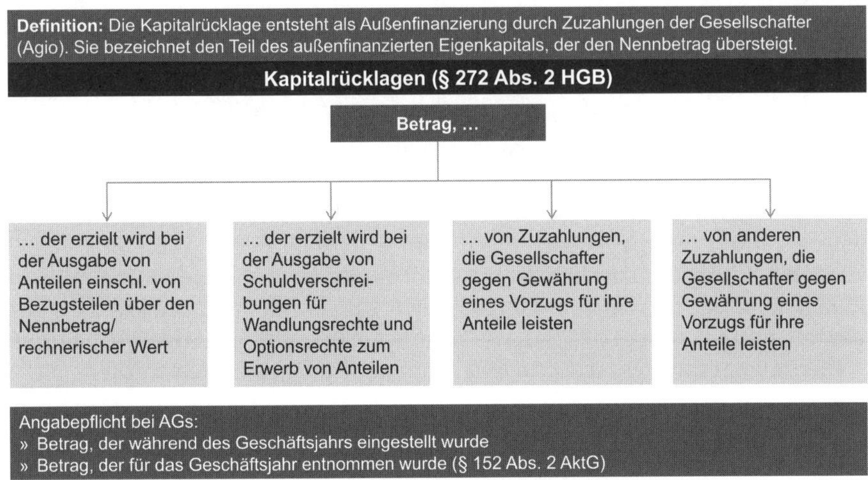

Abb. 93: *Kapitalrücklagen*

- den Betrag von Zuzahlungen, die Gesellschafter gegen Gewährung eines Vorzugs für ihre Anteile leisten und
- den Betrag von anderen Zuzahlungen, die Gesellschafter in das Eigenkapital leisten.

Bei AGs bilden die Kapitalrücklagen nach §272 Abs. 2 Nr. 1–3 HGB zusammen mit der Gesetzlichen Rücklage einen ausschüttungsgesperrten Rücklagenblock (§150 AktG). Diese können nur zum Ausgleich von Verlusten in den Formen aktueller Verluste (Jahresfehlbetrag) oder Verluste früherer Jahre (Verlustvortrag) verwendet werden. Nur durch die Kapitalrücklagen nach §272 Abs. 2 Nr. 1–3 HGB kann die Grenze von 10% oder den in der Satzung bestimmten höheren Anteil für diesen Rücklagenblock nach §150 Abs. 4 AktG überschritten werden. Veränderungen der Kapitalrücklagen sind im Anhang anzugeben (§152 Abs. 2 AktG).

Gewinnrücklagen

Im Gegensatz zur Kapitalrücklage sind die vier vorgesehenen Kategorien von **Gewinnrücklagen** gemäß der Mindestgliederung von §266 Abs. 3 III HGB gesondert auszuweisen. Ferner sind die Veränderungen dieser Gewinnrücklagenposten gesondert anzugeben (§152 Abs. 3 AktG). Dies schafft Transparenz über Bildung und Auflösung von Gewinnrücklagen und damit die Veränderung der Eigenkapitalquote als rating-relevanter Kennzahl. Bei der Beurteilung von Gewinnrücklagen als Eigenkapitalbestandteilen ist im Einzelnen darauf zu achten, ob es sich um ausschüttungsgesperrte oder ausschüttungsoffene Posten handelt.

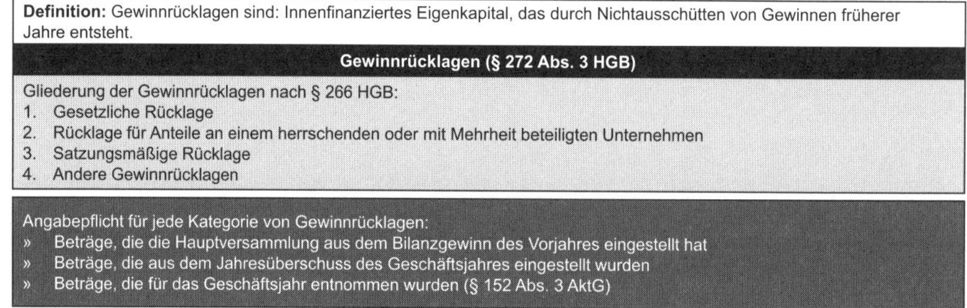

Abb. 94: *Gewinnrücklagen*

Eine **gesetzliche Rücklage** ist nur bei Aktiengesellschaften und Unternehmergesellschaften (haftungsbeschränkt) vorgeschrieben (§150 AktG, §5a Abs. 3 GmbHG). Ziel ist, zusätzlich zu ausschüttungsgesperrten außenfinanzierten Eigenkapitalposten wie dem Gezeichneten Kapital vorzuschreiben, dass aus der Innenfinanzierung, d.h. durch Gewinnerzielung und Gewinneinbehaltung, weitere ausschüttungsgesperrte Eigenkapitalposten geschaffen werden.

Definition: Gesetzliche Rücklage ist eine Gewinnrücklage, deren Bildung und Auflösung gesetzlich normiert ist. Gesetzlich verordnete Zwangsthesaurierung (Innenfinanzierung) im Gläubigerschutzinteresse (Ausschüttungssperre).	
Gesetzliche Rücklage	
Anwendbar bei: » der AG (§ 150 AktG) sowie » der Unternehmergesellschaft (haftungsbeschränkt) § 5a Abs. 3 GmbHG	
Gesetzliche Rücklage bei der AG	Gesetzliche Rücklage bei der Unternehmergesellschaft (haftungsbeschränkt)
Einzustellen: 5% des um einen Verlustvortrag aus dem Vorjahr geminderten Jahresüberschusses, bis die gesetzliche Rücklage und die Kapitalrücklagen nach § 272 Abs. 2 Nr. 1-3 HGB zusammen 10 % oder den in der Satzung bestimmten höheren Teil des Grundkapitals erreichen (§ 150 Abs. 2 AktG) Verwendung (Auflösung) nur zum Ausgleich eines Jahresfehlbetrags oder eines Verlustvortrags sowie – nach Erreichen der gesetzlich oder satzungsmäßig bestimmten Mindesthöhe – zusätzlich zur Kapitalerhöhung aus Gesellschaftsmitteln (§ 150 Abs. 3 und 4 AktG) Verwendung nachrangig, wenn nicht gleichzeitig Gewinnrücklagen zur Gewinnausschüttung aufgelöst werden (§ 150 Abs. 4 Satz 2 AktG)	Einzustellen: 25% des um einen Verlustvortrag aus dem Vorjahr geminderten Jahresüberschusses bis das Stammkapital einer GmbH nach § 5 GmbHG (mindestens 25.000 EUR) erreicht ist Verwendung (Auflösung) nur zur Vornahme einer Kapitalerhöhung aus Gesellschaftsmitteln sowie zum Ausgleich von Jahresfehlbeträgen bzw. Verlustvorträgen aus den Vorjahren, sofern diese nicht durch einen Gewinnvortrag bzw. einen Jahresüberschuss gedeckt sind

Abb. 95: *Gesetzliche Rücklage*

Rücklage für Anteile an einem herrschenden oder mehrheitlich beteiligten Unternehmen

Anteile an einem herrschenden oder mit Mehrheit beteiligten Unternehmen (sogenannte **Rückbeteiligungen**) liegen vor, wenn die Tochtergesellschaft einzelne Anteile an der Muttergesellschaft besitzt.

Da diese Konstruktion aus Konzernsicht für Gläubiger problematisch ist, muss in der Höhe, in der Anteile an einem herrschenden oder mit Mehrheit beteiligten Unternehmen gehalten werden, eine ausschüttungsgesperrte Rücklage gebildet werden. Ziel ist die Reduzierung von ausschüttungsoffenem Eigenkapital in Höhe dieses aus Gläubigersicht problematischen Postens. Der Erwerb von Rückbeteiligungen beinhaltet somit gleichermaßen einen Aktiv- und einen Passivtausch.

Aktivtausch
Anteile an einem herrschenden oder mit Mehrheit beteiligten Unternehmen
an Zahlungsmittel

Passivtausch
Andere Gewinnrücklagen
an Rücklage für Anteile an einem herrschenden oder mit Mehrheit beteiligten Unternehmen

Die Rücklage ist aufzulösen, soweit die Anteile an dem herrschenden oder mit Mehrheit beteiligten Unternehmen veräußert, ausgegeben oder eingezogen werden oder auf der Aktivseite ein niedrigerer Betrag angesetzt wird (§ 272 Abs. 4 Satz 4 HGB).

Satzungsmäßige Rücklagen sind Gewinnrücklagen, deren Bildung in der Satzung bestimmt ist. Ziel ist, eine offene Selbstfinanzierung zu betreiben ohne in jeder Hauptversammlung über die Bildung der Gewinnrücklage dem Grunde und der Höhe nach diskutieren und abstimmen zu müssen.

Rücklage für Anteile an einem herrschenden oder mit Mehrheit beteiligten Unternehmen (§ 272 Abs. 4 HGB)
Für Anteile an einem herrschenden oder mit Mehrheit beteiligten Unternehmen.
Der Betrag, der dem auf der Aktivseite der Bilanz für die Anteile an dem herrschenden oder mit Mehrheit beteiligten Unternehmen angesetzten Betrag entspricht, ist anzusetzen.
Rücklage, die bereits bei der Aufstellung der Bilanz zu bilden ist, darf aus vorhandenen frei verfügbaren Rücklagen gebildet werden.
Rücklage ist aufzulösen, soweit die Anteile an dem herrschenden oder mit Mehrheit beteiligten Unternehmen veräußert, ausgegeben oder eingezogen werden oder auf der Aktivseite ein niedrigerer Betrag angesetzt wird.

Abb. 96: *Rücklage für Anteile an einem herrschenden oder mit Mehrheit beteiligten Unternehmen (§272 Abs. 4 HGB)*

Bekannte Beispiele sind Erweiterungsrücklagen.

Andere Gewinnrücklagen sind eine ausschüttungsoffene Form der Selbstfinanzierung, um die Eigenkapitalquote zu erhöhen. Sie können bei der AG vom Vorstand im Einvernehmen mit dem Aufsichtsrat (§58 Abs. 2 und 2a AktG) oder von der Hauptversammlung gebildet werden (§58 Abs. 3 AktG). Werden allerdings Beträge eingestellt, die nach vernünftiger kaufmännischer Beurteilung für die Lebens- und Widerstandsfähigkeit der Gesellschaft nicht notwendig sind, und kann dadurch nicht eine Mindestdividende von 4% des Grundkapitals ausgeschüttet werden, gibt es ein Anfechtungsrecht gegen den Gewinnverwendungsbeschluss nach §254 AktG. Die Auflösung Anderer Gewinnrücklagen als Zuführung zum Bilanzgewinn und damit zur Freigabe für Ausschüttungen ist bei der AG dem Vorstand im Einvernehmen mit dem Aufsichtsrat vorbehalten.

Andere Gewinnrücklagen sind eine Form der offenen Selbstfinanzierung. Die Einbehaltung von Gewinnen erhöht die Eigenkapitalausstattung des Unternehmens und verbessert auf diese Weise sowohl die Eigenkapitalquote als auch das Rating. Mit der Einbehaltung von Gewinnen

- werden Mittel an den Betrieb gebunden und sie verlassen nicht das Unternehmen für Ausschüttungszwecke,
- wird die Eigenkapitalquote und damit das Rating verbessert und
- mit dem verbesserten Rating eröffnen sich Chancen auf eine höhere und kostengünstigere Fremdfinanzierung.

Satzungsmäßige Rücklagen
Bildung und Auflösung satzungsmäßiger Rücklagen ist abhängig von Satzungsbestimmungen, i.d.R. Zweckbindungen für Erweiterungen, bevorstehende Akquisitionen, Risikovorsorge durch offene Selbstfinanzierung etc. Bildung durch Umbuchung aus dem Gewinnverteilungskonto.

Andere Gewinnrücklagen
Definition: Alle Thesaurierungsbeträge, die sich nicht anderen Posten der Gewinnrücklagen zuordnen lassen.
Rechtsgrundlagen für die Bildung von Gewinnrücklagen bei der AG: » § 58 Abs. 2 AktG: Thesaurierung bis 50% des Jahresüberschusses durch Verwaltung, bei entsprechender Satzungsermächtigung auch ein höherer Anteil » § 58 Abs. 2a AktG: Thesaurierung des Eigenkapitalanteils von Wertaufholungen durch die Verwaltung » § 58 Abs. 3 AktG: Thesaurierung von weiteren Beträgen durch die Hauptversammlung. Allerdings ist das Anfechtungsrecht der Minderheitsaktionäre nach § 254 AktG zu beachten

Abb. 97: *Satzungsmäßige Rücklagen*

Eine hohe Gewinnrücklagenquote ist darüber hinaus ein Zeichen des Vertrauens zwischen Gesellschaftern und Geschäftsleitung. Wenn Gewinne grundsätzlich ausgeschüttet werden könnten, dennoch aber im Unternehmen thesauriert worden sind, dann ist das ein Vertrauensvorschuss auf eine weiterhin überdurchschnittliche Rendite. Wenn die Gewinnrücklagenquote sinkt, kann das nur zwei Ursachen haben

- es sind Verluste entstanden, die das Eigenkapital, hier die Gewinnrücklagen mindern,
- es sind höhere Ausschüttungen beschlossen und vollzogen worden als es dem Jahresüberschuss des laufenden Jahres entspricht, d.h. das Vertrauen in weiterhin überdurchschnittliche Renditen ist nicht mehr gegeben.

Beide Vorgänge sind Warnsignale für Investoren.

Gewinn-/Verlustvorträge

Sollen für Zwecke der Dividendenkontinuität oder zur vorübergehenden Einbehaltung von Bestandteilen des Bilanzgewinns Beträge thesauriert werden, so steht der **Vortrag des Gewinns** ins neue Jahr zur Verfügung. Im Gegensatz zu einer Zuweisung von Thesaurierungsbeträgen in die Gewinnrücklagen steht ein Gewinnvortrag der Hauptversammlung im nächsten Jahr wieder zur Verfügung. Beträge, die den Gewinnrücklagen zugewiesen werden (z.B. nach §58 Abs. 2, 2a und 3 AktG) können nur vom Vorstand im Einvernehmen mit dem Aufsichtsrat aufgelöst werden.

Verlustvorträge in der Handelsbilanz sind Verluste früherer Jahre, die nicht mit anderen Eigenkapitalposten verrechnet, d.h. von diesen abgezogen wurden. Sie können mit Jahresüberschüssen nachfolgender Jahre saldiert werden, um Zeitreihenanalysen der Eigenkapitalposten von temporären Verlusten „freizuhalten".

Gewinn- und Verlustvortrag
Definition Gewinnvortrag: Verteilungsrest aus der Bilanzgewinnverwendung vorhergehender Abrechnungsperioden (§ 58 Abs. 3 AktG). **Definition Verlustvortrag:** Verlust, der in früheren Jahren bzw. im laufenden Jahr nicht mit anderen Eigenkapitalkosten verrechnet wurde und deshalb als eigenständiger Eigenkapitalposten mit negativem Vorzeichen dargestellt wird.
Verrechnung mit Jahresüberschüssen späterer Jahre, auch eine spätere Verrechnung mit anderen Eigenkapitalposten möglich

Jahresüberschuss/-fehlbetrag
Definition: Saldo der Periodenverträge und Periodenaufwendungen. GuV-Saldo als Ergebnis der Gewinnermittlung vor allen Maßnahmen der Erfolgsverwendung.

Bilanzgewinn/-verlust (§ 268 Abs. 1 HGB)
Definition: Der durch Rücklagenbewegungen des Managements vor Jahresabschlussfeststellung modifizierte Jahresüberschuss.

Abb. 98: *Eigenkapital – Gewinn-/Verlustvortrag, Jahresüberschuss/-fehlbetrag und Bilanzgewinn/-verlust*

Bilanzgewinn/-verlust

Während der Jahresüberschuss/-fehlbetrag das Ergebnis der Erfolgsermittlung und damit der Saldo der GuV-Rechnung vor allen Maßnahmen der Erfolgsverwendung darstellt, beinhaltet der **Bilanzgewinn/-verlust** bereits Veränderungen von Eigenkapitalpositionen im Rahmen der Erfolgsverwendung. Sofern diese vor Abschlussfeststellung entweder gesetzlich normiert oder durch Vorstand und Aufsichtsrat vorgenommen gebucht werden, führen sie zu einer Abweichung von Jahresüberschuss/-fehlbetrag einerseits und Bilanzgewinn/-verlust andererseits.

Jahresüberschuss/-fehlbetrag – Bilanzgewinn/-verlust – Ausschüttung

Die **Arbeitsschritte von der Gewinnermittlung** (Jahresüberschuss) **über die Gewinnverwendung** (also den Bilanzgewinn) **zur Ausschüttung** sind folgendermaßen angeordnet:

Die Gewinnermittlung, deren Ergebnis der Jahresüberschuss als GuV-Saldo der Erträge über die Aufwendungen darstellt, obliegt bei der AG dem Vorstand im Einvernehmen mit dem Aufsichtsrat.

Es schließt sich die Gewinnverwendung an, für die die Kompetenzen dreigeteilt sind.

Der erste Block von Gewinnverwendungsmaßnahmen ist gesetzlich oder satzungsmäßig normiert. Die entsprechenden Buchungen sind zwar vom Vorstand als Maßnahme der Geschäftsführung durchzuführen, ein betragsmäßiges Gestaltungsermessen steht ihm aber nicht zu. So ist der Gewinnvortrag aus dem

1. Gewinnermittlung	**Kompetenzabgrenzung bei der AG**
Periodenerträge - Periodenaufwendungen = Jahresabschluss	Kompetenz von Vorstand und Aufsichtsrat vor Jahresabschlussfeststellung
2. Gewinnverwendung	
Jahresüberschuss ± Gewinnvortrag bzw. Verlustvortrag aus dem Vorjahr - Einstellungen in Gewinnrücklagen aufgrund Gesetz und Satzung (§ 150 Abs. 2 AktG, Satzung)	Gesetzlich oder satzungsmäßig bestimmte Beträge
+ Auflösung von Kapitalrücklagen (§ 272 Abs. 2 Nr. 4 HGB) + Auflösung von Gewinnrücklagen (§ 266 Abs. 3 A.III.4) - Einstellungen in Gewinnrücklagen (§ 58 Abs. 2 und 2a AktG) = Bilanzgewinn	Kompetenz von Vorstand und Aufsichtsrat vor Jahresabschlussfeststellung
Bilanzgewinn - Einstellungen in Gewinnrücklagen (§ 58 Abs. 3 AktG) - Gewinnvortrag ins neue Jahr (§ 58 Abs. 3 AktG) = Ausschüttung	Kompetenz der Hauptversammlung nach Jahresabschlussfeststellung

Abb. 99: *Eigenkapital – Jahresüberschuss, Bilanzgewinn, Ausschüttung*

Vorjahr zwingend dem Jahresüberschuss hinzuzuzählen, ein evtl. Verlustvortrag ist abzuziehen. Ferner sind gesetzlich oder satzungsmäßig zu bildende Rücklagen zu dotieren.

Der zweite Block betrifft Ergebnisverwendungskompetenzen von Vorstand und Aufsichtsrat. Diese können Beträge aus Kapital- und Gewinnrücklagen auflösen und dem Bilanzgewinn zuführen, mithin zur Ausschüttung freigeben, sofern sie keiner Ausschüttungssperre unterliegen. Bei der AG bilden die Kapitalrücklagen nach §272 Abs. 2 Nr. 1–3 HGB zusammen mit der Gesetzlichen Rücklage als Gewinnrücklage einen ausschüttungsgesperrten Rücklagenblock (§150 Abs. 2–4 AktG). Somit ist bei der AG nur die Kapitalrücklage nach §272 Abs. 2 Nr. 4 HGB ausschüttungsoffen. Von den vier Kategorien von Gewinnrücklagen sind nur die Anderen Gewinnrücklagen nach §266 Abs. 3 A III 4 HGB unter Beachtung von Ausschüttungssperren nach §§268 Abs. 8, 253 Abs. 6 Satz 2 HGB ausschüttungsoffen. Demgegenüber stehen Vorstand und Aufsichtsrat weitgehende Thesaurierungskompetenzen mit dem Ziel der Bildung bzw. Erhöhung von Gewinnrücklagen zur Verfügung. Diese betreffen maximal 50% des um einen Verlustvortrag aus dem Vorjahr geminderten Jahresüberschuss (§58 Abs. 2 AktG, analog §20 Satz 2 GenG) sowie den Eigenkapitalanteil von Wertaufholungen nach §58 Abs. 2a AktG, analog §29 Abs. 4 GmbHG, der in Andere Gewinnrücklagen eingestellt werden kann. Ergebnis des zweiten Blocks von Ergebnisverwendungsmaßnahmen ist der Bilanzgewinn, welcher der Hauptversammlung zur Verfügung gestellt wird. Diese hat über einen vom Vorstand und Aufsichtsrat eingebrachten Gewinnverwendungsvorschlag zu beschließen. Wird dieser nicht angenommen, muss aus der Mitte der Hauptversammlung ein neuer Gewinnverwendungsvorschlag gemacht werden, über den dann zu beschließen sein wird.

Die Hauptversammlung (3. Block der Ergebnisverwendungsmaßnahmen) kann den Bilanzgewinn ganz oder teilweise ausschütten. Für die Beträge, die sie nicht ausschütten will, steht ihr ein Wahlrecht offen, sie entweder als Gewinn vor-

Angabepflichten zum Aktienkapital bei AGs
» Gesamtbeträge der Aktien jeder Gattung bzw. bei Stückaktien die Zahl der Aktien (§ 152 Abs. 1 Satz 1 und 2 AktG) » Stamm- und Vorzugsaktien » Inhaber, Namens- und vinkulierte Namensaktien » Nennwert- oder Stückaktien
Bedingtes Kapital: » Vermerk mit dem Nennbetrag (§ 152 Abs. 1 Satz 3 AktG) » Atypisch stille Beteiligungen als Sonderposten auszuweisen
Eigene Anteile: » Erwerb als „Kapitalrückzahlung" in der Vorspalte offen vom gezeichneten Kapital abzusetzen » Unterschiedsbetrag zwischen dem Nennbetrag bzw. rechnerischen Wert und dem Kaufpreis dieser Aktien ist mit den anderen Gewinnrücklagen zu verrechnen; weitergehende Anschaffungsnebenkosten sind als Aufwand des Geschäftsjahres zu berücksichtigen (§ 272 Abs. 1a HGB)
Veräußerung eigener Anteile als Kapitalerhöhung: Differenz zwischen Erwerbs- und Veräußerungspreis als Kapitalrücklage darzustellen (§ 272 Abs. 1b HGB)
Sonderposten: Kapitaleinlagen persönlich haftender KGaA-Gesellschafter sind nach dem gezeichneten Kapital gesondert auszuweisen (§ 286 Abs. 2 Satz 1 AktG)
Genussrechts- und Mezzaninekapital ist je nach wirtschaftlichem Gehalt als Eigen- oder Fremdkapital auszuweisen

Abb. 100: *Eigenkapital – Angabepflichten*

zutragen oder den Gewinnrücklagen zuzuführen (§58 Abs.3 AktG). Beträge, die sie als Gewinn auf neue Rechnung vorträgt, stehen ihr bei der nächsten (Bilanz-)Gewinnverwendungsentscheidung wieder zur Verfügung. Beträge, die sie den Gewinnrücklagen zuführt, gehen in die Kompetenz von Vorstand und Aufsichtsrat über.

Eigenkapitalspiegel, eigenkapitalbezogene Anhangangaben

Die Veränderungen der einzelnen Eigenkapitalposten sind einerseits durch **Anhangangaben** transparent zu machen, im Jahresabschluss kapitalmarktorientierter Kapitalgesellschaften sowie im Konzernabschluss darüber hinaus im Rahmen eines Eigenkapitalspiegels nach DRS 22 darzustellen.

Eigenkapitalspiegel
HGB-Konzernabschlüsse (§ 297 Abs. 1 HGB, DRS 22) haben einen Eigenkapitalspiegel zu enthalten.
Die gesetzlichen Vertreter einer kapitalmarktorientierten Kapitalgesellschaft, die nicht zur Aufstellung eines Konzernabschlusses verpflichtet ist, haben den Jahresabschluss um eine Kapitalflussrechnung und einen Eigenkapitalspiegel zu erweitern (§ 264 Abs. 1 Satz 2 HGB).

Abb. 101: *Eigenkapitalspiegel*

Neben der Nennung und Quantifizierung der einzelnen Aktiengattungen (§§152 Abs.1, 160 Abs.1 Nr.1 AktG) sind Angaben zum bedingten Kapital zu machen (§160 Abs.1 Nr.1 AktG). Darunter versteht man eine beschlossene Kapitalerhöhung, die an Bedingungen geknüpft ist, z.B. dass Wandelschuld- und Optionsanleihegläubiger wandeln bzw. optieren bzw. das Stock Option-Pläne von Managern erfüllt werden müssen (§§192–201 AktG).

Der Erwerb eigener Anteile ist wie eine Kapitalrückzahlung zu verbuchen. Die Veräußerung eigener Anteile wie eine Kapitalerhöhung (§272 Abs.1a und 1b HGB).

Um die Veränderungen der einzelnen Eigenkapitalposten nicht nur in verbalen Angaben des Anhangs transparent zu machen, schreiben §297 Abs.1 und §264 Abs.1 Satz 2 HGB für HGB-Konzernabschlüsse bzw. Jahresabschlüsse kapitalmarktorientierter Unternehmen, die keinen Konzernabschluss aufstellen müssen, vor, einen **Eigenkapitalspiegel** als Pflichtbestandteil zum (Konzern)Abschluss beizufügen. Die inhaltliche und formale Ausgestaltung ergibt sich aus DRS 22.

Ausschüttungssperren

Um die Qualität der einzelnen Eigenkapitalposten im Hinblick auf den Gläubigerschutz einschätzen zu können, kann man diese Posten daraufhin unterscheiden, ob sie einer Ausschüttungssperre unterliegen oder nicht. Ausschüttungsgesperrte Eigenkapitalposten stehen nur zum Ausgleich von Verlusten zur Verfügung. Ausschüttungsoffene Eigenkapitalposten können im Rahmen der Ergebnisverwendung für Ausschüttungszwecke aufgelöst werden. Ihre Qualität für Gläubigerschutzzwecke ist daher beschränkt.

Über die formellen, auf einzelne Eigenkapitalposten bezogenen Ausschüttungssperren existieren weitere Ausschüttungssperren, die im Zusammenhang mit bestimmten Aktivposten stehen, welche aus Gläubigerschutzgesichtspunkten als problematisch angesehen werden (§§268 Abs. 8, 253 Abs. 6 Satz 2 HGB). Diese Ausschüttungssperren sind nicht zu buchen, somit im Eigenkapitalausweis nicht erkennbar, wohl aber in den Anhangangaben nach §§285 Nr. 28, 253 Abs. 6 Satz 3 HGB anzugeben und zu quantifizieren. Einer Ausschüttungssperre im Jahresabschluss entspricht eine Abführungssperre im Konzernabschluss (§301 AktG, analog anwendbar auch für andere Kapitalgesellschafts-Rechtsformen). Im Einzelnen handelt es sich um

- selbst geschaffene immaterielle Vermögensgegenstände des Anlagevermögens (§248 Abs. 2 Satz 1 HGB) abzüglich der hierfür gebildeten passiven latenten Steuern,
- Vermögensgegenstände nach §246 Abs. 2 Satz 2 HGB (Pensionsvermögen), sofern ihr beizulegender Zeitwert (§253 Abs. 1 Satz 4 i.V.m. §255 Abs. 4 HGB) die Anschaffungskosten übersteigt, abzüglich der hierfür gebildeten passiven latenten Steuern,
- aktive latente Steuern, sofern sie die passiven latenten Steuern übersteigen.

Eine Ausschüttungssperre im Jahresabschluss ohne Abführungssperre im Konzernabschluss löst der Unterschiedsbetrag aus zwischen dem Ansatz von Pensionsrückstellungen bei Anwendung des siebenjährigen Durchschnittszinssatzes und der Anwendung des zehnjährigen Durchschnittszinssatzes (§253 Abs. 6 HGB, vgl. BMF Schreiben vom 23.12.2016, IV C 2 – S 2770/16/10002).

Ausschüttungssperrvorschriften für das Eigenkapital einer AG	
I. Gezeichnetes Kapital (bzw. Kapitalanteile bei & Co.)	Ausschüttungssperre
II. Kapitalrücklage	Ausschüttungssperre nach § 150 Abs. 3-5 AktG für Kapitalrücklage nach § 272 Abs. 2 Nr. 1-3 HGB
III. Gewinnrücklagen 1. gesetzliche Rücklage 2. Rücklage für Anteile an herrschenden oder mit Mehrheit beteiligten Unternehmen 3. satzungsmäßige Rücklagen 4. andere Gewinnrücklagen	Ausschüttungssperre nach § 150 Abs. 3-5 AktG Ausschüttungssperre nach § 272 Abs. 4 HGB Ausschüttungssperre abhängig vom Satzungszweck Ausschüttungsoffen
IV. Gewinnvortrag/Verlustvortrag	Ausschüttungsoffen
V. Jahresüberschuss/Jahresfehlbetrag	Ausschüttungsoffen

Abb. 102: *Ausschüttungssperren*

Ausschüttungssperren
Nach §§ 268 Abs. 8, 253 Abs. 6 Satz 2 HGB unterliegen Eigenkapitalposten, die grundsätzlich ausschüttungsoffen sind (regelmäßig andere Gewinnrücklagen), einer Ausschüttungssperre, wenn und soweit folgende Sachverhalte vorliegen: » selbst geschaffene immaterielle Vermögensgegenstände des Anlagevermögens (§ 248 Abs. 2 Satz 1 HGB) abzüglich der hierfür gebildeten passiven latenten Steuern, » Vermögensgegenstände nach § 246 Abs. 2 Satz 2 HGB (Pensionsvermögen), sofern ihr beizulegender Zeitwert (§ 253 Abs. 1 Satz 4 i.V.m. § 255 Abs. 4 HGB) die Anschaffungskosten übersteigt, abzüglich der hierfür gebildeten passiven latenten Steuern, » aktive latente Steuern, sofern sie die passiven latenten Steuern übersteigen, » Unterschiedsbetrag zwischen dem Ansatz von Pensionsrückstellungen bei Anwendung des siebenjährigen Durchschnittszinssatzes und der Anwendung des zehnjährigen Durchschnittszinssatzes zur Barwertberechnung (§253 Abs. 6 HGB).
Weitere Ausschüttungssperren für Finanzdienstleister nach § 340e Abs. 4 HGB.

Abb. 103: *Ausschüttungssperren*

7.2.3 Rückstellungen

Rückstellungen sind Ausdruck ungewisser Verpflichtungen, deren Höhe und/oder Fälligkeit am Bilanzstichtag nicht bekannt sind. Sie können auf einer Rechtspflicht oder einer faktischen Verpflichtung beruhen oder zur Periodenabgrenzung dienen.

Ziele einer Rückstellungsbildung sind

- der vollständige Ausweis aller Verpflichtungen, unabhängig davon, ob diese bereits juristisch formuliert oder nur dem Grunde nach entstanden sind oder auf einer nur faktischen Verpflichtung beruhen,
- die Abgrenzung der Erfolgswirksamkeit von Zahlungsvorgängen nach sachlichen Kriterien, z.B. einen Aufwand zu buchen,
  - in der Periode, wenn der Grund für eine Zahlung gelegt wird (Prozessrückstellungen, Steuerrückstellungen),
  - in der Periode bzw. in den Perioden, wenn zurechenbare Erträge erfasst werden (Pensionsrückstellungen),
  - um dem Prinzip der kaufmännischen Vorsicht zur Geltung zu verhelfen (Drohverlustrückstellungen, § 252 Abs. 1 Nr. 4 HGB),
- einen Finanzierungseffekt (stille Selbstfinanzierung) zu erwirken, in dem antizipativ, d.h. zeitlich der Auszahlung vorgelagert, einen Aufwand zu buchen und damit den Gewinn und die erfolgsabhängigen Zahlungen (z.B. Dividenden, Ertragsteuerzahlungen) zu reduzieren und damit Mittel an den Betrieb zu binden, die ohne die Rückstellung, d.h. bei entsprechend höherem Gewinnausweis, das Unternehmen verlassen hätten. Finanzierung aus Rückstellungen bedeutet also nicht wie gewöhnlich bei Finanzierungen einen Mittelzufluss, sondern einen aufgrund der antizipativen Aufwandsverrechnung bewirkten reduzierten Mittelabfluss.

Definition: In der Vergangenheit begründete Verpflichtungen, welche in der Zukunft zu erfüllen sind und deren Höhe und/oder Fälligkeit noch nicht endgültig feststehen.

Rückstellungen	
Merkmale	» Grundlegung in der Vergangenheit » Erfüllung in der Zukunft » Unsicherheit hinsichtlich Höhe und/oder Fälligkeit
Einteilung	» Rechtspflichten mit Unsicherheitsgehalt › Pensionsrückstellungen › Prozess- und Prozesskostenrückstellungen › Drohverlustrückstellungen » Wirtschaftliche Verpflichtungen mit Unsicherheitsgehalt › Kulanzrückstellungen » Aufwandsrückstellungen ohne Außenverpflichtung › Unterlassene Aufwendungen für Instandhaltung oder Abraumbeseitigung
Ziele der Rückstellungsbildung	» vollständiger Schuldenausweis » Periodenabgrenzung » Finanzierung aus Rückstellungen

Abb. 104: *Rückstellungen*

Man unterscheidet Rückstellungen

- aufgrund rechtlicher Verpflichtungen,

- aufgrund wirtschaftlicher Verpflichtungen und
- ohne Drittverpflichtung, jedoch mit dem Ziel der Periodenabgrenzung (Aufwandsrückstellungen).

§249 HGB enthält einen abschließenden Katalog zulässiger Rückstellungsarten, deren Bildung, wenn die Voraussetzungen erfüllt sind, auch verpflichtend vorgeschrieben ist. Für andere Zwecke allerdings dürfen Rückstellungen nicht gebildet werden (§249 Abs. 2 Satz 1 HGB).

Rückstellungen sind zu bilden für

- ungewisse Verbindlichkeiten, z.B. Steuern, Gewährleistung, Pensionen, etc. (rechtliche Verpflichtungen)
- drohende Verluste aus schwebenden Geschäften (rechtliche Verpflichtungen),
- im Geschäftsjahr unterlassene Aufwendungen für Instandhaltung, die im folgenden Geschäftsjahr innerhalb von drei Monaten, oder für Abraumbeseitigung, die im folgenden Geschäftsjahr nachgeholt werden (Aufwandsrückstellungen),
- Gewährleistungen, die ohne rechtliche Verpflichtung erbracht werden (wirtschaftliche Verpflichtungen).

Für bestimmte Pensionsrückstellungen gibt es ein Passivierungswahlrecht, so für

- sogenannte Altzusagen, die vor dem 1.1.1987 gewährt wurden (einschl. Erhöhungen) gem. Art. 28 Abs. 1 Satz 1 EGHGB, und
- Unterdeckungen bei mittelbaren Verpflichtungen gem. Art. 28 Abs. 1 Satz 2 EGHGB (z.B. Unterdeckungen von Unterstützungskassen).

Abb. 105: *Rückstellungen*

Wird für diese Zwecke auf den Ansatz einer Rückstellung verzichtet, ist die Angabe des Fehlbetrags im Anhang vorgeschrieben (Art. 28 Abs. 2 EGHGB).

Rückstellungen sind aufzulösen, wenn der Grund dafür entfallen ist (§249 Abs. 2 Satz 2 HGB). Dies kann sein, wenn die Rückstellung „verbraucht" ist, d.h. die mit ihr zusammenhängende Zahlung erfolgt ist, oder die Verpflichtung wegfällt, d.h. feststeht, dass keine Zahlung im Zusammenhang mit der Rückstellung zu leisten sein wird.

Die **Bewertung** der Rückstellungen hat nach §253 Abs. 1 Satz 2 HGB mit dem nach vernünftiger kaufmännischer Beurteilung notwendigen Erfüllungsbetrag zu erfolgen. Dies bedeutet

- die Einbeziehung künftiger Kostensteigerungen sowie
- eine Abzinsungspflicht, sofern der Zinseffekt wesentlich ist, d.h. bei einer Restlaufzeit von mehr als einem Jahr. Die Diskontierung hat mit dem laufzeitkongruenten durchschnittlichen Marktzinssatz der vergangenen sieben Jahre zu erfolgen, welcher monatlich durch die Deutsche Bundesbank bekannt gegeben wird, bei Pensionsrückstellungen erfolgt die Diskontierung mit dem durchschnittlichen Marktzinssatz der vergangenen zehn Jahre; hier kann eine fiktive Restlaufzeit von 15 Jahren unterstellt werden (§253 Abs. 2 HGB).

Bildung von Rückstellungen	
Passivierungswahlrechte für bestimmte Pensionsverpflichtungen	sogenannte Altzusagen, die vor dem 1.1.1987 gewährt wurden (einschl. Erhöhungen) gem. Art. 28 Abs. 1 Satz 1 EGHGB
	Unterdeckungen bei mittelbaren Verpflichtungen gem. Art. 28 Abs. 1 Satz 2 EGHGB (z.B. Unterdeckungen von Unterstützungskassen)
	Verpflichtung zur Angabe des Fehlbetrags im Anhang, Art. 28 Abs. 2 EGHGB
Passivierungsverbot für andere als die in § 249 Abs. 1 HGB bezeichneten Zwecke (§ 249 Abs. 2 Satz 1 HGB)	

Abb. 106: *Rückstellungen*

Sondervorschriften bestehen nach §253 Abs. 1 Satz 3 HGB für Altersversorgungsverpflichtungen, deren Höhe sich am beizulegenden Zeitwert von Wertpapieren des Anlagevermögens bestimmt. Sie sind zum beizulegenden Zeitwert der Wertpapiere anzusetzen, soweit er einen garantierten Mindestbetrag übersteigt.

Auflösung von Rückstellungen	
§ 249 Abs. 2 Satz 2 HGB: soweit der Grund hierfür entfallen ist	
Verbrauch	Wegfall der Verpflichtung

Abb. 107: *Rückstellungen*

Die Berechnung der Altersversorgungsverpflichtungen hat nach einem versicherungsmathematischen Verfahren zu erfolgen, das den GoB entspricht; hierfür stehen zur Verfügung

- das Anwartschaftsdeckungsverfahren (Teilwertverfahren) analog §6a EStG oder
- das Anwartschaftsbarwertverfahren (projected unit credit method) analog IAS 19.

Bewertung von Rückstellungen	
Generalnorm	§ 253 Abs. 1 Satz 2 HGB: Ansatz mit dem nach vernünftiger kaufmännischer Beurteilung notwendigen Erfüllungsbetrag » Einbeziehung künftiger Kostensteigerungen » Abzinsungspflicht, sofern der Zinseffekt wesentlich ist (laufzeitkongruenter durchschnittlicher Marktzinssatz der vergangenen sieben Jahre → monatliche Bekanntgabe durch die Bundesbank, bei Pensionsrückstellungen unterstellte Restlaufzeit 15 Jahre)
Sondervorschriften	§ 253 Abs. 1 Satz 3 HGB: Altersversorgungsverpflichtungen, deren Höhe sich am beizulegenden Zeitwert von Wertpapieren des Anlagevermögens bestimmt → Ansatz zum beizulegenden Zeitwert der Wertpapiere, soweit er einen garantierten Mindestbetrag übersteigt § 253 Abs. 2 HGB: Berechnung der Altersversorgungsverpflichtungen nach einem versicherungsmathematischen Verfahren, das den GoB entspricht » Anwartschaftsdeckungsverfahren (Teilwertverfahren) analog § 6a EStG » Anwartschaftsbarwertverfahren (projected unit credit method) analog IAS 19 § 246 Abs. 2 Satz 2 i.V.m. § 253 Abs. 1 Satz 4 HGB: Saldierung mit Fair Value bewertetem Pensionsvermögen, wenn dieses dem Gläubigerzugriff entzogen ist

Abb. 108: *Rückstellungen – Bewertung*

Nach §246 Abs. 2 Satz 2 i.V.m. §253 Abs. 1 Satz 4 HGB sind Pensionsrückstellungen mit dem Fair Value-bewerteten Pensionsvermögen zu saldieren, wenn dieses dem Zugriff aller übrigen Gläubiger entzogen ist und ausschließlich der Erfüllung von Schulden aus Altersversorgungsverpflichtungen oder vergleichbaren langfristig fälligen Verpflichtungen dienen, die gegenüber Arbeitnehmern eingegangen wurden; entsprechend ist mit den zugehörigen Aufwendungen und Erträgen aus der Abzinsung und aus dem zu verrechnenden Vermögen zu verfahren.

Der bilanzielle **Ausweis** von Rückstellungen auf der Passivseite der Bilanz hat nach den Gliederungsvorschriften des §266 Abs. 3 B zu erfolgen.

Anhangangaben im Zusammenhang mit Rückstellungen ergeben sich wie folgt:

- Nach §285 Nr. 12 HGB sind die Sonstigen Rückstellungen zu erläutern, sofern diese nicht unerheblich sind,
- §285 Nr. 24 HGB verlangt bei Pensionsrückstellungen die Angabe
  - des angewandten versicherungsmathematischen Bewertungsverfahrens, sowie
  - der grundlegenden Annahmen für die Berechnung wie z.B.
    - Zinssatz
    - erwartete Lohn- und Gehaltssteigerungen
    - zugrunde liegende Sterbetafeln,
- §285 Nr. 25 HGB gebietet bei Verrechnung der Pensionsrückstellungen mit dem Pensionsvermögen die Angabe der durch die Saldierung in der Bilanz nicht mehr ersichtlichen
  - Anschaffungskosten und den Fair Value des Pensionsvermögens sowie
  - den Erfüllungsbetrag der Pensionsverpflichtungen.

Ferner ist die Fair Value Ermittlung des Pensionsvermögens im Einzelnen zu erläutern.

Ausweis, § 266 Abs. 3 B HGB
Rückstellungen für Pensionen und ähnliche Verpflichtungen: » Pensionsanwartschaften » Laufende Pensionen Steuerrückstellungen: » noch nicht rechtskräftig veranlagte Steuern, die als Aufwand zu behandeln sind » Rückstellungen für Betriebsprüfungsrisiken Sonstige Rückstellungen
Anhangangaben
» § 285 Nr. 12 HGB: Erläuterung der Sonstigen Rückstellungen, sofern nicht unerheblich » § 285 Nr. 24 HGB: bei Pensionsrückstellungen: › angewandtes versicherungsmathematisches Bewertungsverfahren › grundlegende Annahmen für die Berechnung: – Zinssatz – erwartete Lohn- und Gehaltssteigerungen – zugrunde liegende Sterbetafeln » § 285 Nr. 25 HGB: bei Verrechnung mit Pensionsvermögen › Anschaffungskosten und Fair Value des Pensionsvermögens › Erfüllungsbetrag der Pensionsverpflichtungen › Fair Value-Ermittlung des Pensionsvermögens

Abb. 109: *Rückstellungen – Ausweis*

7.2.4 Verbindlichkeiten

Verbindlichkeiten sind am Bilanzstichtag dem Grunde, der Höhe und der Fälligkeit nach feststehende Verpflichtungen des Unternehmens.

Verbindlichkeiten besitzen folgende Begriffsmerkmale:

- Sie stellen Belastungen des Vermögens am Bilanzstichtag dar,
- die Belastungen müssen auf am Bilanzstichtag bestehender, rechtlicher oder wirtschaftlicher Leistungsverpflichtung des Unternehmens beruhen, die juristisch einklagbar ist,
- die Verpflichtungen stehen dem Grunde, der Höhe und der Fälligkeit nach fest,
- die Verpflichtung ist selbstständig bewertbar, d.h. nicht bloßer Ausdruck des allgemeinen Unternehmerrisikos.

Für die **Bewertung** gilt grundsätzlich das Höchstwertprinzip, d.h. der Wert einer Verbindlichkeit bei Erstverbuchung bildet die Untergrenze der Bewertung.

- Wertsteigerungen über den Wert bei Erstverbuchung hinaus sind zu berücksichtigen,
- Wertminderungen unter den Wert bei Erstverbuchung dürfen nicht berücksichtigt werden.

Ausnahmen gelten für

- Währungsumrechnungen nach §256a Satz 2 HGB
- Verbindlichkeiten als Bestandteil von Bewertungseinheiten (§254 HGB).

Im Regelfall sind Verbindlichkeiten mit ihrem Erfüllungsbetrag anzusetzen, d.h. dem Betrag, der zur Erfüllung der Verpflichtung aufgewendet werden muss (§253 Abs. 1 Satz 2 HGB).

Definition: Am Bilanzstichtag dem Grunde, der Höhe und der Fälligkeit nach feststehende Verpflichtungen (Schulden) des Unternehmens.
Ansatz
Ansatzpflicht, wenn die Voraussetzungen einer Verbindlichkeit gegeben sind: » Belastungen des Vermögens am Bilanzstichtag » Belastungen müssen auf am Bilanzstichtag bestehender, rechtlicher oder wirtschaftlicher Leistungsverpflichtung des Unternehmens beruhen, die juristisch einklagbar ist » dem Grunde, der Höhe und der Fälligkeit nach feststehende Verpflichtungen (Schulden) des Unternehmens » Selbstständige Bewertbarkeit
Bewertung
Grundsatz: Höchstwertprinzip: Wert einer Verbindlichkeit bei Erstverbuchung bildet die Untergrenze der Bewertung. » Wertsteigerungen über den Wert bei Erstverbuchung hinaus sind zu berücksichtigen » Wertminderungen unter den Wert bei Erstverbuchung dürfen nicht berücksichtigt werden *Ausnahmen:* » Währungsumrechnungen nach § 256a Satz 2 HGB » Verbindlichkeiten als Bestandteil von Bewertungseinheiten (§ 254 HGB) *Regelfall:* Erfüllungsbetrag, d.h. der Betrag, der zur Erfüllung der Verpflichtung aufgewendet werden muss (§ 253 Abs. 1 Satz 2 HGB)

Abb. 110: *Verbindlichkeiten – Ansatz und Bewertung*

Sondervorschriften bestehen z.B. für

- Rentenverpflichtungen, für die eine Gegenleistung nicht mehr zur erwarten ist; sie sind mit ihrem versicherungsmathematischen Barwert (Rentenbarwert, §253 Abs. 2 Satz 3 HGB) anzusetzen. Die Abzinsung erfolgt mit dem laufzeitkongruenten durchschnittlichen Marktzinssatz der vergangenen sieben Jahre. Dieser wird monatlich von der Deutschen Bundesbank bekannt gegeben (§253 Abs. 2 Satz 4 und 5 HGB, Rückstellungsdiskontierungsverordnung)
- Ratenverpflichtungen sind mit dem Barwert der einzelnen Raten anzusetzen.

Sondervorschriften
» Rentenverpflichtungen, für die eine Gegenleistung nicht mehr zu erwarten ist: versicherungsmathematischer Barwert (Rentenbarwert, § 253 Abs. 2 Satz 3 HGB) » Abzinsung mit dem laufzeitkongruenten durchschnittlichen Marktzinssatz der vergangenen sieben Jahre → wird monatlich von der Deutschen Bundesbank bekannt gegeben (§ 253 Abs. 2 Satz 4 und 5 HGB, Rückstellungsdiskontierungsverordnung) » Ratenverpflichtungen: Barwert der einzelnen Raten
Sonderfälle der Bewertung von Verbindlichkeiten
» Disagio (§ 250 Abs. 3 HGB): Aktivierungswahlrecht oder Sofortaufwand » Überverzinsliche Verbindlichkeiten zusätzliche Bildung einer Drohverlustrückstellung » Zerobonds: Erstbewertung zum Ausgabebetrag. Aufzinsung über die Laufzeit nach der Effektivzinsmethode.
Ausweis (§ 266 Abs. 3 C HGB)
» Anleihen, davon konvertibel » Verbindlichkeiten gegenüber Kreditinstituten » erhaltene Anzahlungen auf Bestellungen (sofern nicht offen von den Vorräten abgesetzt) » Verbindlichkeiten aus Lieferungen und Leistungen » Verbindlichkeiten aus der Annahme gezogener Wechsel und der Ausstellung eigener Wechsel » Verbindlichkeiten gegenüber verbundenen Unternehmen » Verbindlichkeiten gegenüber Unternehmen, mit denen ein Beteiligungsverhältnis besteht » Sonstige Verbindlichkeiten › davon aus Steuern › davon im Rahmen der sozialen Sicherheit

Abb. 111: *Verbindlichkeiten – Sondervorschriften und Ausweis*

Sonderthemen der Bewertung von Verbindlichkeiten sind:

- Ein Disagio (§250 Abs. 3 HGB). Hierfür besteht ein Aktivierungswahlrecht. Die Alternative zum Ausweis im Rahmen des aktiven Rechnungsabgrenzungsposten ist der Sofortaufwand.
- Für überverzinsliche Verbindlichkeiten ist die zusätzliche Bildung einer Drohverlustrückstellung angezeigt.
- Zerobonds sind bei der Ausgabe zum Ausgabebetrag zu bewerten. Die Aufzinsung über die Laufzeit erfolgt nach der Effektivzinsmethode.

Verbindlichkeiten sind in den nach §266 Abs. 3 C HGB vorgesehenen Kategorien auszuweisen.

Folgende **Anhangangaben** sind für Verbindlichkeiten zu machen:

- Bei jedem ausgewiesenen Verbindlichkeitsposten ist der Betrag mit einer Restlaufzeit bis zu einem Jahr und von mehr als einem Jahr anzugeben (§268 Abs. 5 Satz 1 HGB, Verbindlichkeitsspiegel).
- Der Gesamtbetrag der Verbindlichkeiten mit einer Restlaufzeit von mehr als fünf Jahren (§285 Nr. 1a) HGB) ist gesondert für jeden ausgewiesenen Verbindlichkeitsposten anzugeben (§285 Nr. 2 HGB).
- Verbindlichkeiten, die erst nach dem Abschlussstichtag rechtlich entstehen, sind, wenn die Beträge einen größeren Umfang haben, zu erläutern (§268 Abs. 5 Satz 3 HGB).
- Der Gesamtbetrag der Verbindlichkeiten, die durch Pfandrechte oder ähnliche Rechte gesichert sind, sind unter Angabe von Art und Form der Sicherheiten anzugeben (§285 Nr. 1b) HGB), gesondert für jeden ausgewiesenen Verbindlichkeitsposten (§285 Nr. 2 HGB).
- Verbindlichkeiten gegenüber GmbH-Gesellschaftern sind gesondert darzustellen (§42 Abs. 3 GmbH).
- Die Zahl der Wandelschuldverschreibungen und vergleichbarer Wertpapiere sind anzugeben unter Angabe der Rechte, die sie verbriefen (§160 Abs. 1 Nr. 5 AktG).
- Genussrechte, Rechte aus Besserungsscheinen und ähnliche Rechte unter Angabe der Art und Zahl der jeweiligen Rechte sowie der im Geschäfts-

Anhang
» Bei jedem ausgewiesenen Verbindlichkeitsposten: Angabe des Betrags mit einer Restlaufzeit bis zu einem Jahr (§ 268 Abs. 5 Satz 1 HGB)
» Verbindlichkeiten, die erst nach dem Abschlussstichtag rechtlich entstehen, sind, wenn die Beträge einen größeren Umfang haben, zu erläutern (§ 268 Abs. 5 Satz 3 HGB)
» Gesamtbetrag der Verbindlichkeiten mit einer Restlaufzeit von mehr als fünf Jahren (§ 285 Nr. 1a HGB), gesondert für jeden ausgewiesenen Verbindlichkeitsposten (§ 285 Nr. 2 HGB)
» Gesamtbetrag der Verbindlichkeiten, die durch Pfandrechte oder ähnliche Rechte gesichert sind, unter Angabe von Art und Form der Sicherheiten (§ 285 Nr. 1b) HGB), gesondert für jeden ausgewiesenen Verbindlichkeitsposten (§ 285 Nr. 2 HGB)
» Verbindlichkeiten gegenüber GmbH-Gesellschaftern (§ 42 Abs. 3 GmbHG)
» Zahl der Wandelschuldverschreibungen und vergleichbarer Wertpapiere unter Angabe der Rechte, die sie verbriefen (§ 160 Abs. 1 Nr. 5 AktG)
» Genussrechte, Rechte aus Besserungsscheinen und ähnliche Rechte unter Angabe der Art und Zahl der jeweiligen Rechte sowie der im Geschäftsjahr neu entstandenen Rechte (§ 160 Abs. 1 Nr. 6 AktG)

Abb. 112: *Verbindlichkeiten – Anhang*

jahr neu entstandenen Rechte sind im Anhang anzugeben (§160 Abs. 1 Nr. 6 AktG).

7.2.5 Rechnungsabgrenzungsposten nach §250 HGB

Passive Rechnungsabgrenzungsposten sind Ausdruck vorschüssiger Einzahlungen, deren Erfolgswirksamkeit ganz oder teilweise einen bestimmten Zeitraum in nachfolgenden Geschäftsjahren betrifft.

Sie sind in einem gesonderten Posten auf der ersten Gliederungsebene auszuweisen.

Definition: Passive Rechnungsabgrenzungsposten: Einnahmen vor dem Bilanzstichtag, soweit sie Ertrag für eine bestimmte Zeit nach diesem Tag darstellen (§ 250 Abs. 2 HGB).
Ansatz
Ansatzpflicht
Bewertung
zeitanteilige Abgrenzung des (Teils der) Entnahme, der nicht dem abzuschließenden Geschäftsjahr zuzuordnen ist
Ausweis
Rechnungsabgrenzungsposten als gesonderter Bilanzposten der ersten Gliederungsebene auf der Passivseite der Bilanz (§ 266 Abs. 3 D HGB)

Abb. 113: *Rechnungsabgrenzungsposten (§250 HGB)*

7.2.6 Passive latente Steuern nach §274 HGB und DRS 18

Passive latente Steuern sind Ausdruck künftiger steuerlicher Belastungen aufgrund von temporären oder quasi-permanenten Bilanzstandsdifferenzen zwischen handelsrechtlichen Wertansätzen von Vermögensgegenständen, Schulden und Rechnungsabgrenzungsposten und ihren steuerlichen Wertansätzen.

Aktive und passive latente Steuern können saldiert oder unsaldiert dargestellt werden. Es besteht eine Ansatzpflicht für den passiven Latenzüberhang (§274 Abs. 1 Satz 1 HGB), d.h. den Überhang der passiven latenten Steuern über die aktiven latenten Steuern. Passive latente Steuern sind aufzulösen, sobald die Steuerbelastung eintritt oder mit ihr nicht mehr zu rechnen ist (§274 Abs. 2 Satz 2 HGB). Die Darstellung erfolgt in einem eigenen Posten auf der 1. Gliederungsebene der Passivseite der Bilanz. Die Bewertung erfolgt mit dem Produkt aus Bilanzstandsdifferenz multipliziert mit dem unternehmensindividuellen Ertragsteuersatz, der sich im Zeitpunkt der Umkehrung der Bilanzstandsdifferenzen ergibt. Steuersatzprognosen kommen allerdings grundsätzlich nicht in Betracht, es sei denn, die Steuersatzänderung ist durch die wesentlichen Gesetzgebungskörperschaften bereits beschlossen. Genau wie bei aktiven Steuerlatenzen kommt auch bei passiven latenten Steuern eine Abzinsung nicht in Betracht.

Sondervorschriften bestehen für kleine Kapitalgesellschaften. Sie sind nach §274a Nr. 5 HGB von der Anwendung der Vorschriften zu latenten Steuern befreit. Allerdings besteht auch für sie eine Pflicht zur Passivierung passiver latenter Steuerabgrenzungen als Verpflichtungsrückstellung gemäß §249 Abs. 1 HGB.

Im **Anhang** ist anzugeben, auf welchen Differenzen oder steuerlichen Verlustvorträgen die latenten Steuern beruhen und mit welchen Steuersätzen die Bewertung erfolgt ist (§285 Nr. 29 HGB). Nach DRS 18.65 reichen regelmäßig qualitative Informationen zur Erfüllung dieser Berichtspflicht aus. Nach §285 Nr. 30 HGB sind die latenten Steuersalden am Ende des Geschäftsjahrs und die im Laufe des Geschäftsjahrs erfolgten Änderungen dieser Salden anzugeben.

Definition: Ausdruck künftiger steuerlicher Belastungen aufgrund von temporären oder quasipermanenten Bilanzstandsdifferenzen zwischen handelsrechtlichen Wertansätzen von Vermögensgegenständen, Schulden und Rechnungsabgrenzungsposten und ihren steuerlichen Wertansätzen.

Ansatz

Ansatzpflicht für den passiven Latenzübergang (§ 274 Abs. 1 Satz 1 HGB)

Auflösung, sobald die Steuerbelastung eintritt oder mit ihr nicht mehr zu rechnen ist (§ 274 Abs. 2 Satz 2 HGB)

Bewertung

Temporäre oder quasi-permanente Bilanzstandsdifferenzen zwischen handelsrechtlichen Wertansätzen von Vermögensgegenständen, Schulden und Rechnungsabgrenzungsposten und ihren steuerlichen Wertansätzen, die zu einer künftigen steuerlichen Belastung führen werden, multipliziert mit dem unternehmensindividuellen Steuersatz im Zeitpunkt des Abbaus der Differenzen bzw. Verrechnung der Verlustvorträge, sofern dieser hinreichend sicher ist

Abzinsungsverbot, Bewertung zum Nennwert, nicht zum Barwert

Ausweis

Ausweis passiver latenter Steuern saldiert oder unsaldiert mit aktiven latenten Steuern (§ 274 Abs. 1 Satz 3 HGB)

Anhangangaben

Auf welchen Differenzen oder steuerlichen Verlustvorträgen die latenten Steuern beruhen
Mit welchen Steuersätzen die Bewertung erfolgt ist
Latente Steuersalden am Ende des Geschäftsjahres sowie die im Laufe des Geschäftsjahres erfolgten Änderungen dieser Salden (§ 285 Nr. 29 und 30 HGB)

Sonderthema bei kleinen Kapitalgesellschaften

Entlastung kleiner Kapitalgesellschaften von der Anwendung der Vorschriften zu latenten Steuern (§ 274a Nr. 5 HGB)
Aber: Pflicht zur Passivierung passiver latenter Steuerabgrenzungen als Verpflichtungsrückstellung gemäß § 249 Abs. 1 HGB

Abb. 114: *Passive latente Steuern (§274 HGB, DRS 18)*

8 Die Gewinn- und Verlustrechnung (GuV)

8.1 Stellung der GuV-Rechnung im Jahresabschluss

Die Gewinn- und Verlustrechnung (GuV) ist neben der Bilanz wesentlicher Bestandteil des handelsrechtlichen Jahresabschlusses (§ 242 Abs. 3 HGB) nach HGB. Sie ist im Rahmen der externen Rechnungslegung Teil der Unternehmenspublizität und stellt die Ertragslage des Unternehmens dar.

Die GuV stellt Aufwendungen und Erträge eines Geschäftsjahres strukturiert gegenüber und erläutert die erfolgswirksamen Eigenkapitalveränderungen. Am Jahresende wird der GuV-Saldo auf das Eigenkapital, welches die verbindende Größe zwischen Bilanz und GuV darstellt, abgeschlossen. Die GuV ist daher ein Unterkonto der Position Eigenkapital in der Bilanz. Übersteigen die Erträge die Aufwendungen, erwirtschaftet das Unternehmen einen Gewinn. Übersteigen die Aufwendungen die Erträge, erwirtschaftet das Unternehmen einen Verlust. Aus der GuV lassen sich somit sowohl die Höhe als auch die Quellen des Unternehmenserfolgs erkennen. Als Zeitraum- bzw. Periodenrechnung berücksichtigt die GuV alle erfolgsrelevanten Daten einer Rechnungsperiode.

Die gesetzlichen Grundlagen der GuV finden sich in § 242 HGB. Danach muss ein Kaufmann am Schluss eines Geschäftsjahrs eine Gegenüberstellung seiner Aufwendungen und Erträge erstellen. Ein GuV-Gliederungsschema für Kapitalgesellschaften ist in § 275 HGB vorgegeben. Die wertmäßigen Veränderungen von Bilanzpositionen können regelmäßig über die GuV erklärt und nachvollzogen werden. So ist beispielsweise eine Wertminderung im Anlagevermögen über die GuV-Positionen „Abschreibungen“ zu erklären.

Die GuV ist im Rahmen der Jahresabschlusserstellung einmal jährlich aufzustellen. Personengesellschaften sind in der Gestaltung der GuV (formale Gliederung) grundsätzlich frei. Kapitalgesellschaften sind an die formalen Gliederungsvorschriften des § 275 HGB gebunden.

Gemäß § 242 Abs. 3 HGB bilden die Gewinn- und Verlustrechnung sowie die Bilanz den Jahresabschluss nach dem Handelsgesetzbuch. Kapitalgesellschaften haben nach § 264 Abs. 1 Satz 1 HGB den Jahresabschluss um einen Anhang zu erweitern. Bei großen und mittelgroßen Kapitalgesellschaften tritt ein weiteres eigenständiges Berichtsinstrument, der sogenannte Lagebericht, hinzu. Kapitalmarktorientierte Unternehmen haben darüber hinaus eine Kapitalflussrechnung, einen Eigenkapitalspiegel sowie ggf. eine Segmentberichterstattung zu erstellen (§ 264 Abs. 1 Satz 2 HGB).

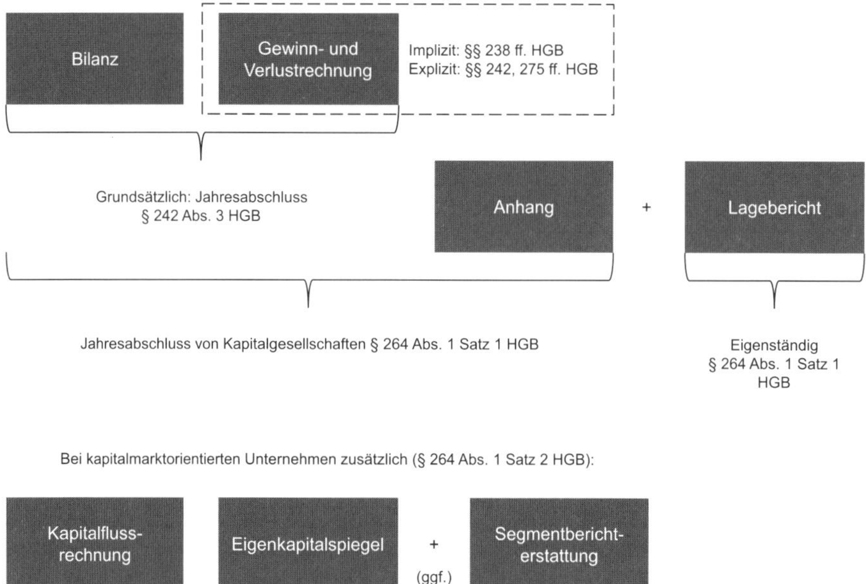

Abb. 115: *Stellung der GuV-Rechnung im Jahresabschluss*

Als zentrales Element der Ertragsdarstellung dient die GuV der **Ermittlung des Periodenergebnisses** und beeinflusst somit neben der Informationsaufgabe auch die Zahlungs- und Steuerbemessungsfunktion des Jahresabschlusses. Die GuV wirkt über das Eigenkapital, aber auch indirekt auf die Vermögenslage des Unternehmens ein.

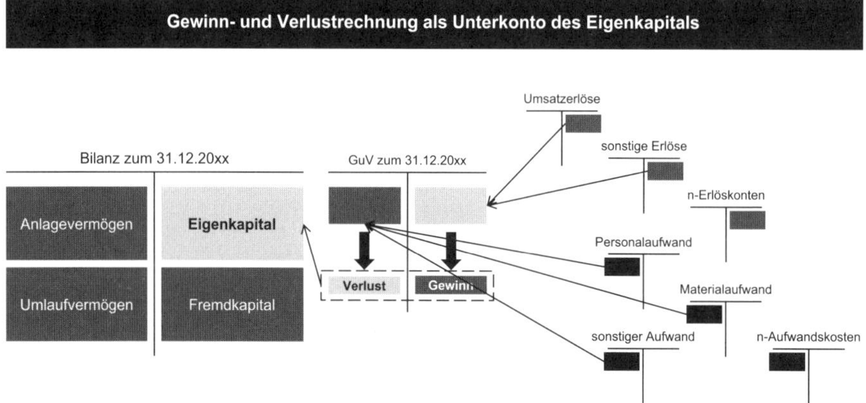

Abb. 116: *Stellung der GuV-Rechnung im Jahresabschluss*

Aufgrund ihrer Aufgliederung ermöglicht die GuV einen Einblick in die Erfolgsquellen des Unternehmens. Voraussetzung für eine Vergleichbarkeit ist die stetige Zuordnung von Aufwendungen und Erträgen zu den entsprechenden GuV Positionen. Dies lässt sowohl den innerbetrieblichen Vergleich der unternehmerischen Ertragsentwicklung als auch einen zwischenbetrieblichen Vergleich von verschiedenen Unternehmen zu. Die GuV-Rechnung nach §275 HGB ist aufgegliedert in das operative Ergebnis und das Finanzergebnis, allerdings ohne dass Zwischensummen vorgeschrieben sind. Es schließen sich die Steuerpositionen an. Zur Ermöglichung von Zwischensummen ist die Staffelform der GuV-Rechnung verbindlich vorgeschrieben.

Trotz gleicher betriebswirtschaftlicher Grobstruktur unterscheiden sich die beiden Gliederungsalternativen Gesamt- und Umsatzkostenverfahren in der Darstellung der Erfolgskomponenten im operativen Ergebnisbereich. Keine Unterschiede finden sich im Finanzergebnis und in den Steuerpositionen.

Entsprechend der gewählten Rechtsform kann es zu einer regulierten Darstellung der GuV kommen. Kapitalgesellschaften sind an eine formelle Darstellung entsprechend §275 HGB gebunden. In der Praxis ist zu beobachten, dass Personengesellschaften sich regelmäßig an das Gliederungsschema des §275 HGB anlehnen. Sondervorschriften gelten für bestimmte Branchen wie Kreditinstitute und Finanzdienstleistungsinstitute, für Versicherungsunternehmen und Pensionsfonds sowie bestimmte Unternehmen des Rohstoffsektors. Eine Abweichung von diesem Gliederungsschema ist nur möglich und geboten, wenn die Besonderheiten des Unternehmens dies erfordern und so ein besserer Einblick in die Ertragslage gegeben wird.

Folgende Ergänzungsposten sind nach §277 Abs. 3 HGB bei Bedarf einzufügen und unter entsprechender Bezeichnung auszuweisen

- Auf Grund einer Gewinngemeinschaft, eines Gewinnabführungs- oder eines Teilgewinnabführungsvertrags erhaltene Gewinne,
- Aufwendungen und Erträge aus Verlustübernahmen,

Abb. 117: *Stellung der GuV-Rechnung im Jahresabschluss*

- Auf Grund einer Gewinngemeinschaft, eines Gewinnabführungs- oder eines Teilgewinnabführungsvertrags abgeführte Gewinne.

Kleine und mittelgroße Kapitalgesellschaften dürfen die Posten nach §275 Abs. 2 Nr. 1 bis 5 oder Abs. 3 Nr. 1 bis 3 und 6 HGB zu einem Posten „Rohergebnis" zusammenfassen. Damit brauchen die Umsatzerlöse und der damit einhergehende Materialeinsatz nicht ausgewiesen zu werden.

8.2 Merkmale der Gewinn- und Verlustrechnung

Bei der GuV handelt es sich um eine **zeitraumbezogene Unternehmensrechnung**. Hierbei geht es grundsätzlich um die Gegenüberstellung der Aufwendungen und Erträge einer Rechnungsperiode sowie um die Erläuterung von Ursachen der Veränderungen einzelner Bilanzpositionen. Zusätzliche Informationen resultieren aus der Darstellung der Gewinnverwendung (§158 AktG) und ggf. Anhangangabeverpflichtungen bzgl. der GuV-Positionen (z.B. §285 Nr. 4, 8, 31 und 32 HGB). Die GuV ist zentrales Informationsinstrument der Ertragslage von Unternehmen. Aufwendungen und Erträge sind nach sachlichen Kriterien, ggf. zeitlich abgegrenzt von den zugehörigen Zahlungsvorgängen in der GuV darzustellen.

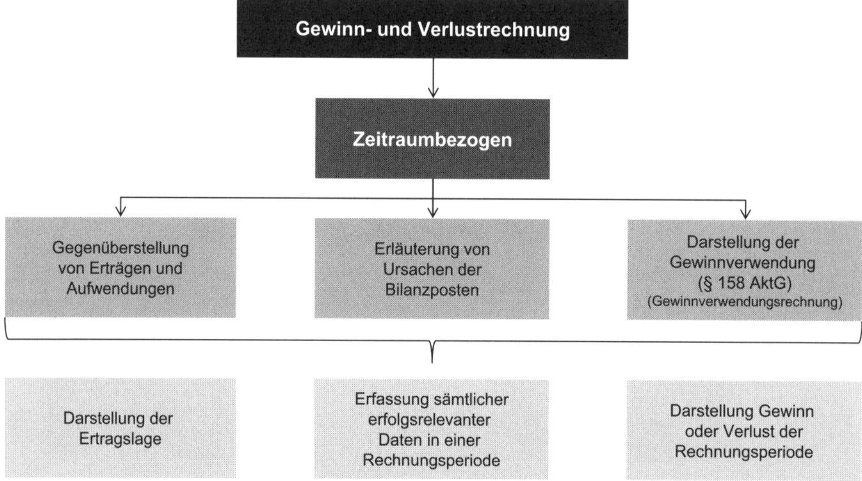

Abb. 118: *Merkmale der GuV-Rechnung*

8.3 Gewinn- und Verlustrechnung nach Gesamt- und Umsatzkostenverfahren

Es stehen zwei unterschiedliche Gliederungsformen für die GuV-Rechnung zur Verfügung, die sich im Format des operativen Ergebnisses unterscheiden: Gesamtkostenverfahren (GKV) und Umsatzkostenverfahren (UKV).

Das **Gesamtkostenverfahren** stellt die Erträge und Aufwendungen der produzierten Leistungen gegenüber. Demzufolge werden den Aufwendungen der produzierten Leistungen, gegliedert nach Aufwandsarten (Material-, Personal-, Abschreibungs- und sonstiger Aufwand) die Erträge der produzierten Leistungen gegenübergestellt. Es sind dies die Umsatzerlöse, die Bestandsveränderungen, die anderen aktivierten Eigenleistungen und die sonstigen betrieblichen Erträge. Das Gesamtkostenverfahren ist einfach aus der Finanzbuchhaltung abzuleiten und erfordert regelmäßig keine Kosten- und Leistungsrechnung als Bindeglied zwischen der Finanzbuchhaltung und der GuV-Rechnung.

Das **Umsatzkostenverfahren** stellt die Erträge und Aufwendungen der verkauften Leistungen gegenüber. So werden die Umsatzerlöse mit den Herstellungskosten der zur Erzielung der Umsatzerlöse erbrachten Leistungen saldiert und das Bruttoergebnis vom Umsatz ausgewiesen. Davon werden dann die Funktionskosten, d.h. die Aufwendungen der Funktionsbereiche Verwaltung, Vertrieb und sonstige betriebliche Aufwendungen abgezogen. Da die Zuordnung der Aufwendungen nach Kostenstellen und korrespondierend zu den entsprechenden Umsatzerlösen erfolgt, kann das Umsatzkostenverfahren nur zur Anwendung kommen, wenn eine ausgebaute Kostenstellen- und Kostenträgerrechnung als Bestandteile des internen Rechnungswesens vorliegen.

Darstellung der GuV bei Kapitalgesellschaften gem. § 275 HGB	
Gesamtkostenverfahren § 275 Abs. 2 HGB	**Umsatzkostenverfahren § 275 Abs. 3 HGB**
1. **Umsatzerlöse** 2. **Erhöhung oder Verminderung des Bestands an fertigen und unfertigen Erzeugnissen** 3. **andere aktivierte Eigenleistungen** 4. **sonstige betriebliche Erträge** 5. **Materialaufwand** a) Aufwendungen für Roh-, Hilfs- und Betriebsstoffe und für bezogene Waren b) Aufwendungen für bezogene Leistungen 6. **Personalaufwand** a) Löhne und Gehälter b) soziale Abgaben und Aufwendungen für Altersversorgung und für Unterstützung, davon für Altersversorgung 7. **Abschreibungen** a) auf immaterielle Vermögensgegenstände des Anlagevermögens und Sachanlagen b) auf Vermögensgegenstände des Umlaufvermögens, soweit diese die in der Kapitalgesellschaft üblichen Abschreibungen überschreiten 8. **sonstige betriebliche Aufwendungen**	1. **Umsatzerlöse** 2. **Herstellungskosten der zur Erzielung der Umsatzerlöse erbrachten Leistungen** 3. **Bruttoergebnis vom Umsatz** 4. **Vertriebskosten** 5. **allgemeine Verwaltungskosten** 6. **sonstige betriebliche Erträge** 7. **sonstige betriebliche Aufwendungen**
9. (8.) **Erträge aus Beteiligungen, davon aus verbundenen Unternehmen** 10. (9.) **Erträge aus anderen Wertpapieren und Ausleihungen des Finanzanlagevermögens, davon aus verbundenen Unternehmen** 11. (10.) **sonstige Zinsen und ähnliche Erträge, davon aus verbundenen Unternehmen** 12. (11.) **Abschreibungen auf Finanzanlagen und auf Wertpapiere des Umlaufvermögens** 13. (12.) **Zinsen und ähnliche Aufwendungen, davon an verbundene Unternehmen** 14. (13.) **Steuern vom Einkommen und vom Ertrag** 15. (14.) **Ergebnis nach Steuern** 16. (15.) **sonstige Steuern** 17. (16.) **Jahresüberschuss/Jahresfehlbetrag**	

Abb. 119: *GuV-Rechnung nach Gesamt- und Umsatzkostenverfahren*

8.4 Aussagefähigkeit der GuV-Rechnung

Die GuV gibt Auskunft über das Jahresergebnis (Gewinn/Verlust) von Unternehmen der vergangenen Rechnungsperiode. Entsprechend dem Gliederungsschema des § 275 HGB erfolgt innerhalb der GuV eine Ergebnisspaltung. Darüber hinaus kann auch die (teilweise) Gewinnverwendung in Fortführung der GuV dargestellt werden (§ 158 AktG).

Ergebnisspaltung
Ergebnis der eigentlichen Betriebstätigkeit (operatives Ergebnis)
Enthält Aufwendungen und Erträge, die für den Geschäftsbereich des Unternehmens typisch sind
Finanzergebnis
Aufwendungen und Erträge im Bereich der Finanzierung und Kapitalbeschaffung sowie der Kapitalanlageaktivitäten des Unternehmens

Abb. 120: *Aussagefähigkeit der GuV-Rechnung*

Die Ergebnisspaltung respektive die Trennung der Ergebnisse soll darstellen, welche Ergebnisse in welchen Bereichen der unternehmerischen Gesamtaktivitäten generiert werden. Aus den jeweils zugrunde liegenden Chancen-Risiko-Profilen lassen sich Hinweise auf die Nachhaltigkeit der Erfolgskomponenten ziehen.

Im Rahmen des operativen Ergebnisses (Ergebnis der eigentlichen Betriebstätigkeit) werden alle Aufwendungen und Erträge dargestellt, die mit dem originären Geschäftsbetrieb des Unternehmens einhergehen. Dieser Ergebnisbestandteil ist dem Chancen-Risiko-Profil der sachzielbezogenen Märkte ausgesetzt, die das Unternehmen selbst als Aktivitätsfeld ausgewählt hat.

Das Finanzergebnis beschreibt die Aufwendungen und Erträge im Bereich der Finanzierung und Kapitalbeschaffung sowie der Kapitalanlageaktivitäten des Unternehmens. Dieser Ergebnisbestandteil ist den Chancen und Risiken der Finanz- und Kapitalmärkte ausgesetzt.

Aufwendungen und Erträge von außergewöhnlicher Größenordnung oder außergewöhnlicher Bedeutung sind dagegen im Anhang zu erläutern (§ 285 Nr. 31 HGB); ihnen sind keine Positionen innerhalb der GuV-Rechnung gewidmet. Analoges gilt für periodenfremde Aufwendungen und Erträge (§ 285 Nr. 32 HGB).

8.5 Erleichterungsvorschriften für die GuV-Rechnung

Aus Wirtschaftlichkeitsgründen sollen bestimmte Unternehmen von den strikten formalen Anforderungen der Aufstellung der GuV befreit werden. Für sie sollen Gliederungserleichterungen und nur eingeschränkte Aufstellungsverpflichtungen gelten.

Kleine und mittelgroße Kapitalgesellschaften nach §267 HGB sind bei der Aufstellung der GuV begünstigt. Sie unterliegen dabei wesentlich geringeren Publizitätsanforderungen.

Aufgrund der größenabhängigen Erleichterungen, welche kleinen und mittelgroßen Kapitalgesellschaften zur Verfügung stehen, dürfen die Posten §275 Abs. 2 Nr. 1 bis 5 oder Abs. 3 Nr. 1 bis 3 und 6 zu einem Posten unter der Bezeichnung „Rohergebnis" zusammengefasst werden (§276 Satz 1 HGB).

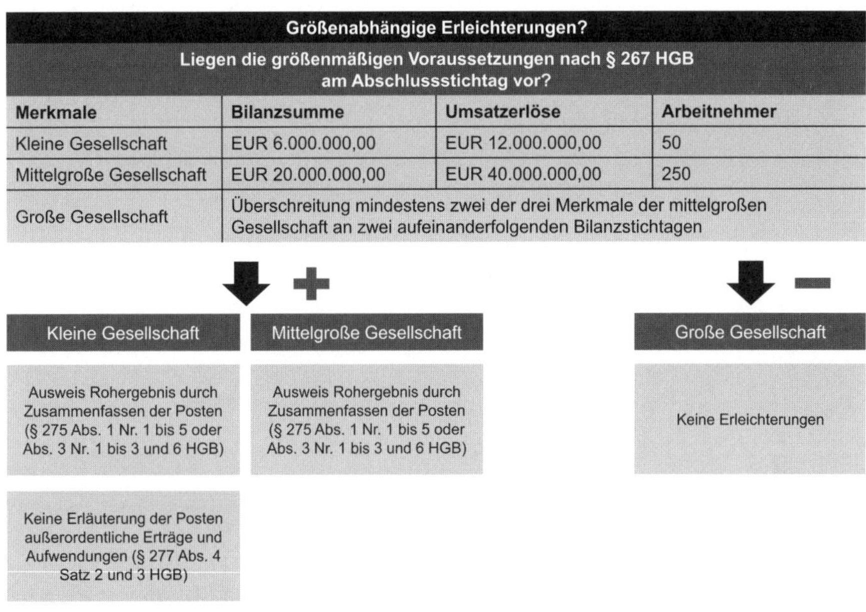

Größenabhängige Erleichterungen? Liegen die größenmäßigen Voraussetzungen nach § 267 HGB am Abschlussstichtag vor?			
Merkmale	**Bilanzsumme**	**Umsatzerlöse**	**Arbeitnehmer**
Kleine Gesellschaft	EUR 6.000.000,00	EUR 12.000.000,00	50
Mittelgroße Gesellschaft	EUR 20.000.000,00	EUR 40.000.000,00	250
Große Gesellschaft	Überschreitung mindestens zwei der drei Merkmale der mittelgroßen Gesellschaft an zwei aufeinanderfolgenden Bilanzstichtagen		

Abb. 121: *Erleichterungsvorschrift für die GuV-Rechnung*

Kleine Kapitalgesellschaften sind zwar nicht von der Aufstellungspflicht, wohl aber von der Pflicht zur Veröffentlichung der GuV-Rechnung befreit (§326 Abs. 1 HGB).

Kleinstkapitalgesellschaften sind solche, die an zwei aufeinander folgenden Bilanzstichtagen zwei der nachfolgenden Kriterien nicht übersteigen:

Größenabhängige Erleichterungen?			
Merkmale	**Bilanzsumme**	**Umsatzerlöse**	**Arbeitnehmer**
Kleinstkapital-gesellschaften	EUR 350.000,00	EUR 700.000,00	10

Abb. 122: *Erleichterungsvorschrift für die GuV-Rechnung*

Kleinstkapitalgesellschaften sind von den umfassenden Aufstellungspflichten weitestgehend befreit. Sie haben nach §275 Abs. 5 HGB in der GuV nur die Umsatzerlöse, sonstige Erträge, Materialaufwand, Personalaufwand, Abschreibungen, sonstige Aufwendungen, Steuern sowie den Jahresüberschuss/Jahresfehlbetrag darzustellen. Von den Erleichterungen sind jedoch Kapitalgesellschaften ausgeschlossen, die unter die Restriktion des §267a Abs. 3 HGB (sog. Investment- oder Beteiligungsgesellschaften) fallen.

Spezielle Bilanzsachverhalte

9

9.1 Hedge Accounting[1]

Beim Hedge Accounting spielen Derivate eine große Rolle. Daher ist vorab der Begriff des Derivats zu klären:

Ein Derivat ist nach IDW RS BFA 2 ein Finanzinstrument als Vertragsverhältnis mit folgenden drei Merkmalen:

- Sein (beizulegender Zeit-)Wert hängt von einem Basisinstrument (underlying) ab,
- es sind bei Vertragsschluss keine oder keine nennenswerten Ausgaben angefallen und
- das Geschäft wird in der Zukunft erfüllt und ist zunächst als schwebendes Geschäft anzusehen und zu behandeln.

Schwebende Geschäfte werden bilanziell grundsätzlich nicht erfasst, es sei denn, es haben Erfüllungshandlungen stattgefunden (Lieferungen, Leistungen, Zahlungen) oder es droht ein Verlust (Drohverlustrückstellungen).

Abb. 123: *Überblick Hedge Accounting*

Derivate können zu Spekulations- oder Absicherungszwecken verwendet werden.

Handelt es sich um spekulativ eingesetzte Derivate (stand-alone-Derivate), so gelten sie bilanziell als schwebende Geschäfte. Mit dem Abschluss des Derivatvertrags wird ein offenes Risiko eingegangen, das aber in bilanzieller Hinsicht keine gesonderte Behandlung erfährt. Im Falle drohender Verluste aus dem schwebenden Derivatgeschäft sind Drohverlustrückstellungen zu bilden. Lediglich die Anhangangaben nach § 285 Nr. 19 HGB unterscheiden Derivate von anderen schwebenden Geschäften.

[1] Vgl. hierzu Heyd: Jahresabschluss, Konstanz 2014, S. 105–110.

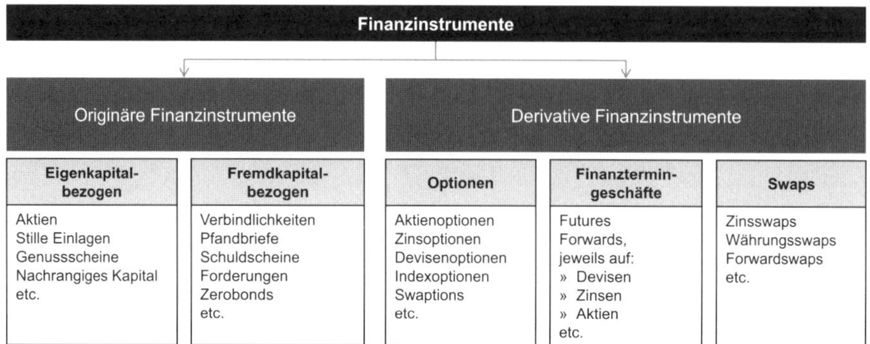

Abb. 124: *Klassifizierung von Finanzinstrumenten*

Bestehen aus dem operativen Geschäft offene Risiken, die mit dem Vertragspartner nicht abgedeckt werden können, so können Derivate auch zu Absicherungszwecken verwendet werden. In diesem Fall kann aus Risikomanagement-Gesichtspunkten ein Gegengeschäft, d.h. ein Geschäft mit einem entgegen gesetzten Risikoverlauf, bezogen auf dieselbe Risikoursache, abgeschlossen werden. Damit entsteht aus den Risikoverläufen des Grund- und des Sicherungsgeschäfts ein Nettorisiko von (nahe) Null.

Ohne bilanzielle Sondervorschriften für das Hedge Accounting würden die allgemeinen Bilanzierungsvorschriften gelten, z.B. der Imparitäts- und der Einzelbewertungsgrundsatz (§252 Abs. 1 Nr. 3 und 4 HGB). Dadurch würden Grund- und Sicherungsgeschäft isoliert behandelt und der Verlust bzw. die Wertminderung bei dem einen Geschäft müsste stets bilanziell ausgewiesen, die Gewinne bzw. Wertsteigerungen beim anderen Geschäft dürften nicht bilanziell erfasst werden. Somit würde bei jeder Entwicklung der wertbeeinflussenden Parameter ein unrealisierter Verlust ausgewiesen werden, der wegen der Bindung an das Imparitätsprinzip nicht durch einen unrealisierten Gewinn kompensiert werden dürfte.

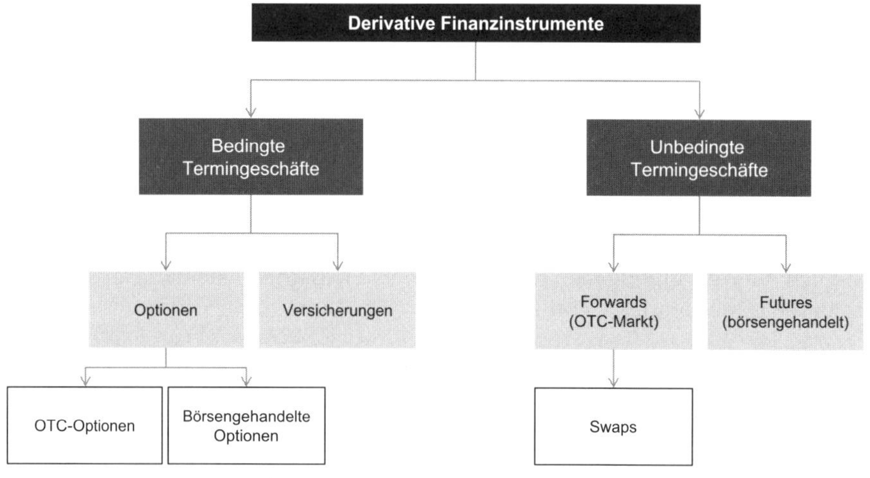

Abb. 125: *Klassifizierung derivativer Finanzinstrumente*

Um diesen Accounting Mismatch zu vermeiden, sieht § 254 HGB vor, unter eng begrenzten Voraussetzungen die Bildung von Bewertungseinheiten zuzulassen und damit das Imparitäts- und Einzelbewertungsprinzip außer Kraft zu setzen.[2]

Ziel ist, ein Grundgeschäft gegen Verluste derart abzusichern, dass aus dem entgegengesetzt wirkenden Engagement (Sicherungsgeschäft) die Risiken aus den Marktpreis- oder Cashflow-Änderungen kompensiert werden.

Das Grundprinzip wird durch die **Hedging-Waage** aufgezeigt, bei der ein sinkender Wert beim einen Hedge Bestandteil durch einen steigenden Wert beim anderen Hedge Bestandteil abgesichert wird.

Dieser im Risikomanagement begründete Wertausgleich kann nur im Rahmen der Anwendungsvoraussetzungen im Rechnungswesen nachvollzogen werden. Daher besteht ein Unterschied zwischen Hedging (= absichern im Rahmen der vom Risikomanagement vorgegebenen strategischen und operativen Maßnahmenoptionen) und Hedge Accounting (= Anwendung der Vorschriften von § 254 HGB zur Bildung bilanzieller Bewertungseinheiten zwischen Grundgeschäft(en) und Sicherungsgeschäft(en)).

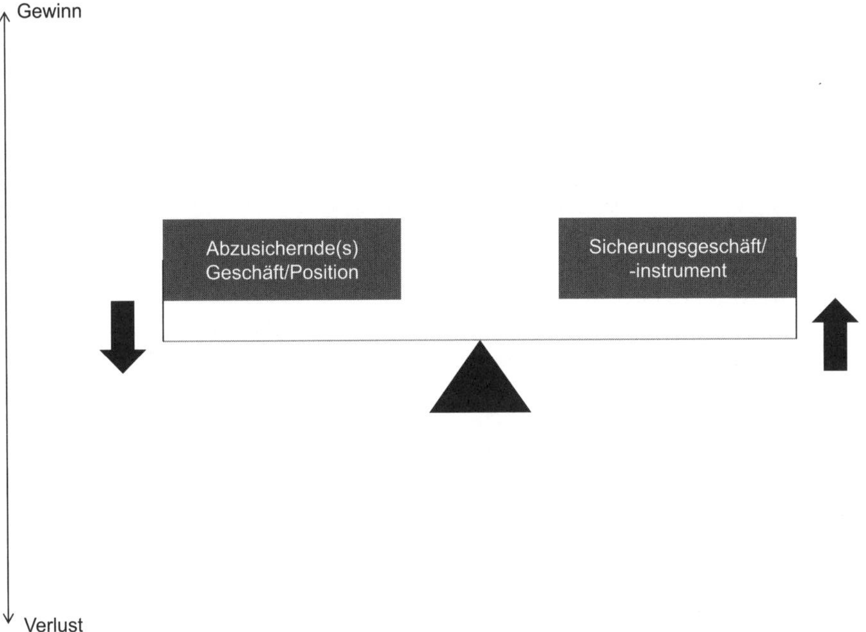

Abb. 126: *Hedging Waage*

[2] Vgl. im Einzelnen IDW RS HFA 35: Handelsrechtliche Bilanzierung von Bewertungseinheiten

Da die Anwendung dieser Grundsätze der Regelfall und deren Aussetzung der Ausnahmefall sein soll, bestehen strenge Anwendungsvoraussetzungen für das Hedge Accounting.

Nach §254 Satz 1 HGB können Vermögensgegenstände, Schulden, schwebende Geschäfte oder mit hoher Wahrscheinlichkeit erwartete Transaktionen zum Ausgleich gegenläufiger Wertänderungen oder Zahlungsströme aus dem Eintritt vergleichbarer Risiken mit Finanzinstrumenten zu einer Bewertungseinheit zusammengefasst werden. Dabei wird der Begriff „Finanzinstrumente" weit ausgelegt; er umfasst auch Termingeschäfte über den Erwerb oder die Veräußerung von Waren (§254 Satz 2 HGB).

Voraussetzung für die Anwendung des Hedge Accountings ist eine Dokumentation, aus der mindestens hervorgehen muss,

- welche(s) Grundgeschäft(e) und welche Sicherungsgeschäft(e) als Hedge Bestandteile designiert und nach den Vorschriften des Hedge Accountings behandelt werden sollen,
- welches Risiko durch die Hedge Beziehung abgesichert werden soll und
- ob der Hedge effektiv ist, d.h. ob sich die Wertänderungen in hohem Maße voraussichtlich ausgleichen.

Gegenstand der Hedge Beziehungen können sein,

- die Absicherung von Bilanzposten (Vermögensgegenstände oder Schulden) oder fest abgeschlossenen Verträgen als schwebende Geschäfte (Fair Value Hedge), oder
- die Absicherung künftiger Zahlungsströme aufgrund von mit hoher Wahrscheinlichkeit erwarteten Transaktionen (Cashflow Hedge).

Folgende Ausprägungsformen des Hedge Accountings sind möglich:

- Micro Hedge: ein spezifisches Risiko eines Grundgeschäfts wird durch ein Derivat abgesichert,
- Macro Hedge: mehrere Grundgeschäfte werden durch ein oder mehrere Derivate abgesichert,
- Portfolio Hedge: mehrere Grundgeschäfte mit einheitlicher Risikostruktur werden durch ein oder mehrere Derivate abgesichert.

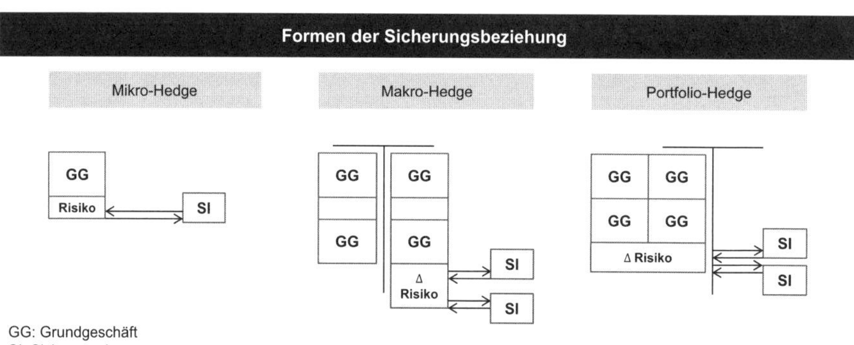

Abb. 127: *Formen der Sicherungsbeziehung*

Es besteht eine Pflicht zur laufenden Überwachung der Wirksamkeit der Sicherungsbeziehung. Die Sicherungsabsicht muss auch zukünftig bestehen, eine vorzeitige Beendigung der Hedgebeziehung ist allerdings möglich. Soweit sich die Wertänderungen nicht ausgleichen, gelten die allgemeinen bilanzrechtlichen Vorschriften (imparitätisches Vorgehen für den Nettoeffekt aus der Hedge Beziehung).

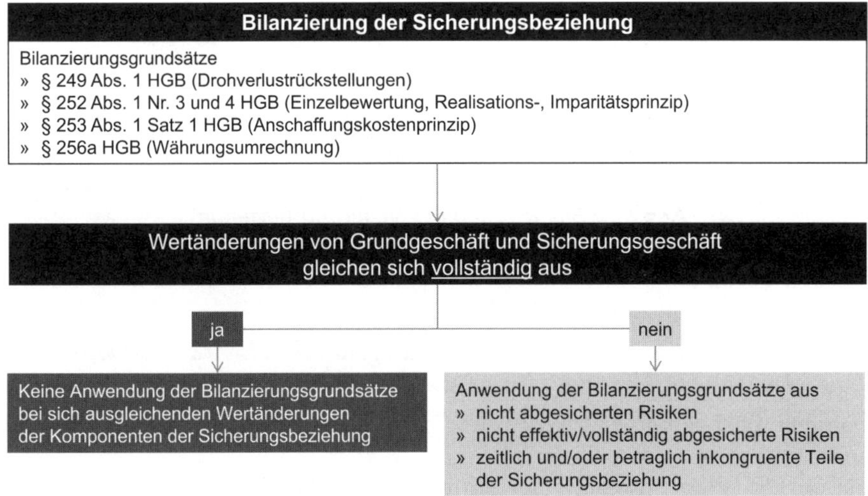

Abb. 128: *Bilanzierung der Sicherungsbeziehung*

Die Effektivität, d.h. die hohe negative Korrelation zwischen der durch das gesicherte Risiko induzierten Wertentwicklung des Grundgeschäfts und jener des Sicherungsgeschäfts, ist mindestens zu jedem (Quartal-)Bilanzstichtag zu überprüfen. Zu unterscheiden sind hierbei der prospektive und der retrospektive Effektivitätsnachweis.

- Mithilfe des prospektiven Effektivitätstests ist die Wirksamkeit der Sicherungsbeziehung für den Zeitpunkt der Bildung einer Bewertungseinheit und zumindest für jeden nachfolgenden Abschlussstichtag zu beurteilen und zu dokumentieren; dabei geht es darum, aufgrund der Ausstattungsmerkmale von Grund- und Sicherungsgeschäft zu prüfen, ob sich die gegenläufigen Wertänderungen oder Zahlungsströme im Rahmen der Sicherungsbeziehung voraussichtlich in Zukunft ausgleichen werden.
- Durch die retrospektive rechnerische Ermittlung der Wirksamkeit ist der Betrag der bisherigen (Un-)Wirksamkeit rückwirkend für die abgeschlossene Berichtsperiode betragsmäßig zu überprüfen.

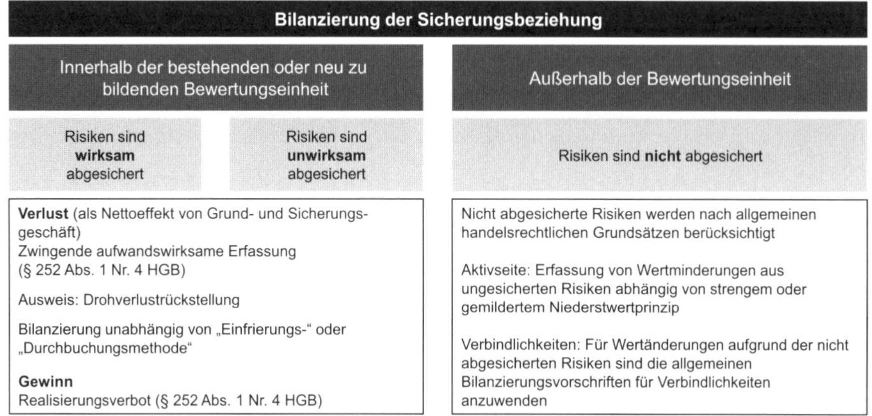

Abb. 129: *Bilanzierung der Sicherungsbeziehung*

Bei den **Bilanzierungsmethoden** ist zwischen der Einfrierungs- und der Durchbuchungsmethode zu unterscheiden.

Bei der On-balance-Version (Durchbuchungsmethode) wird das Derivat als Finanzinstrument (Sonstiger Vermögensgegenstand bzw. Sonstige Verbindlichkeit) bilanziert und zum Fair Value bewertet. Gleiches gilt für das Grundgeschäft.

Bei der Off-balance-Version (Einfrierungsmethode) wird das Derivat als schwebendes Geschäft interpretiert mit der Folge, dass es bilanziell nicht erfasst wird. Die gegenläufigen Wertänderungen bzw. Zahlungsstromänderungen bei Grund- und Sicherungsgeschäft werden außerhalb des Rechnungswesens dokumentiert und bewertet. Im Rechnungswesen selbst tritt nur ein Aufwandsüberhang auf – entweder als außerplanmäßige Abschreibung, sofern es sich bei dem Grundgeschäft um einen Bilanzposten handelt, oder als Drohverlustrückstellung, sofern es sich bei dem Grundgeschäft um schwebende Geschäfte oder mit hoher Wahrscheinlichkeit eintretende Transaktionen handelt.

Für das Hedge Accounting sieht § 285 Nr. 23 HGB ausgeprägte Angabepflichten im Anhang vor.

Anhangangaben zur Sicherungsbeziehung		
Zu den Grundgeschäften und Bewertungseinheiten	**Zu den abgesicherten Risiken**	**Zur Bilanzierungsmethode**
§ 285 Nr. 23a HGB Pro Art von Grundgeschäft: » Betrag der Einbeziehung in Bewertungseinheit » Abgesicherte Risiken (z.B. Zins) » Arten von Bewertungseinheiten » Höhe der mit Bewertungseinheiten abgesicherten Risiken	§ 285 Nr. 23b HGB Pro abgesichertem Risiko (= pro Risikoart): » Grund/Umfang/Zeitraum des Ausgleichs- von Wert-/Zahlungsstromänderungen » Methode der Wirksamkeitsermittlung § 285 Nr. 23c HGB Begründung der hohen Eintrittswahrscheinlichkeit bei antizipativen Hedges	§ 284 Abs. 2 Nr. 1 Anwendung der a) Einfrierungsmethode oder b) Durchbuchungsmethode

Abb. 130: *Anhangangaben zur Sicherungsbeziehung*

9.2 Leasing[3]

Unter Leasing versteht man die mittel- bis langfristige Vermietung von Investitions- und langlebigen Konsumgütern durch den Leasinggeber an den Leasingnehmer. Es handelt sich um Verträge, die Vereinbarungen über eine entgeltliche Nutzungs- oder Gebrauchsüberlassung auf Zeit enthalten.

Leasingverträge sind als Verträge sui generis und nach ihrem wirtschaftlichen Gehalt zwischen Miete, Kauf und Darlehen anzusiedeln.

Leasingkategorien

Beim **Finanzierungsleasing** steht eine Finanzierungsaufgabe im Vordergrund.

Kennzeichen der Finanzierungsleasingverträge sind:

- eine feste Grundmietzeit, während der der Vertrag von beiden Seiten grundsätzlich unkündbar ist,
- die Vereinbarung, dass die Gefahr des Untergangs und der Verschlechterung des Gegenstandes vom Leasingnehmer getragen wird, sowie
- die Abtretung der Gewährleistungsansprüche des Leasinggebers an den Leasingnehmer.

Beim **Operating Leasing** wird der Leasinggegenstand entweder auf eine kurze Vertragslaufzeit oder auf unbestimmte Zeit vermietet, in diesem Fall hat der Leasingnehmer ein jederzeitiges, relativ kurzfristiges Kündigungsrecht. Diese Verträge werden zumeist über langfristige Konsumgüter abgeschlossen (z.B. Kraftfahrzeuge), bei denen nach Kündigung durch den Leasingnehmer eine weitere Vermietung an einen anderen Kunden möglich ist (Teilamortisationsvertrag).

Beim **Spezialleasing** handelt es sich um Verträge über Leasinggegenstände, die speziell auf die Verhältnisse des Leasingnehmers zugeschnitten und nach Ablauf der Grundmietzeit regelmäßig nur noch beim Leasingnehmer wirt-

Abb. 131: *Leasingkategorien*

[3] Vgl. hierzu: Heyd/Nemet: Leasing im Bilanz- und Steuerrecht; in: Graf von Westphalen: Der Leasingvertrag, 7. Aufl. Köln 2015, S. 53–185.

schaftlich sinnvoll verwendbar sind. Diese Verträge gibt es mit oder ohne Kaufoptionsklausel.

Aus der Klassifizierung des einzelnen Leasingvertrags ergeben sich entsprechende bilanzielle Konsequenzen.

Vertragsformen des Leasings

Beim Finanzierungsleasing werden zwei Haupttypen unterschieden:

- Vollamortisationsverträge und
- Teilamortisationsverträge.

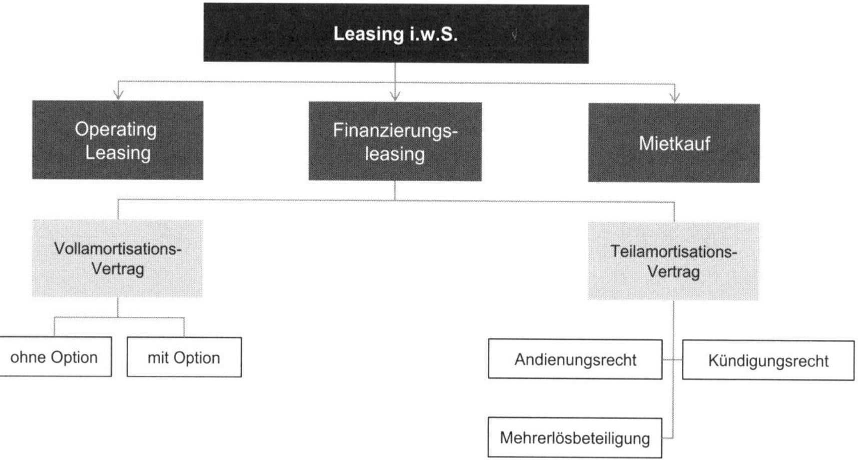

Abb. 132: *Vertragsformen des Leasings nach Verteilung des Investitionsrisikos (HGB)*

Vollamortisationsverträge (Full-pay-out-Leasing)

Bei diesem Vertragstyp müssen die Raten, die der Leasingnehmer während der festen Grundmietzeit zu entrichten hat, mindestens die Anschaffungs- oder Herstellungskosten des Leasinggebers sowie dessen gesamte Nebenkosten einschließlich der Finanzierungskosten und einer Gewinnspanne abdecken. Ist die betriebsgewöhnliche Nutzungsdauer des Gegenstandes länger als die feste Grundmietzeit, bestehen nach deren Ablauf die folgenden Alternativen:

- *Kaufoption:* Der Leasingnehmer hat das Recht, den Gegenstand zu erwerben.
- *Verlängerungsoption:* Der Leasingnehmer hat die Möglichkeit, den Vertrag (in der Regel zu herabgesetztem Entgelt) zu verlängern.
- *keine Optionen oder sonstige Rechte*: Der Leasingnehmer hat den Gegenstand zurückzugeben.

Teilamortisationsverträge (Non-pay-out-Leasing)

Hierbei werden dem Leasinggeber während der Grundmietzeit nicht seine gesamten Aufwendungen einschließlich eines Gewinnzuschlags bezahlt. Die Bemühungen der Leasinggesellschaften, sich auch bei diesem Vertragstyp hinsichtlich des am Ende der Grundmietzeit noch nicht abgedeckten Teils ihrer Aufwendungen abzusichern, ergeben folgende zusätzliche Vereinbarungsvarianten:

- *Andienungsrecht des Leasinggebers:* der Leasingnehmer hat kein Recht, den Gegenstand zu kaufen, er ist aber verpflichtet, den Gegenstand auf Verlangen des Leasinggebers zu einem bereits bei Vertragsabschluss festgelegten Preis zu erwerben.
- *Aufteilung des Mehrerlöses:* Der Gegenstand wird nach Ablauf der Grundmietzeit durch den Leasinggeber veräußert. Ist der Erlös niedriger als die Differenz zwischen den Gesamtkosten des Leasinggebers und der Summe der bisher gezahlten Raten, muss der Leasingnehmer noch eine Abschlusszahlung in Höhe dieses Fehlbetrags leisten. Ist der Erlös höher, wird dieser zwischen Leasinggeber und Leasingnehmer aufgeteilt.
- *Kündigungsrecht mit Abschlusszahlung:* Der Leasingnehmer kann den Vertrag nach Ablauf der Grundmietzeit kündigen. Er muss dann eine Abschlusszahlung in Höhe der Restamortisation (bisher nicht gedeckte Kosten) des Leasinggebers bezahlen, die auf den Veräußerungserlös ganz oder zum Teil angerechnet wird.

Zurechnung von Leasinggegenständen nach den Leasing-Erlassen

Im HGB gibt es keine spezifischen Zurechnungsgrundsätze. § 246 Abs. 1 Satz 2 HGB verlangt lediglich, dass Vermögensgegenstände grundsätzlich in der Bilanz des Eigentümers aufzunehmen sind. Für den Fall, dass ein Vermögensgegenstand nicht dem Eigentümer, sondern einem anderen wirtschaftlich zuzurechnen ist, so ist er in der Bilanz des wirtschaftlichen Eigentümers auszuweisen. Mangels konkreter Hinweise, wie das Tatbestandsmerkmal „wirtschaftliche Zurechnung" auszulegen ist, kommen hier als Interpretationshilfe die steuerlichen Zurechnungsgrundsätze in Betracht. Diese basieren auf den allgemeinen Grundsätzen einer wirtschaftlichen Betrachtungsweise (§ 39 AO).

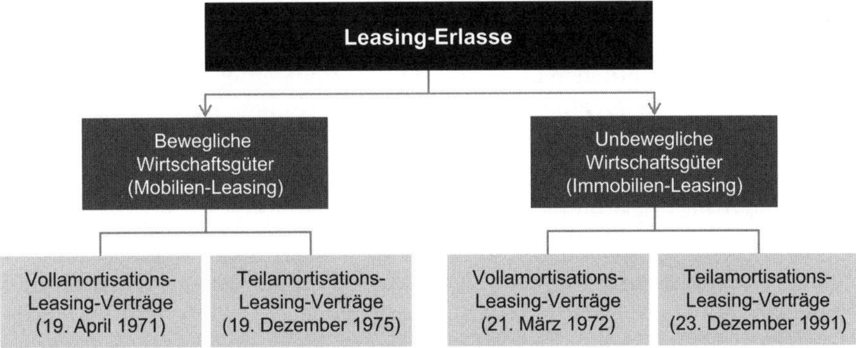

Abb. 133: *Zurechnung von Leasinggegenständen nach den Leasing-Erlassen*

Danach sind Wirtschaftsgüter grundsätzlich dem Eigentümer zuzurechnen. Übt jedoch ein anderer als der Eigentümer die tatsächliche Herrschaft über ein Wirtschaftsgut in der Weise aus, dass er den Eigentümer im Regelfall für die gewöhnliche Nutzungsdauer von der Einwirkung auf das Wirtschaftsgut wirtschaftlich ausschließen kann, so ist ihm das Wirtschaftsgut zuzurechnen. Diese steuerliche Zurechnungsvorschrift findet über die faktische umgekehrte Maßgeblichkeit in der Handelsbilanz Anwendung.

Bei der Beurteilung von Leasinggeschäften gibt es daher regelmäßig keine Unterschiede zwischen Handels- und Steuerbilanz. Die Handelsbilanz löst die Zuordnungsprobleme nach denselben Regeln, die die Rechtsprechung und die Finanzverwaltung für die Zurechnung in der Steuerbilanz aufgestellt haben. Diese Regeln wurden in mehreren Erlassen niedergelegt.

- Mobilien-Leasing-Erlass für
  - Vollamortisationsverträge (BdF vom 19.4.1971, BStBI 1971 I S. 264),
  - Teilamortisationsverträge (BdF vom 22.12.1975, BB 1976 S. 72 oder FR 1976 S. 115),
- Immobilien-Leasing-Erlass für
  - Vollamortisationsverträge (BdF vom 21.3.1972, BStBI 1972 I S. 188),
  - Teilamortisationsverträge (BdF vom 23.12.1991 BStBI 1992 I S. 13).

Diese Erlasse enthalten die folgenden typisierenden Regelungen über die Zurechnung.

Ferner ist die Zurechnung von Leasingobjekten Gegenstand zahlreicher Urteile des BFH und der Finanzgerichte.

Leasing-Zurechnung

Hauptkriterium für die Zurechnung beweglicher Wirtschaftsgüter, die Gegenstand eines Leasingvertrages sind, ist das Verhältnis der unkündbaren Grundmietzeit und der betriebsgewöhnlichen Nutzungsdauer (laut AfA-Tabelle).

Während dieser Grundmietzeit befindet sich der Leasinggegenstand beim Leasingnehmer. Dieser kann während der Grundmietzeit den Leasinggeber als rechtlichen Eigentümer von der Einwirkung auf das Wirtschaftsgut ausschließen. Je nach Verhältnis von Grundmietzeit und betriebsgewöhnlicher Nutzungsdauer kann damit das Eigentumsrecht des Leasingnehmers faktisch wertlos sein. Wenn dies der Fall ist, soll es auch nicht zur Grundlage der handels- oder steuerrechtlichen Bilanzierung gemacht werden.

Beträgt die unkündbare Grundmietzeit weniger als 40 % oder mehr als 90 % der betriebsgewöhnlichen Nutzungsdauer, so wird ein Ausschluss des zivilrechtlichen Eigentümers von der Chance einer Wertsteigerung und dem Risiko einer Wertminderung angenommen.

- Beträgt die unkündbare Grundmietzeit mehr als 90 % der betriebsgewöhnlichen Nutzungsdauer, so ist das Eigentumsrecht des Leasinggebers nach § 903 BGB, nämlich die Möglichkeit, mit der Sache nach Belieben zu verfahren, sofern nicht Gesetz oder Rechte Dritter dem entgegenstehen, faktisch wertlos (Anlehnung an BGH-Urteil vom 26.1.1970).

Zurechnung von Leasinggegenständen nach dem Mobilien-Leasing-Erlass (BMF-Schreiben vom 19.4.1971, BStBl 1971 I S. 264)			
		Grundmietzeit	
		Zwischen 40 und 90 % der betriebsgewöhnlichen Nutzungsdauer	Kürzer als 40 oder länger als 90 % der betriebsgewöhnlichen Nutzungsdauer
Ohne Kauf oder Mietverlängerungsoption		Leasinggeber	Leasingnehmer
Mit Kaufoption	Kaufpreis geringer als Buchwert am Ende der Grundmietzeit bei linearer Abschreibung.	Leasingnehmer	Leasingnehmer
	Kaufpreis höher oder gleich dem Restbuchwert am Ende der Grundmietzeit bei linearer Abschreibung.	Leasinggeber	Leasingnehmer
Mit Mietverlängerungsoption	Anschlussmiete niedriger als lineare Abschreibung.	Leasingnehmer	Leasingnehmer
	Anschlussmiete höher als lineare Abschreibung.	Leasinggeber	Leasingnehmer
Spezialleasing		Leasingnehmer	Leasingnehmer

Abb. 134: *Zurechnung von Leasinggegenständen nach dem Mobilien-Leasing-Erlass (Vollamortisation)*

- Beträgt die unkündbare Grundmietzeit weniger als 40% der betriebsgewöhnlichen Nutzungsdauer, so geht die Finanzverwaltung von Nebenabreden aus, die keinen Niederschlag im Leasingvertrag gefunden haben, und interpretiert den Vertrag daher als Ratenkaufvertrag, da es schwer vorstellbar ist, dass jemand bereit wäre, den Leasinggegenstand vollständig zu amortisieren, ohne sich – durch eine weitere Zahlung von höchstens einer Anerkennungsgebühr – das Recht auf eine weitere Nutzung oder den Erwerb zu sichern (Anlehnung an BGH-Urteil vom 26.1.1970).

Darüber hinaus sind Kauf- bzw. Mietverlängerungsoptionen bei der Zurechnung des Leasinggegenstandes zu berücksichtigen.

Bei der **Zuordnung von Leasinggegenständen aufgrund von Vollamortisationsverträgen** über bewegliche Wirtschaftsgüter unterscheidet man:

Zurechnungsschema für Mobilien-Leasing bei Vollamortisation (Finanzierungsleasing) (BMF-Schreiben vom 19.4.1971, BStBl 1971 I S. 264)		
Vertragstyp	**Vertragsbedingungen**	**Zurechnung**
Verträge ohne Kauf- oder Verlängerungsoption	a) Grundmietzeit mindestens 40 % und maximal 90 % der betriebsgewöhnlichen Nutzungsdauer b) Grundmietzeit weniger als 40 % oder mehr als 90 % der betriebsgewöhnlichen Nutzungsdauer	a) Leasinggeber b) Leasingnehmer
Verträge mit Kaufoption	a) Grundmietzeit mindestens 40 % und maximal 90 % der betriebsgewöhnlichen Nutzungsdauer und vorgesehener Kaufpreis mindestens so hoch wie Buchwert oder niedrigerer gemeiner Wert im Zeitpunkt der Veräußerung (Buchwert muss unter Anwendung linearer AfA und nach der amtlichen AfA-Tabelle ermittelt werden) b) andernfalls	a) Leasinggeber b) Leasingnehmer
Verträge mit Mietverlängerungsoption	a) Grundmietzeit mindestens 40 % und maximal 90 % der betriebsgewöhnlichen Nutzungsdauer und Anschlussmiete so bemessen, dass sie mindestens den Wertverzehr deckt, der sich ergibt, wenn der Restbuchwert durch die Restnutzungsdauer geteilt wird b) Grundmietzeit unter 40 % oder über 90 % der betriebsgewöhnlichen Nutzungsdauer c) Grundmietzeit mindestens 40 % und maximal 90 % und Anschlussmiete deckt Wertverzehr nicht	a) Leasinggeber b) Leasingnehmer c) Leasingnehmer
Spezialleasing		Leasingnehmer

Abb. 135: *Zurechnung von Leasinggegenständen nach dem Mobilien-Leasing-Erlass (Vollamortisation)*

Für die **Zuordnung des Leasinggegenstandes bei Teilamortisationsverträgen** über bewegliche Wirtschaftsgüter sind folgende Kriterien von Bedeutung:

Zurechnungsschema für Mobilien-Leasing bei Vollamortisation (Finanzierungsleasing) (BMF-Schreiben vom 22.12.1975, BB 1976 S. 72)		
Vertragstyp	**Vertragsbedingungen**	**Zurechnung**
Verträge mit Andienungsrecht des Leasinggebers ohne Optionsrecht des Leasing-nehmers		Leasinggeber
Verträge mit Kündigungsrecht des Leasinggebers		Leasinggeber
Verträge mit Mehrerlös-beteiligung des Leasingnehmers	a) Veräußerungserlös ist niedriger als die Restamortisation (= Gesamtkosten des Leasinggebers abzüglich Summe der Leasingraten in der Grundmietzeit), d.h., Leasingnehmer muss Abschlusszahlung in Höhe der Differenz zahlen b) Veräußerungserlös ist höher als die Restamortisation, d.h., Differenz wird zwischen Leasinggeber und Leasingnehmer aufgeteilt » Leasinggeber erhält mehr als 25 % des Mehrerlöses » Leasinggeber erhält weniger als 25 % des Mehrerlöses	Leasinggeber » Leasinggeber » Leasingnehmer
Spezialleasing		Leasingnehmer

Abb. 136: *Zurechnung von Leasinggegenständen nach dem Mobilien-Leasing-Erlass (Teilamortisation)*

Bei **Immobilien** sind die Zurechnungskriterien für Grund und Boden sowie Gebäude grundsätzlich getrennt zu prüfen.

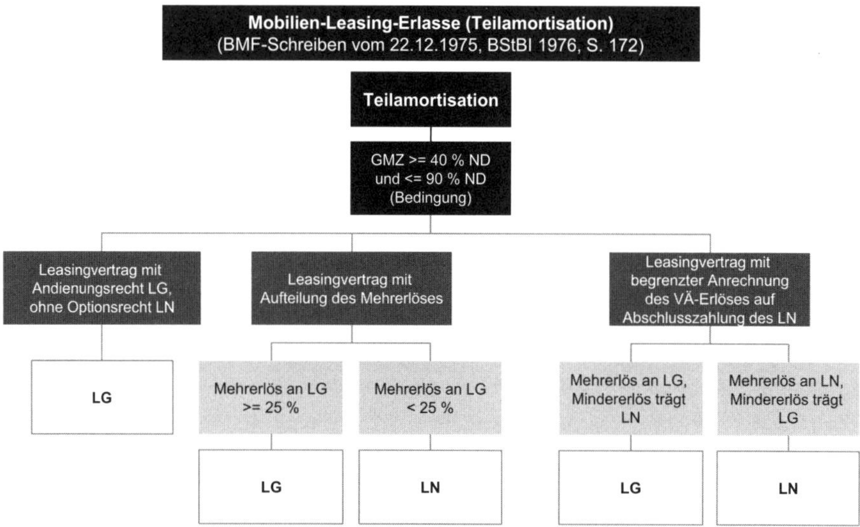

Abb. 137: *Zurechnungsgrundsätze nach Mobilien-Leasing-Erlass (Teilamortisation)*

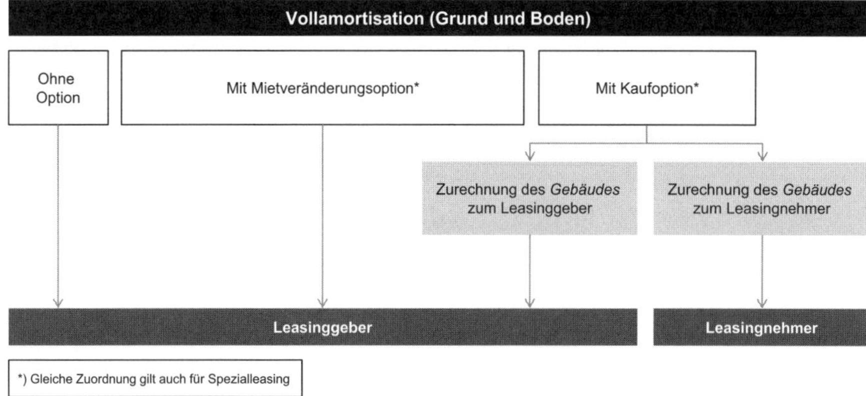

Abb. 138: *Zurechnung von Leasinggegenständen nach dem Immobilien-Leasing-Erlass (Vollamortisation)*

Handelt es sich um einen **Vollamortisationsvertrag** über unbewegliche Wirtschaftsgüter, so sind zu unterscheiden

- Leasingverträge ohne Kauf- oder Mietverlängerungsoption,
- Leasingverträge mit Kaufoption,
- Leasingverträge mit Mietverlängerungsoption,
- Verträge über Spezialleasing.

Zurechnungsschema für Immobilien-Leasing bei Vollamortisation (Finanzierungsleasing) (BMF-Schreiben vom 21.3.1972, BStBl 1972 I S. 188)		
Vertragstyp	**Vertragsbedingungen**	**Zurechnung**
I. Gebäude		
Verträge ohne Option	a) Grundmietzeit mindestens 40 % und maximal 90 % der betriebsgewöhnlichen Nutzungsdauer b) Grundmietzeit weniger als 40 % oder mehr als 90 % der betriebsgewöhnlichen Nutzungsdauer	a) Leasinggeber b) Leasingnehmer
Verträge mit Mietverlängerungs-option	a) Grundmietzeit mindestens 40 % und maximal 90 % der betriebsgewöhnlichen Nutzungsdauer und Anschlussmiete mehr als 75 % der ortsüblichen Miete b) andernfalls	a) Leasinggeber b) Leasingnehmer
Verträge mit Kaufoption Spezialleasing	a) Grundmietzeit mindestens 40 % und maximal 90 % der betriebsgewöhnlichen Nutzungsdauer und Kaufpreis bei Ausübung der Option mindestens so hoch wie der unter Anwendung der linearen AfA ermittelte Restbuchwert des Gebäudes b) andernfalls	a) Leasingnehmer b) Leasinggeber
II. Grund und Boden		
Verträge ohne Option		Leasinggeber
Verträge mit Mietverlängerungs-option Verträge mit Kaufoption	a) Wenn Gebäude nach obigen Grundsätzen dem Leasingnehmer zuzurechnen ist b) andernfalls	a) Leasingnehmer b) Leasinggeber

Abb. 139: *Zurechnung von Leasinggegenständen nach dem Immobilien-Leasing-Erlass (Vollamortisation)*

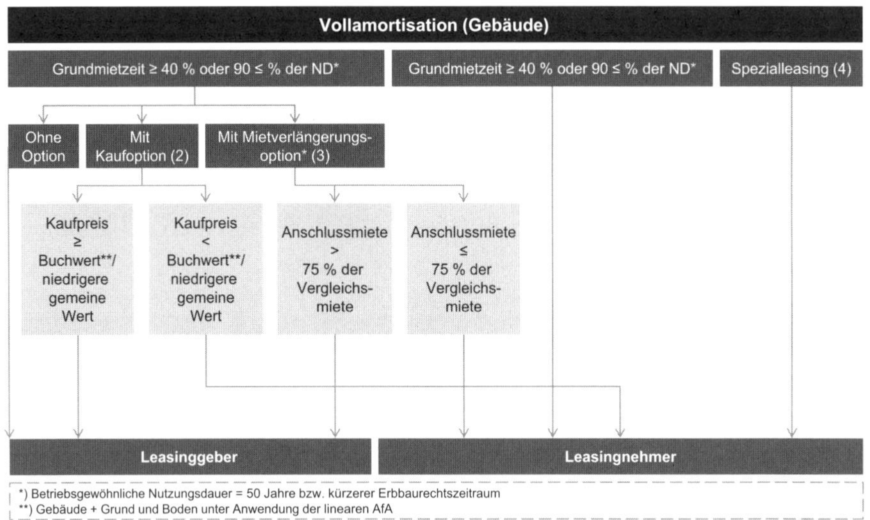

Abb. 140: *Zurechnung von Leasinggegenständen nach dem Immobilien-Leasing-Erlass (Vollamortisation)*

Liegt ein **Teilamortisationsvertrag** über unbewegliche Wirtschaftsgüter vor, so ist zu differenzieren in

- Verträge mit Kaufoption,
- Verträge mit Mietverlängerungsoption,
- Verträge mit Kauf- oder Mietverlängerungsoption und besonderen Verpflichtungen, durch die Risiken, z.B. die Gefahr des zufälligen Untergangs des Leasinggegenstandes, auf den Leasingnehmer übertragen werden, sowie
- Verträge über Spezialleasing.

1. Zurechnungsschema für Immobilien-Leasing bei Teilamortisation (Finanzierungsleasing)
(BMF-Schreiben vom 23.12.1991, BStBl 1992 I S. 13)
Die Zurechnung von Grund und Boden und Gebäude erfolgt kongruent nach denselben Kriterien

Vertragstyp	Vertragsbedingungen	Zurechnung
Verträge ohne Option		Leasinggeber
Verträge mit Mietverlängerungs-option ohne besondere Verpflichtung	a) Grundmietzeit mindestens 40 % und maximal 90 % der betriebsgewöhnlichen Nutzungsdauer und Anschlussmiete mehr als 75 % der ortsüblichen Miete b) andernfalls	a) Leasinggeber b) Leasingnehmer
Verträge mit Kaufoption ohne besondere Verpflichtung	a) Grundmietzeit mehr als 90 % der betriebsgewöhnlichen Nutzungsdauer oder der vorgesehene Kaufpreis geringer als der unter Anwendung der linearen Afa ermittelte Restbuchwert b) andernfalls	a) Leasingnehmer b) Leasinggeber

Abb. 141: *Zurechnung von Leasinggegenständen nach dem Immobilien-Leasing-Erlass (Teilamortisation)*

Vertragstyp	Vertragsbedingungen	Zurechnung
Verträge mit Kauf- oder Mietverlängerungs-option und besonderen Verpflichtungen	a) Leasingnehmer trägt die Gefahr des zufälligen ganzen oder teilweisen Untergangs des Leasinggegenstandes, ohne dass sich die Leistungspflicht mindert b) Leasingnehmer ist bei ganzer oder teilweiser Zerstörung des Leasinggegenstandes, die nicht vom ihm zu vertreten ist, dennoch zur Wiederherstellung auf seine Kosten verpflichtet oder die Leistungspflicht mindert sich trotz der Zerstörung nicht c) Für Leasingnehmer mindert sich die Leistungspflicht nicht, wenn die Nutzung des Leasinggegenstandes aufgrund eines nicht von ihm zu vertretenden Umstands langfristig ausgeschlossen ist d) Leasingnehmer hat Leasinggeber die bisher nicht gedeckten Kosten ggfs. auch einschließlich einer Pauschalgebühr zur Abgeltung von Verwaltungskosten zu erstatten, wenn es zu einer vorzeitigen Vertragsbeendigung kommt, die der Leasingnehmer nicht zu vertreten hat e) Leasingnehmer stellt den Leasinggeber von sämtlichen Ansprüchen Dritter frei, die diese hinsichtlich des Leasinggegenstandes gegenüber dem Leasinggeber geltend machen, es sei denn, dass der Anspruch des Dritten von dem Leasingnehmer verursacht worden ist f) Leasingnehmer als Eigentümer des Grund und Bodens, auf dem der Leasinggeber als Erbbauberechtigter den Leasinggegenstand errichtet, ist aufgrund des Erbbaurechtsvertrags unter wirtschaftlichen Gesichtspunkten gezwungen, den Leasinggegenstand nach Ablauf der Grundmietzeit zu erwerben	a) Leasingnehmer b) Leasingnehmer c) Leasingnehmer d) Leasingnehmer e) Leasingnehmer f) Leasingnehmer
Spezialleasing		Leasingnehmer

Abb. 142: *Zurechnung von Leasinggegenständen nach dem Immobilien-Leasing-Erlass (Teilamortisation)*

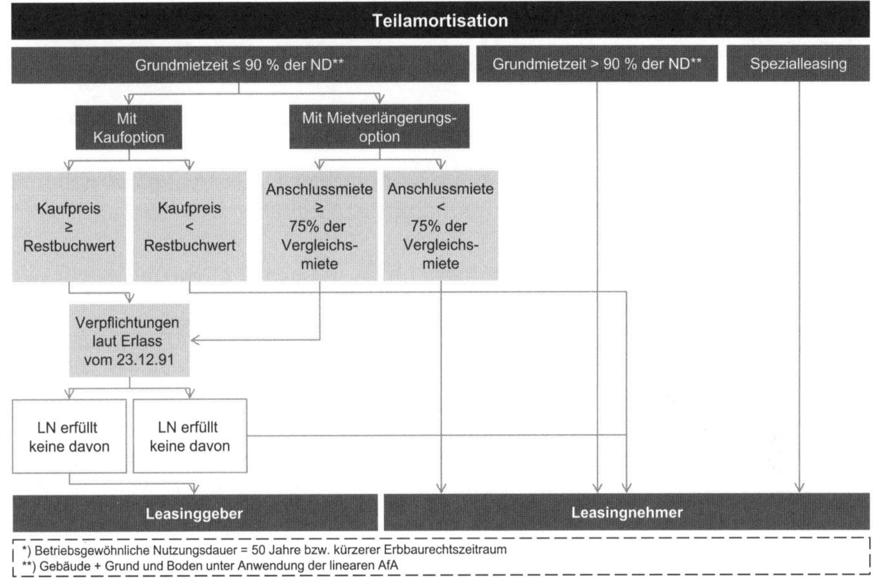

Abb. 143: *Zurechnung von Leasinggegenständen nach dem Immobilien-Leasing-Erlass (Teilamortisation)*

Bilanzielle Behandlung bei Leasinggeber und Leasingnehmer

Aufgrund der differenzierten Zurechnungskriterien entsprechend den zugrunde liegenden Vertragsvereinbarungen erfolgt die Zuordnung des Leasinggegenstandes entweder beim Leasinggeber oder beim Leasingnehmer.

- Erfolgt die Zuordnung beim Leasinggeber, so wird der Leasingvertrag wie ein Mietvertrag betrachtet, d.h. beim Leasingnehmer als schwebendes Ge-

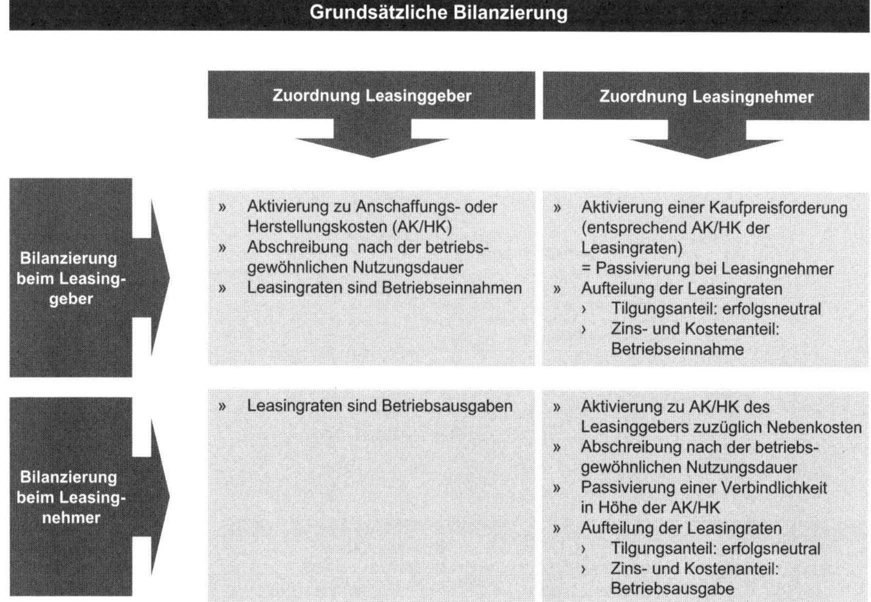

Abb. 144: *Bilanzielle Behandlung beim Leasinggeber und Leasingnehmer*

schäft behandelt, die Leasingraten als operativer (Miet-)Aufwand gebucht und der Leasinggegenstand wird beim Leasinggeber aktiviert und planmäßig abgeschrieben.

- Erfolgt die Zuordnung beim Leasingnehmer, so wird der Leasingvertrag wie ein Ratenkaufvertrag behandelt, d.h.
  - beim Leasingnehmer wird der Leasinggegenstand aktiviert und eine entsprechende Leasingverbindlichkeit passiviert, die Leasingraten werden in einen erfolgsneutralen Tilgungsanteil und in einen erfolgswirksamen Zins- und Kostenanteil aufgeteilt,
  - beim Leasinggeber werden eine Veräußerung und eine Darlehensgewährung gebucht, die vereinnahmten Leasingraten werden in einen erfolgsneutralen Tilgungsanteil, im Umfang dessen die Darlehensforderung abgebaut wird, und einen erfolgswirksamen (Zins-)Ertragsanteil aufgeteilt.

Wird der **Leasinggegenstand beim Leasinggeber bilanziert**, dann hat ihn dieser zu Anschaffungs- oder Herstellungskosten zu aktivieren und auf die betriebsgewöhnliche Nutzungsdauer abzuschreiben. Ferner hat er die Leasingraten als Ertrag bzw. Betriebseinnahme zu behandeln. Der Leasingnehmer hat in diesem Fall die Leasingraten als Aufwand bzw. Betriebsausgabe zu behandeln. Sollte es sich um degressive Leasingraten handeln, so wären im Falle von Immobilienleasing die Beträge erfolgsrechnerisch zu linearisieren und über Rechnungsabgrenzungsposten darzustellen (BFH v. 12.8.1982, IV R 184/29), wohingegen im Falle von Mobilienleasing keine Linearisierung der Leasingraten erfolgen müsste (BFH v. 28.2.2001, IR 51/00).

Wird der **Leasinggegenstand bilanziell dem Leasingnehmer zugeordnet**, so aktiviert ihn dieser mit den Anschaffungs- oder Herstellungskosten zuzüglich

Nebenkosten und schreibt ihn über die betriebsgewöhnliche Nutzungsdauer bzw. die kürzere Grundmietzeit ab. Er passiviert eine Verbindlichkeit in Höhe der Anschaffungs- oder Herstellungskosten, was zu einer Bilanzverlängerung (Verminderung der Eigenkapitalquote) führt. Er bezahlt seine Leasingraten, die er in einen erfolgsneutralen Tilgungsanteil einteilt, mit welchem er Verbindlichkeiten abbaut, und in einen erfolgswirksamen Zins- und Kostenanteil, den er als Betriebsausgabe bzw. Aufwand behandelt. Der Leasinggeber aktiviert eine Leasingforderung entsprechend den Anschaffungs- oder Herstellungskosten des Leasinggegenstandes. Als Gegenbuchung wird ein Umsatz ausgewiesen, dem bei Ausbuchung des Leasinggegenstandes ein gleich hoher Wareneinsatz gegenübersteht, der Vorgang bei Vertragsschluss somit erfolgsneutral ist. Die vereinnahmten Leasingraten sind einzuteilen in einen erfolgsneutralen Tilgungsanteil, in Höhe dessen Forderungen abgebaut werden, und einen erfolgswirksamen Zins- und Kostenanteil, der als Betriebseinnahme bzw. Ertrag zu behandeln ist.

Die Aufteilung der Leasingraten in einen erfolgsneutralen Tilgungsanteil, mit dem beim Leasingnehmer Verbindlichkeiten und beim Leasinggeber Forderungen abgebaut werden, und einen erfolgswirksamen Zins- und Kostenanteil, der beim Leasingnehmer Betriebsausgabe bzw. Aufwand und beim Leasinggeber Betriebseinnahme bzw. Ertrag darstellt, hat jeweils annuitätisch zu erfolgen.

9.3 Maßgeblichkeit der Handelsbilanz für die Steuerbilanz

> Das Maßgeblichkeitsprinzip nach §5 Abs. 1 Satz 1 EStG besagt, dass dem Ansatz des steuerlichen Betriebsvermögens die handelsrechtlichen Grundsätze ordnungsmäßiger Buchführung zugrunde zu legen sind, sofern nicht im Rahmen der Ausübung eines steuerlichen Wahlrechts ein anderer Ansatz gewählt wurde oder wird.

Sowohl nach Handelsrecht als auch nach Steuerrecht sind jährlich Handels- bzw. Steuerbilanzen zu erstellen, sofern hierfür eine gesetzliche Verpflichtung besteht (Kaufmannseigenschaft, Buchführungspflicht nach AO etc.). Aus Wirtschaftlichkeitsgründen werden diese beiden Bilanzen über die Maßgeblichkeit miteinander verbunden. Der handelsrechtliche Jahresüberschuss ist hierbei aufgrund der im Steuerrecht vorherrschenden Modifikationen auf den Steuerbilanzgewinn überzuleiten und die bilanziellen Wertansätze sind dementsprechend an die steuerlichen Regelungen anzupassen. Dabei können die handelsrechtlichen Wertansätze beibehalten werden, soweit das Steuerrecht keine abweichende Wahlrechtsausübung zulässt bzw. abweichende Ansatz- und Bewertungsvorschriften gebietet. Kommt es zu einer Abweichung dieser beiden Wertansätze (sogenannte Durchbrechung an der Maßgeblichkeit), so ist zwischen permanenten, quasi-permanenten und temporären Durchbrechungen der Maßgeblichkeit zu unterscheiden. Temporäre und quasi-permanente Durchbrechungen der Maßgeblichkeit heben sich im Zeitablauf bzw. bei einer entsprechenden unternehmerischen Entscheidung wieder auf. Daher sind diese

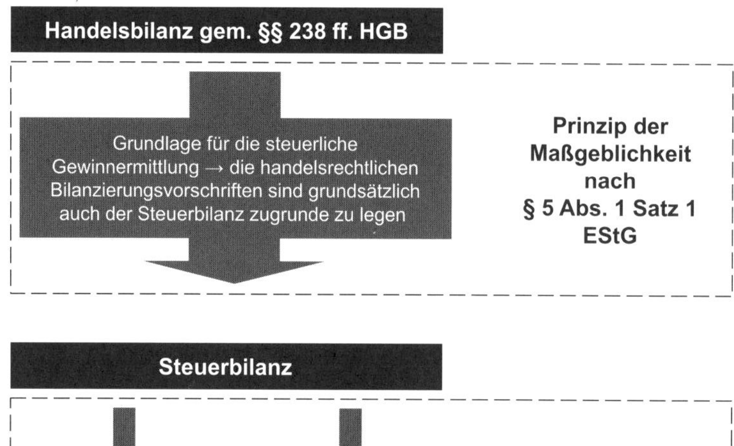

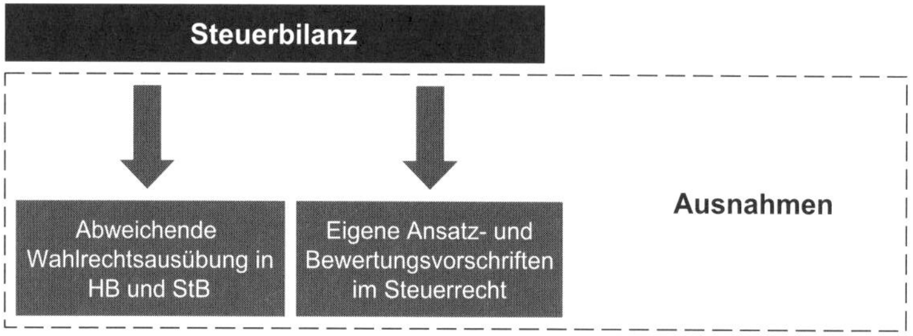

Abb. 145: *Maßgeblichkeit der Handelsbilanz für die Steuerbilanz*

Durchbrechungen entsprechend über die Bildung latenter Steuern abzugrenzen. Permanente Durchbrechungen gleichen sich nie aus und werden daher nicht durch latente Steuern abgegrenzt. Hier fallen Handelsbilanz und Steuerbilanz dauerhaft auseinander.

Das Maßgeblichkeitsprinzip ist grundsätzlich für alle Kaufleute anzuwenden. Sind Kaufleute nicht bereits nach dem Handelsgesetzbuch zur Buchführung (§238 ff. HGB) verpflichtet, so kommt eine Buchführungs- und Bilanzierungspflicht aufgrund steuerlicher Vorschriften (§141 AO) infrage.

Wegen der zahlreichen Durchbrechungen der Maßgeblichkeit aufgrund unterschiedlicher Ansatz- und Bewertungsvorschriften in Handels- und Steuerbilanz wird in der Praxis verstärkt in zwei Buchungskreisen für die handels- und steuerrechtliche Rechnungslegung gebucht.

Maßgeblichkeit im Bereich der Ansatzvorschriften

Der Grundsatz der Maßgeblichkeit gilt für sämtliche Ansatzvorschriften. Aktivierungs- und Passivierungsgebote sowie Bilanzierungsverbote gelten in der Handels- und in der Steuerbilanz grundsätzlich entsprechend.

Abweichungen können sich ergeben, wenn

- steuerrechtliche Normen etwas anderes vorschreiben als der Handelsbilanz zugrunde liegt. So ist beispielsweise der Ansatz von Rückstellungen für drohende Verluste in der Steuerbilanz nicht zulässig (§5 Abs. 4a EStG). Ein Ansatz in der Handelsbilanz ist bei Vorliegen der gesetzlichen Anforderungen allerdings zwingend geboten (§249 Abs. 1 Satz 1 HGB).

- Ansatzwahlrechte in Handels- und Steuerbilanz unterschiedlich ausgeübt werden,
- Ansatzwahlrechte in der Handelsbilanz von der für die Steuerbilanz verpflichtenden Vorgehensweise abweichend ausgeübt werden; so gilt nach dem BFH Urteil vom 3.2.1969:
  - Für handelsrechtliche Aktivierungswahlrechte gelten steuerliche Aktivierungspflichten (Beispiel: Disagio nach § 250 Abs. 3 HGB (Aktivierungswahlrecht), Ansatzpflicht im Steuerrecht (aktiver Rechnungsabgrenzungsposten); Ausnahme: selbst erstellte immaterielle Vermögensgegenstände § 248 Abs. 2 Satz 1 HGB (Aktivierungswahlrecht), § 5 Abs. 2 EStG (Aktivierungsverbot)).
  - Für handelsrechtliche Passivierungswahlrechte gelten steuerliche Passivierungsverbote.

Damit ergeben sich Durchbrechungen der Maßgeblichkeit aufgrund von Ansatzvorschriften.

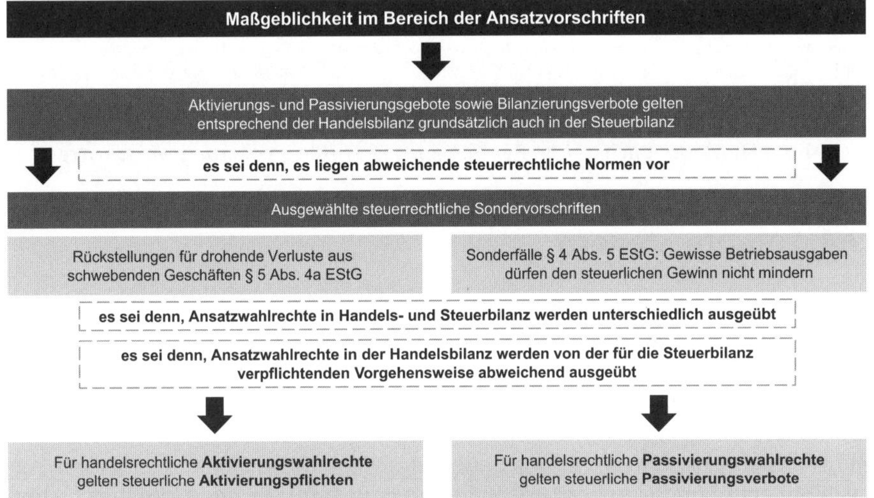

Abb. 146: *Maßgeblichkeit im Bereich der Ansatzvorschriften*

Aus fiskalpolitischen Gründen sieht der Steuergesetzgeber ebenfalls gewisse Ausgaben nicht als abzugsfähig vor (vgl. u.a. § 4 Abs. 5 EStG).

Auch steuerfreie Rücklagen (z.B. § 6b EStG, R. 6.6 EStR) sowie steuerliche Sonderabschreibungen (z.B. § 7g Abs. 5 EStG) oder erhöhte Absetzungen (§§ 7h, 7i EStG) sind steuerrechtlich anwendbar, handelsrechtlich aber nicht zulässig.

Maßgeblichkeit im Bereich ausgewählter Bewertungsvorschriften

Neben abweichenden Regelungen für den Ansatz sieht das Steuerrecht auch abweichende Regelungen für die Bewertung von Vermögensgegenständen (bzw. positiven Wirtschaftsgütern) und Schulden (negative Wirtschaftsgüter) im Gegensatz zum Handelsrecht vor.

Diese unterschiedlichen Bewertungsvorschriften können sowohl auf verschiedenen verpflichtend anzuwendenden Bewertungsvorschriften beruhen, z.B. bei Pensionsrückstellungen, Diskontierungssatz im handelsrechtlichen Rechnungswesen (§253 Abs. 2 HGB) und im steuerlichen Rechnungswesen (§6a Abs. 3 Satz 3 EStG) als auch aus der unterschiedlichen Ausübung handels- und steuerlicher Bewertungswahlrechte resultieren (z.B. Verbrauchsfolgeverfahren (Handelsbilanz: Durchschnittsmethode, Lifo, Fifo, Steuerbilanz: Durchschnittsmethode oder Lifo).

Maßgeblichkeit im Bereich ausgewählter Bewertungsvorschriften		
Abschreibung des derivativen Geschäftswertes über 15 Jahre; handelsrechtliche Abschreibung gem. § 253 Abs. 3 Satz 3 und 4 HGB (im Zweifel zehn Jahre)	Teilwertabschreibung/außerplan. Abschreibung steuerlich nur bei voraussichtlich dauernder Wertminderung zulässig, handelsrechtlich ggf. auch bei vorübergehenden Wertminderungen	Fremdwährungsposten sind steuerlich zu den Anschaffungskosten bzw. niederen beizulegenden Wert zu bewerten, handelsrechtlich jedoch bei Laufzeiten bis zu einem Jahr mit dem Stichtag
Verbrauchsfolgeverfahren: nach Steuerrecht ist die FIFO-Methode (first in first out) als Fiktion ausgeschlossen, handelsrechtlich ist auch FIFO möglich	Pensionsrückstellungen: eigene umfassende steuerrechtliche Vorschrift § 6a EStG, handelsrechtlich sind abweichende Regelungen zu befolgen (§§ 246, 253, 255 HGB)	Abzinsung von Verbindlichkeiten mit Laufzeit bis zu einem Jahr mit einem Zinssatz von 5,5 %, handelsrechtlich erfolgt die Abzinsung mit siebenjährigen Durchschnittszinsen (§ 253 HGB)

Abb. 147: *Maßgeblichkeit im Bereich ausgewählter Bewertungsvorschriften*

9.4 Latente Steuern

Die für die Bilanzierung latenter Steuern im Jahresabschluss nach HGB maßgebende Norm ist §274 HGB[4]. Latente Steuern sind Ausdruck des Periodisierungsgedankens im Falle von Durchbrechungen der Maßgeblichkeit. Ziel latenter Steuerabgrenzungen ist es zu erreichen, dass sich der im handelsrechtlichen Jahresabschluss ausgewiesene Ertragsteueraufwand auf das Jahresergebnis im HGB-Abschluss bezieht. Das bedeutet, dass künftige, noch nicht veranlagte, wohl aber bereits erkennbare Steuerbe- bzw. -entlastungen künftiger Jahre, welche auf Differenzen zwischen dem HGB-Bilanzstandsausweis und den steuerlichen Wertansätzen der entsprechenden Bilanzposten zurückzuführen sind, mittels latenter Steuerabgrenzungen zum Ausdruck gebracht werden.

Es gilt der bilanzorientierte Ansatz, wonach temporäre und quasi-permanente Bilanzstandsunterschiede zwischen den Bilanzposten im HGB-Abschluss und dem steuerlichen Wertansatz dieser Bilanzposten grundsätzlich Anlass für (aktive oder passive) Steuerlatenzen sind[5]. Ferner gilt eine Pflicht, aktive latente Steuern auf steuerliche Verlustvorträge zu berücksichtigen, wenn eine Verlustverrechnung innerhalb der nächsten fünf Jahre erwartet werden kann[6].

[4] DRS 18 ist zwar für die Bilanzierung latenter Steuern im Konzernabschluss konzipiert, lässt aber punktuelle Analogieschlüsse für deren Behandlung im Jahresabschluss zu.

[5] Vgl. §274 Abs. 1 Satz 1 HGB.

[6] Vgl. §274 Abs. 1 Satz 4 HGB.

Temporäre Unterschiede sind Unterschiedsbeträge zwischen dem Buchwert eines Vermögenswerts oder einer Schuld in der HGB-Bilanz und deren steuerlichen Wertansatz.

Temporäre Unterschiede sind denkbar als:

- künftig zu versteuernde temporäre Unterschiede, die zu steuerpflichtigen Beträgen bei der Ermittlung des zu versteuernden Einkommens bzw. steuerlichen Verlustes zukünftiger Perioden führen, wenn der HGB-Buchwert eines Vermögensgegenstands realisiert oder einer Schuld erfüllt wird[7],
- künftig abzugsfähige temporäre Unterschiede, die bei der Ermittlung des zu versteuernden Einkommens bzw. steuerlichen Verlustes zukünftiger Perioden abzugsfähig sind, wenn der HGB-Buchwert eines Vermögensgegenstandes realisiert oder einer Schuld erfüllt wird[8].

Ein Ansatz latenter Steuern auf permanente Differenzen[9], also solcher Bilanzstandsdifferenzen, die sich niemals umkehren werden, kommt nicht in Betracht, weil sich daraus in späteren Jahren weder Steuerbe- noch -entlastungen ergeben.

9.4.1 Zielsetzung und Funktionsweise latenter Steuerabgrenzungen

Mithilfe von latenten Steuern soll das gesetzgeberische Ziel erreicht werden, dass der Ertragsteuer-Aufwand in der GuV-Rechnung im handelsrechtlichen Jahresabschluss in einem nachvollziehbaren, d.h. durch den Ertragsteuer-Satz bestimmten Verhältnis zum HGB-Gewinn (vor Steuern) stehen soll. Es soll somit gelten:

Ertragsteuer-Aufwand lt. GuV-Rechnung im HGB-Abschluss = Ertragsteuer-Satz x HGB-Gewinn (vor Steuern)

Dieses Ziel leitet sich daraus ab, dass der publizierte HGB-Abschluss das Vertrauen der Adressaten besitzen soll. Dieses Vertrauen wird erhöht, wenn der ausgewiesene HGB-Gewinn und der Ertragsteuer-Aufwand lt. GuV-Rechnung im HGB-Abschluss in einem durch den Ertragsteuer-Satz, wie er sich aus der Anhang-Angabe nach § 285 Nr. 29 HGB ergibt, bestimmten, nachvollziehbaren Verhältnis stehen.

---

[7] Passive latente Steuern als steuerliche Belastungen künftiger Jahre.

[8] Aktive latente Steuern als steuerliche Entlastungen künftiger Jahre.

[9] Z.B. nicht abzugsfähige Betriebsausgaben oder steuerfreie Einnahmen.

Zeitlich unbegrenzte (permanente) Durchbrechungen	Für Zwecke latenter Steuerabgrenzungen **irrelevant**
Quasi zeitlich unbegrenzte (quasi-permanente) Durchbrechungen	Latente Steuerabgrenzungen kommen in Betracht
Zeitlich begrenzte (temporäre) Durchbrechungen	Latente Steuerabgrenzungen kommen in Betracht

Abb. 148: *Latente Steuerabgrenzungen*

Tatsächlich bezieht sich der veranlagte Ertragsteuer-Aufwand aber auf den Steuerbilanzgewinn. Es gilt somit

Ertragsteuer-Aufwand lt. Ertragsteuer-Bescheid = Ertragsteuersatz x Steuerbilanzgewinn

Bei Kongruenz von Handels- und Steuerbilanz ist das Ziel des Gesetzgebers ohnehin erfüllt. Wegen der unterschiedlichen Ziele von Handels- und Steuerbilanz sowie der konzeptionellen Besonderheiten beider Systeme gibt es jedoch eine große Vielzahl von Durchbrechungen der Maßgeblichkeit. Insofern kann von einer Einheitsbilanz von HGB-Abschluss und Steuerbilanz nicht gesprochen werden.

Neben dieser eher GuV-orientierten Sichtweise existiert auch eine bilanzorientierte Begründung latenter Steuern:

Ein aktiver Bilanzposten im HGB-Abschluss impliziert zunächst, dass in dieser Höhe in nachfolgenden Jahren ein (Abschreibungs-)Aufwand sowohl im HGB- als auch im steuerlichen Abschluss entstehen wird, insofern Minderungen des steuerlichen Ergebnisses in dieser Höhe zu erwarten sind. Fallen HGB- und steuerlicher Buchwert auseinander, so ist diese Erwartung nicht zutreffend, weil der sich aus einem Bilanzposten ergebende steuerliche Aufwand nachfolgender Jahre aus dessen steuerlichen Wert und nicht aus dessen Buchwert im HGB-Abschluss ergibt. Analoges gilt für passive Bestandskonten und einem zu erwartenden steuerlichen Ertrag nachfolgender Perioden.

Man unterscheidet:

- Zeitlich unbegrenzte (permanente) Durchbrechungen z.B. Nichtanerkennung bestimmter Aufwendungen als Betriebsausgaben im Steuerrecht. Sie sind für Zwecke latenter Steuerabgrenzungen irrelevant, weil sich daraus nie steuerliche Be- oder Entlastungen nachfolgender Jahre ableiten lassen.
- Quasi zeitlich unbegrenzte (quasi-permanente) Durchbrechungen, d.h. zeitliche Verwerfungen, die erst zu einem späteren, am Bilanzstichtag noch nicht vorhersehbaren Zeitpunkt, ggf. erst mit der Liquidation des Unternehmens ausgeglichen werden, z.B. Buchwertunterschiede bei nicht abnutzbarem Anlagevermögen (Grundstücke oder Beteiligungen). Sie führen zwar nicht zu einer Ergebnisdifferenz, wohl aber zu einer Bilanzstandsdifferenz zwischen Handels- und Steuerbilanz und sind demzufolge für das bilanzorientierte Konzept latenter Steuern relevant.

- Zeitlich begrenzte (temporäre) Durchbrechungen, bei denen sich im Zeitpunkt des Auseinanderfallens von Handels- und Steuerbilanz bereits abschätzen lässt, wann die beiden Rechenwerke wieder im Einklang stehen. Dies sind beispielsweise:
  - unterschiedliche Nutzungsdauern beim abnutzbaren Anlagevermögen,
  - Drohverlustrückstellungen (§ 249 Abs. 1 HGB, § 5 Abs. 4a EStG),
  - selbst geschaffene immaterielle Vermögensgegenstände des Anlagevermögens (§ 248 Abs. 2 Satz 1 HGB, § 5 Abs. 2 EStG),
  - etc.

Temporäre Differenz zwischen Handels- und Steuerbilanz	**Spätester Zeitpunkt der Umkehrung der temporären Differenz**
unterschiedliche Nutzungsdauern beim abnutzbaren Anlagevermögen,	Ende der Nutzungsdauer des abnutzbaren Anlagevermögensgegenstandes
Passivierung einer Drohverlustrückstellung im HGB-Abschluss[10], Nichtpassivierung in der Steuerbilanz[11],	Eintritt des Verlusts bzw. endgültiger Nichteintritt
Aktivierung eines selbst erstellten immateriellen Vermögenswertes in der Handelsbilanz[12], Aufwandsverrechnung in der Steuerbilanz[13]	Ende der Nutzungsdauer des selbst erstellten immateriellen Vermögensgegenstandes

Abb. 149: *Temporäre Differenz zwischen Handels- und Steuerbilanz*

Für quasi-permanente und temporäre Bilanzstandsdifferenzen kommen latente Steuerabgrenzungen in Betracht.

Ist in dem Jahr, in dem Handels- und Steuerbilanz auseinanderfallen, erkennbar, dass in nachfolgenden Jahren mehr Ertragsteuern zu zahlen sein werden, als dem HGB-Ergebnis entspricht, so ist dafür eine passive latente Steuer, ähnlich einer „Rückstellung für drohende Steuerzahlungen" zu bilden[14].

Ist in dem Jahr, in dem Handels- und Steuerbilanz auseinanderfallen, erkennbar, dass in nachfolgenden Jahren weniger Ertragsteuern zu zahlen sein werden, als dem HGB-Ergebnis entspricht, so ist dafür eine aktive latente Steuer, ähnlich einem „Erstattungsanspruch (Forderungen) gegenüber dem Finanzamt" zu bilden.[15]

---

[10] Vgl. § 249 Abs. 1 HGB.
[11] Vgl. § 5 Abs. 4a EStG.
[12] Vgl. § 248 Abs. 2 Satz 1 HGB.
[13] Vgl. § 5 Abs. 2 EStG.
[14] Vgl. § 274 Abs. 1 Satz 1 HGB.
[15] Vgl. § 274 Abs. 1 Satz 2 HGB. Zur Frage von Ansatzpflicht oder Wahlrecht bzw. Saldierung oder Nicht-Saldierung vgl. S. 151.

9.4.2 Vorgehensweise bei Bilanzierung und Bewertung latenter Steuerabgrenzungen

Folgende Arbeitsschritte empfehlen sich für die Beurteilung von Ansatz und Bewertung latenter Steuern:

1. Liegen temporäre Durchbrechungen der Maßgeblichkeit (Bilanzstandsdifferenzen zwischen der Handels- und der Steuerbilanz) vor?
2. Liegt eine aktive oder passive latente Steuerabgrenzung vor?
3. Bewertung der latenten Steuerabgrenzung in jedem Jahr als Produkt aus Bilanzstandsdifferenz x Ertragsteuersatz

9.4.3 Aktive Steuerlatenzen auf Verlustvorträge

Nach §274 Abs. 1 Satz 4 HGB sind aktive latente Steuern auf steuerliche Verlustvorträge in Höhe der innerhalb der nächsten fünf Jahre zu erwartenden Verlustverrechnung zu berücksichtigen.

Aktive latente Steuerabgrenzungen repräsentieren steuerliche Entlastungen nachfolgender Jahre. Steuerliche Verlustvorträge stellen ebenfalls zukünftige steuerliche Entlastungen dar, sofern sie mit positiven steuerlichen Ergebnissen nachfolgender Jahre verrechnet werden können.

Eine steuerliche Entlastung tritt allerdings nur ein, wenn in den nächsten fünf Jahren mit entsprechenden positiven steuerlichen Ergebnissen gerechnet werden kann. Hierfür kommen folgende Quellen in Betracht:

- zukünftige steuerliche Gewinne gemäß der Planungsrechnung für den Zeitraum, in dem der steuerliche Verlustvortrag voraussichtlich genutzt werden kann. Dies setzt eine steuerliche Vorschaurechnung voraus; in diesen Fällen muss das bilanzierende Unternehmen überzeugende substanzielle Hinweise dafür vorbringen, dass künftig ein ausreichendes zu versteuerndes Einkommen zur Verfügung stehen wird,
- steuerliche Gewinne vergangener Jahre, die für einen Verlustrücktrag verwendet werden können,
- steuerliche Gestaltungsstrategien, die innerhalb der Verlustvortragsfrist einen künftigen zu versteuernden Gewinn generieren können, z.B. Gestaltung von Leasingverträgen, Verkauf von Reservevermögen (Grundstücke, Wertpapiere etc.), Auflösung bestehender steuerfreier Rücklagen (z.B. nach R 6.6 Abs. 4 EStR, §6b EStG),
- ausreichende zu versteuernde temporäre Unterschiede zur Umkehr von passiven latenten Steuern.

Wann tritt eine steuerliche Entlastung ein?

Wenn in den nächsten fünf Jahren mit entsprechenden positiven steuerlichen Ergebnissen gerechnet werden kann

Quellen positiv steuerlicher Ergebnisse
Zukünftige steuerliche Gewinne gemäß der Planungsrechnung für den Zeitraum, in dem der steuerliche Verlustvortrag voraussichtlich genutzt werden kann
Steuerliche Gewinne vergangener Jahre, die für einen Verlustrücktrag verwendet werden können
Steuerliche Gestaltungsstrategien, die innerhalb der Verlustvortragsfrist einen künftigen zu versteuernden Gewinn generieren können
Ausreichende zu versteuernde temporäre Unterschiede zur Umkehr von passiven latenten Steuern

Abb. 150: *Aktive Steuerlatenzen auf Verlustvorträge*

9.4.4 Ausweisvorschriften für latente Steuern

Aktive und passive latente Steuern sind im Rahmen eines Differenzenspiegels aufzustellen[16]. Der bilanzielle Ausweis latenter Steuern erfolgt jedoch als Gesamtdifferenzenbetrachtung. Aktive und passive latente Steuern können saldiert oder unsaldiert ausgewiesen werden[17].

Ergibt sich insgesamt ein Überhang der passiven über die aktiven latenten Steuern, so besteht hierfür eine Passivierungspflicht[18].

Ergibt sich insgesamt ein Überhang der aktiven über die passiven latenten Steuern, so besteht für diesen aktiven Überhang ein Ansatzwahlrecht[19]. Für den Fall der Aktivierung ist eine Ausschüttungssperre nach §268 Abs. 8 Satz 2 HGB zu beachten; über sie ist im Anhang zu berichten[20].

Die Bewertung latenter Steuern erfolgt mit dem Steuersatz, der im Zeitpunkt des Abbaus der temporären Differenzen bzw. Nutzung der Verlustvorträge gültig sein wird[21]. Wegen der Prognoseunsicherheit in Bezug auf den künftig geltenden Steuersatz, wird im Normalfall der gegenwärtige unternehmensindividuelle Steuersatz am Abschlussstichtag zur Anwendung gebracht. Für den Fall, dass durch ein bereits so gut wie verabschiedetes Steuergesetz ein neuer Steuersatz für den Zeitpunkt der künftig eintretenden Steuerbe- oder -entlastung zu erwarten ist, ist dieser künftige Steuersatz bei der Latenzberechnung anzuwenden[22].

Für latente Steuern besteht ein Abzinsungsverbot[23].

Die Werthaltigkeit aktiver latenter Steuern ist gemäß DRS 18.17 zu jedem Abschlussstichtag zu überprüfen. Sofern sich aufgrund einer qualitätsgesicherten

[16] Vgl. DRS 18.36.
[17] Vgl. §274 Abs. 1 Satz 3 HGB.
[18] Vgl. §274 Abs. 1 Satz 1 HGB.
[19] Vgl. §274 Abs. 1 Satz 2 HGB.
[20] Vgl. §285 Nr. 28 HGB.
[21] Vgl. §274 Abs. 2 Satz 1 HGB.
[22] Vgl. DRS 18.46.
[23] Vgl. §274 Abs. 2 Satz 1 HGB.

steuerlichen Planungsrechnung ergeben sollte, dass die erwarteten künftigen zu versteuernden Einkommen nicht mehr ausreichen, um die mit aktiven latenten Steuern einhergehenden steuerlichen Entlastungseffekte innerhalb des Prognosezeitraums vom fünf Jahren abzudecken, so ist eine Wertberichtigung auf die aktiven latenten Steuern vorzunehmen. Ergibt sich in späteren Geschäftsjahren, dass für die Nutzung aktiver latenter Steuern ausreichend zu versteuerndes Einkommen erwartet werden kann, so ist eine Zuschreibung auf die aktiven Steuerlatenzen vorzunehmen, indem die zuvor gebildete Wertberichtigung wieder aufgelöst wird.

Das Gegenkonto zu latenten Steuerposten ist grundsätzlich das GuV-Konto „Steuern vom Einkommen und Ertrag“[24]. Der Abgrenzungsbetrag ist jedoch gesondert kenntlich zu machen, da hier auch die tatsächlichen Ertragsteueraufwendungen bzw. -erträge erfasst werden (vgl. § 274 Abs. 2 Satz 3 HGB).

Latente Steuerposten sind als eigene Bilanzposten auf der ersten Gliederungsebene nach § 266 Abs. 2 D bzw. Abs. 3 E auszuweisen.

Kleine Kapitalgesellschaften (§ 267 Abs. 1 HGB) sind nach § 274 a Nr. 4 HGB von den Regelungen zu latenten Steuern befreit. Ziel ist die Vermeidung zusätzlicher Komplexität, da latente Steuerabgrenzungen wegen des Verzichts auf die Einheitsbilanz größere Bedeutung gewinnen werden. Allerdings haben auch kleine Kapitalgesellschaften eine Pflicht zum vollständigen Schuldenausweis, d.h. passive latente Steuern mit Rückstellungscharakter sind auszuweisen, wenn nicht als passive latente Steuern, so doch als Verbindlichkeitsrückstellung nach § 249 Abs. 2 HGB. Damit läuft das Ziel, für kleine Kapitalgesellschaften eine Vereinfachung bereit zu stellen, weitgehend ins Leere.

9.4.5 Anhangangaben zu latenten Steuern

Im Anhang sind anzugeben

- auf welchen Differenzen oder steuerlichen Verlustvorträgen die latenten Steuern beruhen,
- mit welchen Steuersätzen die Bewertung erfolgt ist[25],
- wenn latente Steuerschulden in der Bilanz angesetzt werden, die latenten Steuersalden am Ende des Geschäftsjahres und die im Laufe des Geschäfts erfolgten Änderungen dieser Salden[26], sowie
- den Gesamtbetrag der ausschüttungsgesperrten Beträge nach § 268 Abs. 8 HGB aus der Aktivierung latenter Steuern[27].

Die Veröffentlichung einer Steuerüberleitungsrechnung sowie eines Differenzenspiegels ist im HGB-Anhang nicht erforderlich.

---

[24] Vgl. DRS 18.50.
[25] Vgl. § 285 Nr. 29 HGB.
[26] Vgl. § 285 Nr. 30 HGB.
[27] Vgl. § 285 Nr. 28 HGB.

10 Anhang

Der Anhang ist ein verbales Berichterstattungsinstrument im Rahmen des Jahresabschlusses, das zusammen mit Bilanz und GuV-Rechnung eine Einheit bildet (§ 264 Abs. 1 Satz 1 HGB). Der Anhang hat zusammen mit Bilanz und GuV-Rechnung ein den tatsächlichen Verhältnissen entsprechendes Bild von der Vermögens-, Finanz- und Ertragslage zu vermitteln. Somit darf die Aussage des Anhangs nicht in Widerspruch zu den Analyseergebnissen des Rechnungsteils stehen.

Definition: Verbaler Teil des Jahresabschlusses, der zusammen mit Bilanz und GuV-Rechnung eine Einheit bildet (§ 264 Abs. 1 Satz 1 HGB)
Anhang als Pflichtbestandteil des Jahresabschlusses
Ziel: Vermittlung eines den tatsächlichen Verhältnissen entsprechenden Bildes der Vermögens-, Finanz- und Ertragslage
Beachtung der Grundsätze einer gewissenhaften und getreuen Rechenschaftslegung – GoB gelten auch für den Anhang: Wahrheit, Vollständigkeit, Klarheit

Unterscheidung			
Formbezogene Angaben	Generell inhaltsbezogene Angaben	Spezielle inhaltsbezogene Angaben	Zusatzangaben
		» Bilanz » GuV-Rechnung	

Abb. 151: *Anhang*

10.1 Grundsätze der Anhangerstellung

Der Anhang ist als Pflichtbestandteil des Jahresabschlusses von Kapitalgesellschaften vorgeschrieben, sein Inhalt und Umfang ist von der Unternehmensgröße abhängig, wobei noch rechtsformspezifische Besonderheiten hinzukommen können. Der Anhang hat dabei die **Funktionen**, den Rechnungsteil des Jahresabschlusses (Bilanz und GuV-Rechnung) zu erläutern und zu ergänzen.

Anforderungen an die Berichterstattung im Anhang
Anhang als Pflichtbestandteil des Jahresabschlusses
Ziel: ein den tatsächlichen Verhältnissen entsprechendes Bild der Vermögens-, Finanz- und Ertragslage zu vermitteln
Beachtung der Grundsätze einer gewissenhaften und getreuen Rechenschaftslegung
GoB gelten auch für den Anhang
Wahrheit, Vollständigkeit, Klarheit

Abb. 152: *Grundsätze der Anhangerstellung*

Nach dem Verbindlichkeitsgrad der Angabepflichten unterscheidet man

- Pflichtangaben im Anhang,
- Pflichtangaben, die im Rechnungsteil *oder* im Anhang gemacht werden können,
- Angaben, die nach Beurteilung des Bilanzierenden erforderlich sind, um ein den tatsächlichen Verhältnissen entsprechendes Bild der Vermögens-, Finanz- und Ertragslage zu vermitteln (z.B. nach §264 Abs. 2 Satz 2 HGB),
- freiwillige Angaben ohne rechtliche Verpflichtung.

Folgende Berichterstattungsarten sind vorgesehen:

- *Angaben:* Nennung eines Sachverhalts ohne Zusatz; unabhängig davon, ob es sich um eine quantitative oder qualitative Nennung handelt.
- *Aufgliederung:* quantitative Unterteilung eines Postens in geforderte Einzelbestandteile.
- *Erläuterung:* verbales Ersichtlichmachen von Inhalt und/oder Zustandekommen eines Bilanz- oder GuV-Postens.
- *Darstellung:* Angaben in Verbindung mit einer Aufgliederung oder Erläuterung.
- *Begründung:* Erläuterung und Rechtfertigung der Ursachen eines Handelns oder Unterlassens.

Gliederung des Anhangs

Postenerläuterungen sind in der Reihenfolge der einzelnen Bilanz- und GuV-Posten darzustellen. Im Anhang sind auch die Angaben zu machen, die in Ausübung eines Wahlrechts nicht in die Bilanz oder GuV-Rechnung aufgenommen wurden (§284 Abs. 1 HGB). Die Darstellungsform unterliegt dem Stetigkeitsgebot analog §265 Abs. 1 HGB.

Aufgrund der zunehmenden Ausgestaltung des Rechnungsteils zur Optimierung von Kennzahlenwerten, gewinnt der Anhang eine stärkere Bedeutung. Im Anhang werden Informationen vermittelt ohne Bezug zu Kennzahlen, z.B. Anhangangaben über Ausschüttungssperren (§285 Nr. 28 HGB), Hedge Accounting (§285 Nr. 23 HGB), die Aufrechnung von Pensionsvermögen und Pensionsrückstellungen (§285 Nr. 24, 25 HGB), latente Steuern (§285 Nr. 29, 30 HGB).

Im Gegensatz zum Anhang ist die Aussage des Lageberichts nicht auf die Vermögens-, Finanz- und Ertragslage der Gesellschaft beschränkt, sondern umfasst die Darstellung des Geschäftsverlaufs einschließlich des Geschäftsergebnisses sowie die Lage und die voraussichtliche Entwicklung der Kapitalgesellschaft (§289 HGB).

Formal und inhaltlich unterscheiden sich Anhang und Lagebericht wie folgt:

Anhang	Lagebericht
Er ist Bestandteil des Jahresabschlusses	Er steht neben dem Jahresabschluss
Er ist inhaltlich bezogen auf den Rechnungsteil des Jahresabschlusses	Er stellt den Verlauf, das Geschäftsergebnis, die allgemeine wirtschaftliche Lage der Gesellschaft und deren voraussichtliche Entwicklung dar
Berichtsgegenstand ist ein den tatsächlichen Verhältnissen entsprechendes Bild von der Vermögens-, Finanz- und Ertragslage der Gesellschaft	Berichtsgegenstand ist ein den tatsächlichen Verhältnissen entsprechendes Bild vom Geschäftsverlauf einschließlich des Geschäftsergebnisses sowie der Lage und der voraussichtlichen Entwicklung der Gesellschaft
Der Anhang ist von allen Kapitalgesellschaften aufzustellen	Der Lagebericht ist von mittelgroßen und großen Kapitalgesellschaften aufzustellen

Abb. 153: *Anhang und Lagebericht*

Die Grenzen zwischen Anhang und Lagebericht verwischen unter dem Eindruck internationaler Entwicklungen im Sinne von Management's Discussion and Analysis.

Methodenerläuterungen

Nach §284 Abs. 2 Nr. 1 HGB sind die angewandten Bilanzierungs- und Bewertungsmethoden anzugeben.

Dies betrifft z.B.

- die Benennung der angewandten Bilanzierungsvorschriften (HGB für Kapital- bzw. Nichtkapitalgesellschaften, IFRS sofern von der EU anerkannt), etc.,
- das Gesamt- oder Umsatzkostenverfahren zur Darstellung der GuV-Rechnung,
- die Anwendung des Aktivierungswahlrechts für selbst erstellte immaterielle Vermögensgegenstände,
- die planmäßigen Abschreibungsmethoden, Nutzungsdauern, Anwendung des Niederstwertprinzips,
- den Umfang der Einbeziehung von Aufwandsarten in die Herstellungskosten fertiger und unfertiger Erzeugnisse,
- die Forderungsbewertung,
- die Behandlung von Kundenanzahlungen (passivischer Ausweis oder aktivisches Absetzen von den Vorräten),
- die Anwendung des gemilderten Niederstwertprinzips bei Finanzanlagen,
- die Bewertungsparameter für Rückstellungen und Pensionsrückstellungen einschließlich Rückstellungen für Verpflichtungen aus Altersteilzeitvereinbarungen,
- die Anwendung der Saldierung nach §246 Abs. Abs. 2 Satz 2 HGB,
- die Behandlung des Hedge Accountings nach §254 HGB,
- die Anwendung der Vorschriften über latente Steuern nach §274 HGB.

Methodenerläuterungen	
§ 284 Abs. 2 Nr. 1 HGB	Angabe der auf die Posten der Bilanz und GuV angewandten Bilanzierungs- und Bewertungsmethoden
§ 284 Abs. 2 Nr. 2 HGB	Angabe und Begründung von Abweichungen von Bilanzierungs- und Bewertungsmethoden und gesonderte Darstellung von deren Einfluss auf die Vermögens-, Finanz- und Ertragslage
§ 284 Abs. 2 Nr. 3 HGB	Ausweis von Unterschiedsbeträgen bei Anwendung des Gruppenbewertungsverfahrens mit Durchschnittswerten (§ 240 Abs. 4 HGB) oder eines Verbrauchsfolgeverfahrens (§ 256 HGB), wenn die Bewertung im Vergleich zu einer Bewertung auf der Grundlage des Börsenkurses oder Marktpreises einen erheblichen Unterschied aufweist
§ 284 Abs. 2 Nr. 4 HGB	Angaben über die Einbeziehung von Zinsen für Fremdkapital in die Herstellungskosten

Abb. 154: *Grundsätze der Anhangerstellung – Methodenerläuterungen*

Nach § 284 Abs. 2 Nr. 2 HGB sind die **Methodenänderungen,** d.h. die Abweichungen von bisher angewandten Bilanzierungs- und Bewertungsmethoden anzugeben und zu begründen, ihr Einfluss auf die Vermögens-, Finanz- und Ertragslage ist darzustellen. Dies betrifft Änderungen in den Ansatz- und Bewertungsmethoden sowie den Gliederungsvorschriften (§ 252 Abs. 2, i.V.m. § 246 Abs. 3 und § 252 Abs. 1 Nr. 6 HGB sowie § 265 Abs. 1 HGB).

Ein sachlich begründeter Methodenwechsel kann sich z.B. ergeben durch technische Umwälzungen, wesentliche Veränderungen des Beschäftigungsgrades, der Finanz-, Kapital- und Gesellschafterstruktur sowie durch Produktions- und Sortimentsumstellungen. Mit der Angabe der Methodenänderungen sowie ihren Auswirkungen auf die Vermögens-, Finanz- und Ertragslage soll der Zeitvergleich auch bei zulässigen Durchbrechungen der Methodenstetigkeit ermöglicht werden.

§ 284 Abs. 2 Nr. 3 HGB betrifft die Darstellung der Abweichung, die sich durch die Anwendung der Durchschnittsmethode oder der Verbrauchsfolgeverfahren ergibt im Vergleich zum aktuellsten Börsenkurs oder Marktpreis für die entsprechenden Umlaufvermögensgegenstände. Hier soll auf stille Reserven bzw. möglichen Abwertungsbedarf aufmerksam gemacht werden. Zwei Erleichterungen sind bei der Vorbereitung dieser Anhangangabe zu beachten:

- die Unterschiedsbeträge können pauschal für die jeweilige Gruppe ermittelt und ausgewiesen werden,
- die Unterschiedsbeträge sind nur auszuweisen, wenn sie erheblich sind.

§ 284 Abs. 2 Nr. 4 HGB verlangt Angaben, wie das Wahlrecht nach § 255 Abs. 3 HGB zur Einbeziehung der Fremdkapitalzinsen in die Herstellungskosten ausgeübt wird. Auch hier gilt grundsätzlich das Prinzip der Methodenstetigkeit. Diese Angabe steht in Verbindung mit der Angabepflicht im Anlagenspiegel nach § 284 Abs. 3 Satz 4 HGB.

10.2 Pflichtangaben im Anhang

§ 264 Abs. 2 Satz 2 HGB verlangt zusätzliche Angaben, falls der Jahresabschluss wegen besonderer Umstände trotz Anwendung der GoB kein den tatsächlichen

Verhältnissen entsprechendes Bild der Vermögens-, Finanz- und Ertragslage vermittelt.

Sofern in Einzelfällen die Anwendung der Einzelvorschriften und der Grundsätze ordnungsmäßiger Buchführung kein den tatsächlichen Verhältnissen entsprechendes Bild der Vermögens-, Finanz- und Ertragslage vermittelt, ist die dadurch im Rechnungsteil entstehende „Informationsverzerrung" durch Anhangangaben zu heilen indem

- dem Grunde nach auf diesen Umstand hingewiesen wird und
- die Informationsverzerrung durch zusätzliche Angaben spezifiziert und durch Abweichungsangaben ggf. quantifiziert wird.

Allgemeine Pflichtangaben

§265 Abs. 1 Satz 2 HGB befasst sich mit Abweichungen vom Grundsatz der Darstellungsstetigkeit. Danach sind Abweichungen in der Form der Darstellung und Gliederung in Bilanz oder GuV-Rechnung im Vergleich zum Vorjahr anzugeben und zu begründen.

Diese Angaben sollen den Zeitvergleich trotz Abweichungen in der Gliederung gegenüber dem Vorjahr ermöglichen. Eine analoge Vorschrift für Ansatz und Bewertung findet sich in §284 Abs. 2 Nr. 2 HGB.

Im Rahmen der Darstellungs- und Methodenstetigkeit verlangt §265 Abs. 2 Satz 1 HGB die Angabe vergleichbarer Vorjahreszahlen zu jedem Bilanz- und GuV-Posten. Sind die Vorjahreszahlen nicht vergleichbar, so ist dies zu erläutern (§265 Abs. 2 Satz 2 HGB) und/oder es sind die Vorjahreszahlen anzupassen (§265 Abs. 2 Satz 3 HGB). Damit soll der Analyst darauf aufmerksam gemacht werden, dass trotz der ihm vermutlich bekannten Umstrukturierungen die

Allgemeine Pflichtangaben im Anhang	
§ 264 Abs. 2 Satz 2 HGB	Zusätzliche Angaben, falls der Jahresabschluss wegen besonderer Umstände trotz Anwendung der GoB kein den tatsächlichen Verhältnissen entsprechendes Bild vermittelt
§ 265 Abs. 1 Satz 2 HGB	Angabe und Begründung von Abweichungen in der Form der Darstellung und Gliederung in Bilanz oder GuV im Vergleich zum Vorjahr
§ 265 Abs. 2 Satz 1 HGB	Angabe vergleichbarer Vorjahreszahlen zu jedem Bilanz- und GuV-Posten
§ 265 Abs. 2 Satz 2 HGB	Sind die Vorjahreszahlen nicht vergleichbar, so ist dies zu erläutern
	und/oder
§ 265 Abs. 2 Satz 3 HGB	Sind die Vorjahreszahlen nicht vergleichbar, so sind die Vorjahreszahlen anzupassen
§ 265 Abs. 3 HGB	Angabe der Mitzugehörigkeit eines Vermögensgegenstandes oder einer Schuld zu anderen Posten, sofern für die Übersichtlichkeit erforderlich
§ 265 Abs. 4 Satz 2 HGB	Angabe und Begründung der Ergänzung des Jahresabschlusses nach der für die anderen Geschäftszweige vorgeschriebenen Gliederung

Abb. 155: *Grundsätze der Anhangerstellung – allgemeine Pflichtangaben*

Vorjahreszahlen vergleichbar, allerdings die Vorjahreszahlen des aktuellen Abschlusses demzufolge nicht mit den aktuellen Zahlen des Vorjahresabschlusses identisch sind.

Lässt sich ein Bilanzsachverhalt nicht einem Bilanzposten eindeutig zuordnen, so ist nach §265 Abs. 3 HGB die Mitzugehörigkeit des Vermögensgegenstandes oder der Schuld zu anderen Posten zu vermerken oder anzugeben, sofern dies zur Aufstellung eines klaren und übersichtlichen Jahresabschlusses erforderlich ist.

§265 Abs. 4 Satz 2 HGB verlangt die Angabe und Begründung der Ergänzung des Jahresabschlusses, sofern im Unternehmen mehrere Geschäftszweige vorhanden sind und demnach die Darstellung nach verschiedenen Gliederungsvorschriften erfolgt.

Allgemeine und spezielle Postenerläuterungen

Es kann aus Gründen der Klarheit und Übersichtlichkeit geboten sein, Posten zusammenzufassen, wenn die Einzelbeträge zur Vermittlung eines den tatsächlichen Verhältnissen entsprechenden Bildes nicht erheblich sind.

In diesem Fall verlangt §265 Abs. 7 Nr. 2 HGB die Aufgliederung von zulässigerweise zusammengefassten Posten der Bilanz oder GuV-Rechnung im Anhang, um den in den Gliederungsvorschriften geforderten Detaillierungsgrad zu gewährleisten.

§268 Abs. 4 Satz 2 bzw. Abs. 5 Satz 3 HGB verlangen, größere Posten, die in den sonstigen Vermögensgegenständen oder in den Verbindlichkeiten ausgewiesen werden, zu erläutern, sofern diese erst nach dem Abschlussstichtag rechtlich entstehen. Kleine Kapitalgesellschaften sind von dieser Angabepflicht befreit (§274a Nr. 2 bzw. Nr. 3 HGB).

Nachdem die GuV-Gliederung die Untergliederung in das Ergebnis der gewöhnlichen Geschäftstätigkeit und das außerordentliche Ergebnis nicht mehr vorsieht, sind im Anhang

- jeweils der Betrag und die Art der einzelnen Erträge und Aufwendungen von außergewöhnlicher Größenordnung oder außergewöhnlicher Bedeutung anzugeben (§285 Nr. 31 HGB) sowie
- die einzelnen Erträge und Aufwendungen hinsichtlich ihres Betrags und ihrer Art, die einem anderen Geschäftsjahr zuzurechnen sind (periodenfremde Erfolgskomponenten, §285 Nr. 32 HGB) zu erläutern,

soweit die Beträge jeweils nicht von untergeordneter Bedeutung sind.

Im Rahmen des Nachtragsberichts sind Vorgänge von besonderer Bedeutung, die nach dem Schluss des Geschäftsjahrs eingetreten und weder in der GuV-Rechnung noch in der Bilanz berücksichtigt sind, hinsichtlich Art und finanzielle Auswirkungen anzugeben (§285 Nr. 33 HGB).

Schließlich ist der Gewinnverwendungsvorschlag oder der Beschluss über seine Verwendung im Anhang anzugeben (§285 Nr. 34 HGB).

Allgemeine Postenerläuterungen	
§ 265 Abs. 7 Nr. 2 HGB	Gesonderter Ausweis der Einzelposten, falls zur Vergrößerung der Klarheit der Darstellung in Bilanz oder GuV Posten zulässigerweise zusammengefasst ausgewiesen werden
§ 268 Abs. 4 Satz 2 HGB	Erläuterung von größeren Posten in den sonstigen Vermögensgegenständen, die erst nach dem Abschlussstichtag rechtlich entstehen
§ 268 Abs. 5 Satz 3 HGB	Erläuterung von größeren Posten in den Verbindlichkeiten, die erst nach dem Abschlussstichtag rechtlich entstehen
Spezielle Postenerläuterungen	
§ 285 Nr. 31 HGB	Angabe des Betrags und der Art der einzelnen Erträge und Aufwendungen von außergewöhnlicher Größenordnung oder außergewöhnlicher Bedeutung, soweit nicht von untergeordneter Bedeutung
§ 285 Nr. 32 HGB	Erläuterung der einzelnen periodenfremden Erträge und Aufwendungen hinsichtlich ihres Betrags und ihrer Art, soweit nicht von untergeordneter Bedeutung

Abb. 156: *Pflichtangaben im (Konzern-) Anhang – Postenerläuterungen*

Sonstige Pflichtangaben

Nach §285 Nr. 1 und 2 HGB ist der **Verbindlichkeitsspiegel** Bestandteil des Anhangs. Die Aufgliederung der Verbindlichkeiten hat für jeden Bilanzposten des Gliederungsschemas nach §266 Abs. 3 C HGB zu erfolgen und betrifft einerseits die Beträge mit einer Restlaufzeit von mehr als fünf Jahren (§285 Nr. 1 a) HGB), andererseits die Besicherung der Verbindlichkeiten durch Grundpfandrechte oder ähnliche Rechte unter Angabe von Art und Form der Sicherheiten (§285 Nr. 1 b) HGB).

§285 Nr. 3 HGB verlangt die **Angabe** von Art und Zweck sowie Risiken, Vorteile und finanzielle Auswirkungen von **nicht in der Bilanz erscheinenden Geschäften**, soweit dies für die Beurteilung der Finanzlage notwendig ist. Dabei wird unterstellt, dass schwebende Geschäfte bilanziell grundsätzlich nicht in Erscheinung treten, es sei denn, es haben Erfüllungshandlungen stattgefunden oder es droht ein Verlust (Drohverlustrückstellung), allerdings sollen die finanziellen Auswirkungen im Anhang transparent gemacht werden, weil sich daraus Investitions- und Finanzierungserfordernisse ergeben können, die die Finanzlage wesentlich und nachhaltig beeinflussen. Beispiele können sein: Factoring, Pensionsgeschäfte, Auslagerungen von Tätigkeiten, Errichtung und Nutzung von Zweckgesellschaften, Offshore-Geschäfte, etc. Die Regelung geht über die Angabe der sonstigen finanziellen Verpflichtungen, die nicht in der Bilanz erscheinen, hinaus (§285 Nr. 3a HGB). Kleine Kapitalgesellschaften sind von der Angabe gemäß §288 Abs. 1 HGB befreit.

§285 Nr. 3a HGB verlangt die Angabe des **Gesamtbetrags der sonstigen finanziellen Verpflichtungen**, die weder als Passivposten in der Bilanz noch als Haftungsverhältnis (Eventualverbindlichkeit) nach §251 HGB unter der Bilanz erfasst sind, sofern die Angabe für die Beurteilung der Finanzlage von Bedeutung ist. Dabei sind die gewährten Pfandrechte oder sonstigen Sicherheiten jeweils anzugeben. Diesbezügliche Verpflichtungen betreffend die Altersversorgung und Verpflichtungen gegenüber verbundenen oder assoziierten Unternehmen sind jeweils gesondert anzugeben.

§ 285 Nr. 4 HGB fordert von großen Kapitalgesellschaften eine Umsatzsegmentierung nach Spartengesichtspunkten oder geographischen Merkmalen. Dies ist eine Annäherung an eine Segmentberichterstattung, sofern die Umsatzaktivitäten betroffen sind. Die Angabepflicht gilt nur für große Kapitalgesellschaften; kleine und mittelgroße Kapitalgesellschaften sind von der Anhangangabe befreit (§ 288 HGB). Die Aufgliederung kann nach § 286 Abs. 2 HGB unterbleiben, wenn dem Unternehmen ein erheblicher Nachteil erwachsen würde. In diesem Fall ist die Anwendung der Ausnahmevorschrift im Anhang anzugeben.

§ 285 Nr. 7 HGB verlangt die Angabe der durchschnittlichen Zahl der während des Geschäftsjahres **beschäftigten Arbeitnehmer**, getrennt nach Gruppen. Hier ist darauf zu achten, dass Diskriminierungen jeder Art unterbleiben. Eine Gliederung könnte beispielsweise erfolgen in Festgehaltsempfänger und Leistungslohnbezieher.

§ 285 Nr. 8 HGB verlangt eine **Kostenartengliederung** trotz Anwendung des Umsatzkostenverfahrens. Bei Anwendung des Umsatzkostenverfahrens erfolgt die Aufwandsgliederung nach Kostenstellen: Herstellung, Verwaltung, Vertrieb. Dennoch sind im Anhang die Aufwandsarten Material- und Personalaufwand wegen ihrer großen bilanzanalytischen Bedeutung anzugeben und zu beziffern. Für Abschreibungen besteht keine gesonderte Anhangangabepflicht, jedoch ergeben sich hierzu Anhaltspunkte durch den Anlagenspiegel nach § 284 Abs. 3 HGB.

Sonstige Pflichtangaben (§ 285 HGB)	
§ 285 S.1 Nr. 1 und Nr. 2 HGB	Angabe des Gesamtbetrags der Verbindlichkeiten mit einer Restlaufzeit von mehr als fünf Jahren und der gesicherten Verbindlichkeiten aufgegliedert nach den Verbindlichkeitsposten des Bilanzgliederungsschemas
§ 285 S.1 Nr. 3 HGB	Art, Zweck, Risiken, Vorteile und finanzielle Auswirkungen von nicht in der Bilanz erscheinenden schwebenden Geschäften, soweit für die Beurteilung der Finanzlage notwendig
§ 285 S.1 Nr. 3a HGB	Angabe des Gesamtbetrags der sonstigen finanziellen Verpflichtungen, sofern für die Beurteilung der Finanzlage von Bedeutung
§ 285 S.1 Nr. 4 HGB	Aufgliederung der Umsatzerlöse nach Tätigkeitsbereichen sowie nach geographisch bestimmten Märkten
§ 285 S.1 Nr. 7 HGB	Angabe der durchschnittlichen Zahl der während des Geschäftsjahres beschäftigten Arbeitnehmer getrennt nach Gruppen
§ 285 S.1 Nr. 8 HGB	Angabe des Material- und Personalaufwands wegen ihrer großen bilanzanalytischen Bedeutung bei Anwendung des Umsatzkostenverfahrens

Abb. 157: *Pflichtangaben im Anhang – sonstige Pflichtangaben*

Nach § 285 Nr. 9 HGB sind die Organbezüge für jede Gruppe (Geschäftsführung, Aufsichtsrat, Beirat oder ähnliche Einrichtung) anzugeben und zu erläutern. Dabei ist zu unterscheiden in:

- Gesamtbezüge aktueller Organmitglieder (Vorstands- und Aufsichtsratsmitglieder): Gehälter, Gewinnbeteiligungen, Bezugsrechte, sonstige aktienbasierte Vergütungen, Aufwandsentschädigungen, Versicherungsentgelte, Provisionen, Nebenleistungen jeder Art;
- Gesamtbezüge früherer Organmitglieder und deren Hinterbliebene: Abfindungen, Ruhegehälter, Hinterbliebenenbezüge, ähnliche Leistungen;

- Kreditgewährungen und Vorschüsse, Angabe von Zinssätzen, wesentlichen Bedingungen, zurückgezahlte oder erlassene Beträge.
- Zugunsten dieser Personen eingegangene Haftungsverhältnisse.

Bei nicht börsennotierten Aktiengesellschaften kann die Angabe über die Organbezüge unterbleiben, wenn durch diese Angabe die Bezüge einzelnen Personen ermittelbar wären. Sind mehr als drei Personen in einem Organ für die Gesellschaft tätig, kann die Befreiung nicht mehr in Anspruch genommen werden.

Ferner sind alle Mitglieder des Geschäftsführungsorgans und Aufsichtsrates zu benennen, wobei der jeweilige Vorsitzende und sein Stellvertreter besonders zu erwähnen sind (§285 Nr. 10 HGB).

§285 Nr. 11 HGB verlangt die Angabe von Name und Sitz anderer Unternehmen, die Höhe des Kapitalanteils, das Eigenkapital und das Ergebnis des zuletzt abgeschlossenen Geschäftsjahres, sofern es sich um Beteiligungen nach §271 Abs. 1 HGB handelt oder ein solcher Anteil von einer Person für Rechnung der Gesellschaft gehalten wird (Treuhandverhältnisse). Eine Beteiligung wird ab einem Kapitalanteil von 20 % vermutet.

Bei börsennotierten Kapitalgesellschaften sind alle Beteiligungen an großen Kapitalgesellschaften (§267 HGB) anzugeben, die 5 % übersteigen (§285 Nr. 11b HGB).

Nach §285 Nr. 11a HGB sind Name, Sitz und Rechtsform der Unternehmen anzugeben, deren Komplementär die Kapitalgesellschaft ist. Ziel ist, zu ermöglichen, die Risiken abzuschätzen, die sich aus der unbeschränkten Haftung ergeben können.

Nach §285 Nr. 12 HGB bedarf es eines Rückstellungsspiegels zur Erläuterung der nicht gesondert ausgewiesenen Sonstigen Rückstellungen, wenn sie einen nicht unerheblichen Umfang haben. Diese Erläuterung soll inhaltliche Hinweise auf Risiken, Parameter sowie Einflussfaktoren geben, die betragsmäßig auf zukünftige Liquiditätsabflüsse hinweisen. Die Angabe kann auch in Form von Prozentsätzen erfolgen.

Sonstige Pflichtangaben (§ 285 HGB)	
§ 285 S.1 Nr. 9 HGB	Angabe der Aufwendungen, Anzahl der ausgegebenen Aktienbezugsrechte u.Ä., Vorschüsse, Kredite, Haftungsverhältnisse für Organmitglieder und der Aufwendungen sowie der gebildeten und nicht gebildeten Pensionsrückstellungen für ehemalige Organmitglieder und deren Hinterbliebene
§ 285 S.1 Nr. 10 HGB	Angabe aller Mitglieder des Geschäftsführungsorgans und eines Aufsichtsrats, Gremienvorsitzender und Stellvertreter, Zusatzangaben für börsennotierte Gesellschaften über weitere Aufsichtsratsmandate
§ 285 S.1 Nr. 11 HGB	Angabe von Name und Sitz anderer Unternehmen, die Höhe des Kapitalanteils, das Eigenkapital und das Ergebnis des zuletzt abgeschlossenen Geschäftsjahres, sofern es sich um Beteiligungen nach § 271 Abs. 1 HGB handelt oder ein solcher Anteil von einer Person für Rechnung der Gesellschaft gehalten wird
§ 285 S.1 Nr. 11a HGB	Angaben der Gesellschaften, bei denen die Kapitalgesellschaft Komplementärin ist
§ 285 S.1 Nr. 11b HGB	Bei börsennotierten Kapitalgesellschaften: Angabe aller Beteiligungen an großen Kapitalgesellschaften (§ 267 HGB) > 5 %
§ 285 S.1 Nr. 12 HGB	Erläuterung von nicht gesondert ausgewiesenen sonstigen Rückstellungen von erheblichem Umfang
§ 285 S.1 Nr. 13 HGB	Angabe der Goodwill-Abschreibungsdauer unabhängig von der in § 253 Abs. 3 Satz 4 HGB bestimmten Standardnutzungsdauer von zehn Jahren

Abb. 158: *Pflichtangaben im (Konzern-)Anhang – sonstige Pflichtangaben*

Nach § 285 Nr. 13 HGB bedarf es der Angabe der Goodwill-Abschreibungsdauer unabhängig von der in § 253 Abs. 3 Satz 4 HGB bestimmten Standardnutzungsdauer von zehn Jahren für den Fall, dass die voraussichtliche Nutzungsdauer nicht verlässlich geschätzt werden kann.

Um sich in einer Konzernstruktur mit hierarchisch angeordneten Teilkonzernen zu Recht zu finden, ist nach § 285 Nr. 14 HGB

- die Angabe des Mutterunternehmens, das den Konzernabschluss für den größten Kreis von Unternehmen aufstellt, und
- die Angabe des Mutterunternehmens, das den Konzernabschluss für den kleinsten Kreis von Unternehmen aufstellt (§ 285 Nr. 14a HGB),

vorgeschrieben, sowie der Ort, wo der von diesem Mutterunternehmen aufgestellte Konzernabschluss erhältlich ist. Dies betrifft Aufstellungspflichten und -befreiungen von Teilkonzernabschlüssen.

Bei Kapitalgesellschaften & Co. sind nach § 285 Nr. 15 HGB Name und Sitz der Komplementäre sowie deren gezeichnetes Kapital anzugeben. Ziel ist, Hinweise auf Haftungsverhältnisse zu geben und eine daraus abgeleitete Bonitätsbeurteilung zu ermöglichen.

Da es nach der Bilanzgliederung nach § 266 HGB nur Eigen- und Fremdkapital gibt, sind nach § 285 Nr. 15a HGB mezzanine Finanzierungen wie Genussscheine, Genussrechte, Wandelschuldverschreibungen, Optionsscheine, Optionen, Besserungsscheine oder vergleichbare Wertpapiere oder Rechte einschließlich der Anzahl und der Rechte, die sie verbriefen, anzugeben.

Sonstige Pflichtangaben (§ 285 HGB)	
§ 285 S.1 Nr. 14 HGB	Angabe des Mutterunternehmens des **größten** Konsolidierungskreises, in den die Kapitalgesellschaft einbezogen ist, sowie der Ort, wo der von diesem MU aufgestellte Konzernabschluss erhältlich ist
§ 285 S.1 Nr. 14a HGB	Angabe des Mutterunternehmens des **kleinsten** Konsolidierungskreises, in den die Kapitalgesellschaft einbezogen ist, sowie der Ort, wo der von diesem MU aufgestellte Konzernabschluss erhältlich ist
§ 285 S.1 Nr. 15 HGB	Angabe aller Vollhafter einer Kapitalgesellschaft & Co. nebst deren gezeichnetes Kapital
§ 285 S.1 Nr. 15a HGB	Angabe der Mezzanine Finanzierungen oder vergleichbarer Wertpapiere oder Rechte einschl. der Anzahl und der Rechte, die sie verbriefen
§ 285 S.1 Nr. 16 HGB	Angabe und Fundstelle der Erklärung zur Einhaltung des Deutschen Corporate Governance Kodexes nach § 161 AktG
§ 285 S.1 Nr. 17 HGB	Angabe des vom Abschlussprüfer für das Geschäftsjahr berechnete Gesamthonorar, sofern sich die Angaben nicht in einem das Unternehmen einbeziehenden Konzernabschluss finden, aufgeschlüsselt in das Honorar für » Abschlussprüferleistungen » Andere Bestätigungsleistungen » Steuerberatungsleistungen » Sonstige Leistungen
§ 285 S.1 Nr. 18 HGB	Angabe bei Finanzanlagen, die im Rahmen des gemilderten Niederstwertprinzips nicht abgewertet wurden, » Buchwert und beizulegender Zeitwert » Gründe für das Unterlassen der Abschreibung – Hinweise auf nicht dauerhafte Wertminderung
§ 285 S.1 Nr. 19 HGB	Angabe für jede Kategorie von Derivaten Art und Umfang Beizul. Zeitwert (§ 255 Abs. 4 HGB) Angabe der Bewertungsmethode Buchwert und Bilanzposten des Derivates Gründe für die Nichtbestimmbarkeit des beizulegenden Zeitwertes

Abb. 159: *Pflichtangaben im (Konzern-)Anhang – sonstige Pflichtangaben*

§285 Nr. 16 HGB verlangt eine Angabe, dass und wo die Erklärung zur Einhaltung des Deutschen Corporate Governance Kodexes nach §161 AktG öffentlich zugänglich gemacht worden ist. Die Erklärung muss der Allgemeinheit und nicht nur den Aktionären dauerhaft zugänglich gemacht werden.

§285 Nr. 17 HGB sieht eine Angabepflicht über das für das Geschäftsjahr berechnete Gesamthonorars des Abschlussprüfers vor, unabhängig davon

- wann die Rechnung erfolgte,
- wann es beim Auftraggeber als Aufwand gebucht wurde und
- wann es gezahlt wurde.

Die Unterteilung des Honorars hat zu erfolgen in das jeweilige Honorar für

- Abschlussprüfungsleistungen,
- andere Bestätigungsleistungen,
- Steuerberatungsleistungen,
- sonstige Leistungen.

Kleine Kapitalgesellschaften sind nach §288 Abs. 1 HGB von der Anwendung der Vorschrift befreit; mittelgroße Gesellschaften sind, soweit sie die Angabe im Anhang nicht machen, verpflichtet, diese der Wirtschaftsprüferkammer auf deren schriftliche Anforderung zu übermitteln (§288 Abs. 2 HGB).

Die Angabepflicht über die Abschlussprüferhonorare im Anhang zum Jahresabschluss besteht nur, soweit die Angaben nicht in einem das Unternehmen einbeziehenden Konzernabschluss enthalten sind. Die Angabe im Konzernanhang betrifft nur das vom Abschlussprüfer des Konzernabschlusses für das Geschäftsjahr berechnete und entsprechend aufgeschlüsselte Gesamthonorar (§314 Abs. 1 Nr. 9 HGB).

Sofern **Finanzanlagen** im Rahmen des gemilderten Niederstwertprinzips über ihrem beizulegenden Zeitwert durch Unterlassen einer außerplanmäßigen Abschreibung bewertet werden, sind nach §285 Nr. 18 HGB anzugeben:

- der Buchwert und
- der beizulegende Zeitwert der einzelnen Vermögensgegenstände oder angemessener Gruppierungen sowie
- die Gründe für das Unterlassen der Abschreibung, d.h. Anhaltspunkte, die darauf hindeuten, dass die Wertminderung voraussichtlich nicht von Dauer ist. Die Erwartungen über (wieder) steigende Marktpreise sind zu konkretisieren und zu begründen. Dabei sind zusätzliche Erkenntnisse bis zum Ende des Aufhellungszeitraums zu berücksichtigen.

Kleine Kapitalgesellschaften brauchen diese Angaben nicht zu machen (§288 HGB).

Bei **Derivaten**, die nicht zum beizulegenden Zeitwert bilanziert werden, sind nach §285 Nr. 19 HGB anzugeben:

- Art und Umfang je Kategorie von Derivaten,
- beizulegender Zeitwert, entsprechend der Fair Value Hierarchie nach §255 Abs. 4 HGB unter Angabe der angewandten Bewertungsmethoden,
- Buchwert und Bilanzposten, in welchem das Derivat ggf. ausgewiesen wird, sowie
- ggf. Gründe, warum der Fair Value nicht bestimmt werden kann.

Ziel der Anhangangabe ist, trotz grundsätzlicher Nichtbilanzierung von Derivaten als schwebenden Geschäften Einblicke in Chance-/Risikostruktur (Art und Umfang) sowie die stichtagsbezogene Zeitwertbewertung zu geben.

Kategorien derivativer Finanzinstrumente in Abhängigkeit des zugrunde liegenden Risikos können sein

- zinsbezogene Geschäfte,
- währungsbezogene Geschäfte,
- Aktien-/Indexbezogene Geschäfte oder
- sonstige Geschäfte.

Gängige Arten von Derivaten sind

- Futures,
- Forwards,
- Optionen und
- Swaps.

Bei der Angabe des beizulegenden Zeitwertes ist ein saldierter Ausweis zwar zulässig, eine getrennte Darstellung von positiven und negativen beizulegenden Zeitwerten wird allerdings empfohlen.

Buchwerte von grundsätzlich nicht bilanzierten Derivaten können beispielsweise enthalten sein in

- Drohverlustrückstellungen bzw.
- Rechnungsabgrenzungsposten, z.B. bei aktivierten Optionsprämien.

Die Angaben zu den **Bewertungsmethoden für die Ermittlung des beizulegenden Zeitwerts** betreffen die Benennung der verwendeten Modelle (z.B. Black-Scholes, Discounted Cashflow-Methoden) sowie die Angabe der tragenden Annahmen dieser Modelle und Methoden. Falls ein Marktwert vorliegt, ist diese Tatsache anzugeben.

Gründe, warum der Fair Value nicht bestimmt werden kann, können darin bestehen, dass der Markt inaktiv geworden ist und weder verlässlich beobachtete Preise noch zuverlässig bestimmbare Parameter für die Berechnungsmodelle bestimmbar sind. In diesem Fall handelt es sich bei dem verwendeten Zeitwert um interne Managementbeurteilungen, die für Außenstehende nicht nachvollziehbar sind. Diese Tatsache ist anzugeben und entspricht in der IFRS-Rechnungslegung dem Level 3 nach IFRS 7.27 A (c).

Zu **Finanzinstrumenten**, die bei Kreditinstituten oder Finanzdienstleistungsinstituten nach §340e Abs. 3 Satz 1 HGB zum beizulegenden Zeitwert bewertet werden, sind nach §285 Nr. 20 HGB anzugeben:

- die grundlegenden Annahmen für die Berechnung des Fair Values mithilfe der allgemein anerkannten Bewertungsmethoden,
- Umfang und Art jeder Kategorie von Derivaten sowie
- die wesentlichen Bedingungen, die Höhe, Zeitpunkt und Sicherheit künftiger Zahlungsströme beeinflussen können.

Die Angaben nach §285 Nr. 20 a) HGB sind nur erforderlich, wenn der beizulegende Zeitwert originärer oder derivativer Finanzinstrumente nicht unmittelbar aus einem beobachtbaren Marktpreis abgeleitet ist.

Weitere Anhangangaben können sich aus §35 Abs. 1 Nr. 1a und 6a bis 6c RechKredV ergeben:

- der absolute Betrag des Risikoabschlags, die Methode zur Bestimmung des Risikoabschlags, die Parameter für die Berechnung des Risikoabschlags (Haltedauer, Beobachtungszeitraum, Konfidenzniveau),
- die Gründe für Umgliederungen und die Auswirkungen auf das Jahresergebnis,
- die Änderungen der institutsinternen Definition des Handelsbestands und deren Auswirkungen auf das Jahresergebnis.

§285 Nr. 21 HGB verlangt die Angabe von nicht zu marktüblichen Bedingungen zustande gekommenen Geschäften mit nahestehenden Unternehmen und Personen (related parties), einschließlich Angaben zur Art der Beziehung und zum Wert der Geschäfte. Ausgenommen sind Geschäfte innerhalb eines Konzerns zwischen mittel- und unmittelbar in 100 %-igem Anteilsbesitz stehenden Tochterunternehmen. Abweichend von IFRS (IAS 24) sind nur die nicht zu marktüblichen Bedingungen zustande gekommenen Geschäfte anzugeben. Erforderlich ist also ein Drittvergleich zur Feststellung der Marktkonformität. Werden alle Geschäfte mit nahestehenden Personen angegeben, brauchen die nicht zu marktüblichen Bedingungen zustande gekommenen Geschäfte nicht gesondert erwähnt zu werden. Der Begriff der nahestehenden Unternehmen und Personen ist im Sinne von IAS 24 zu verstehen.

Für kleine und mittelgroße Kapitalgesellschaften bestehen gem. §288 Abs. 1 und 2 HGB Ausnahmeregelungen.

Zur Erfüllung der Berichtspflicht und zur Ermöglichung der Prüfung dieser Anhangangabe durch den Abschlussprüfer sind folgende Arbeitsschritte in Prozessform zu etablieren:

- Wer ist related party?
- Welche Geschäfte wurden mit related parties abgeschlossen (Vertragsmanagement, schwebende Geschäfte sind nicht im Rechnungswesen erkennbar)?
- Sind die Geschäfte mit related parties marktgerecht abgerechnet worden?
- Sind die Geschäfte mit related parties für die Beurteilung der Finanzlage notwendig?

Folgende Angaben sind zu machen:

- Art der Beziehung,
- Wert der Geschäfte,
- weitere Angaben, die für die Beurteilung der Finanzlage notwendig sind.
- Angaben über diese Geschäfte können nach Geschäftsarten zusammengefasst werden, sofern die getrennte Angabe für die Beurteilung der Auswirkungen auf die Finanzlage nicht notwendig ist.

§285 Nr. 22 HGB verlangt die Angabe des Gesamtbetrags der Forschungs- sowie der Entwicklungskosten des Geschäftsjahres sowie der davon auf selbst geschaffene immaterielle Vermögensgegenstände des Anlagevermögens entfallende Betrag. Die Angabe zeigt die Gesamtausgaben für Forschung und Entwicklung unabhängig von dem Vorhandensein der Aktivierungsvoraussetzungen. Sie ist somit ein Maß für die Innovationsbemühungen des Unternehmens im Gegensatz zu dem aktivierten Betrag selbst erstellter immaterieller Vermögensgegenstände, welcher von bilanzpolitischen Zielen bestimmt wird (Einfluss auf Eigenkapitalquote bzw. Eigenkapitalrentabilität). Die Vorschrift ist nur anzuwenden, wenn Entwicklungskosten aktiviert werden und gilt nicht für kleine Kapitalgesellschaften (§ 288 Abs. 1 HGB).

§ 285 Nr. 23 HGB verlangt Anhangangaben für die nach § 254 HGB gebildeten **Bewertungseinheiten,**

- mit welchem Betrag Vermögensgegenstände, Schulden, schwebende Geschäfte und mit hoher Wahrscheinlichkeit vorgesehene Transaktionen,
- zur Absicherung welcher Risiken,
- in welche Arten von Bewertungseinheiten einbezogen sind sowie
- die Höhe der mit Bewertungseinheiten abgesicherten Risiken.

Ferner ist für die nach § 254 HGB jeweils **abgesicherten Risiken** anzugeben,

- warum,
- in welchem Umfang und
- für welchen Zeitraum sich die gegenläufigen Wertänderungen oder Zahlungsströme künftig voraussichtlich ausgleichen,
- einschließlich der Methode der Ermittlung.

Schließlich bedarf es einer Erläuterung der mit hoher Wahrscheinlichkeit erwarteten Transaktionen, die in Bewertungseinheiten einbezogen wurden.

Die Angaben sind nur zu machen soweit sie nicht im Lagebericht enthalten sind (§ 289 Abs. 2 Nr. 1 HGB).

Die Angabepflichten betreffen die Bildung von Bewertungseinheiten dem Grunde und der Höhe nach. Als Arten von Bewertungseinheiten kommen in Betracht:

- Mikro-, Makro- oder Portfolio-Hedge,
- Fair Value Hedge oder Cashflow-Hedge.

Abgesicherte Risiken können sein: Zins-, Währungs-, Bonitäts- oder Preisrisiken.

Betragsangaben betreffen

- beim Fair Value Hedge die Buchwerte der abgesicherten Vermögensgegenstände und Schulden,
- beim Cashflow-Hedge das kontrahierte bzw. geplante risikobehaftete Volumen der schwebenden Geschäfte.

Eine Differenzierung der Risikohöhe nach den jeweils abgesicherten Risiken wird nicht verlangt.

Die **Angaben zum Hedge Accounting** betreffen den Umfang und den Wirksamkeitszeitraum. Dabei fließen prospektive und retrospektive Wirksamkeitseinschätzungen ein. Die Angaben betreffen die Ergebnisse dem Umfang nach als Betragsangaben oder als Prozent-Angaben.

Als mögliche Effektivitätstestmethoden kommen in Betracht:

- Statistische Korrelationsverfahren,
- Sensitivitätsanalysen,
- Critical Term Match,

- Dollar-Offset-Methode,
- Hypothetical Derivative Methode.

Der Detaillierungsgrad der Anhangangaben hängt vom Umfang der Bewertungseinheiten ab. Es ist ein Bezug zum Risikomanagement herzustellen.

Bei den Angaben zu antizipativen Bewertungseinheiten ist die Annahme einer „hohen Wahrscheinlichkeit" plausibel zu begründen.

Es kann zu Überschneidungen mit der Lageberichtspflicht nach §289 Abs.2 Nr.1 HGB über Risikomanagementziele und -methoden kommen. In diesem Fall ist ein Verweis zulässig, sofern eine Lageberichtspflicht besteht (bei großen und mittelgroßen Kapitalgesellschaften).

Zu **Pensionsverpflichtungen** sind nach §285 Nr.24 HGB Angaben zu machen über das versicherungsmathematische Berechnungsverfahren für die Pensionsrückstellungen. Anzugeben sind das verwendete Verfahren sowie die Annahmen für die Berechnung, wie z.B. der Zinssatz, die erwarteten Lohn- und Gehaltssteigerungen und Sterbetafel. Geeignete Berechnungsverfahren sind

- das Anwartschaftsbarwertverfahren (Projected Unit Credit Method) und
- das Anwartschaftsdeckungsverfahren (Teilwertverfahren).

Bei Verrechnung von Vermögensgegenständen und Schulden nach §246 Abs.2 Satz 1 HGB sind die

- Anschaffungskosten und der Fair Value der verrechneten Vermögenswerte sowie
- der Erfüllungsbetrag der verrechneten Schulden anzugeben.

Dies gilt analog für die verrechneten Erträge und Aufwendungen (§285 Nr.25 HGB).

Sonstige Pflichtangaben (§ 285 HGB)	
§ 285 S.1 Nr. 20 HGB	Für zu Handelszwecken erworbene Finanzinstrumente (bei Finanzdienstleistern zum beizulegenden Zeitwert angesetzt, § 340e HGB): Annahmen für die Bestimmung des beizulegenden Zeitwertes sowie Umfang, Art und Beschreibung Cashflow-relevanter Bedingungen von Derivaten
§ 285 S.1 Nr. 21 HGB	Zumindest die nicht zu marktüblichen Bedingungen zustande gekommenen wesentlichen Geschäfte mit nahe stehenden Unternehmen und Personen (related parties)
§ 285 S.1 Nr. 22 HGB	Gesamtbetrag der Forschungs- und Entwicklungskosten sowie den davon aktivierten Betrag
§ 285 S.1 Nr. 23 HGB	Angaben zu Bewertungseinheiten bei Anwendung des Hedge Accountings nach § 254 HGB
§ 285 S.1 Nr. 24 HGB	Angaben zur Ermittlung von Pensionsrückstellungen (Berechnungsverfahren, Annahmen für die Berechnung)
§ 285 S.1 Nr. 25 HGB	Angaben zum Pensionsvermögen sowie zu den verrechneten Beträgen in Bilanz (Anschaffungskosten, beizulegender Zeitwert des Pensionsvermögens, Erfüllungsbetrag der Verpflichtungen) und GuV (verrechnete Erträge und Aufwendungen)
§ 285 S.1 Nr. 26 HGB	Angaben zu Investmentfondsanteilen > 10 %: Marktwert, Buchwert, Ausschüttungen, Rückgabebeschränkungen

Abb. 160: *Pflichtangaben im Anhang – sonstige Pflichtangaben*

Ferner sind die grundlegenden Annahmen für die Bestimmung des beizulegenden Zeitwerts des Pensionsvermögens mithilfe von anerkannten Bewertungsmethoden anzugeben.

§ 285 Nr. 26 HGB fordert Angaben zu Anteilen an Spezialfonds im Sinne des § 2 Abs. 3 Investmentgesetz. Werden Anteile an Spezialfonds gehalten, sind hierzu u.a. Zwecksetzung, Buchwert und beizulegender Zeitwert, ggf. wegen nicht dauerhafter Wertminderung nicht vorgenommene außerplanmäßige Abschreibungen, erfolgte Ausschüttungen sowie Beschränkungen in der Möglichkeit der täglichen Rückgabe zu erläutern. Die Angabepflicht besteht nur bei einem gehaltenen Fondsanteil von mehr als 10 %. Mögliche Gliederungen der Fonds sind möglich nach Anlagezielen, z.B. Aktienfonds, Rentenfonds, Immobilienfonds, Mischfonds, Hedgefonds und sonstige Spezial-Sondervermögen.

Angabepflichtige **Investmentvermögensgegenstände** können sein:

- Anteile an inländischen Investmentvermögen i.S.d. § 1 KAGB von mehr als 10 %,
- Anlageaktien an Investmentaktiengesellschaften mit veränderlichem Kapital i.S.d. §§ 108 bis 123 KAGB von mehr als 10 % und
- vergleichbare EU-Investmentvermögen oder vergleichbare ausländische Investmentanteile von mehr als 10 %.

Pflichtangaben nach § 285 Nr. 26 HGB sind

- bei inländischem Investmentvermögen: der Wert i.S.d. Marktwerts,
- bei ausländischem Investmentvermögen, sofern das jeweilige ausländische Investmentrecht eine dem § 36 InvG vergleichbare Bewertung verlangt: dieser Wert,
- bei ausländischem Investmentvermögen, sofern das jeweilige ausländische Investmentrecht keine dem § 36 InvG vergleichbare Bewertung verlangt: ein nach diesen Vorschriften ermittelter Wert,
- die Differenz zwischen dem Marktwert (oder bei ausländischem Investmentvermögen ggf. des vergleichbaren Wertes) zum Buchwert des Investmentvermögens (Zweck: Hinweis auf stille Reserven oder stille Lasten),
- die für das Geschäftsjahr erfolgte Ausschüttung,
- Beschränkungen in der Möglichkeit der täglichen Rücknahme (Zweck: Hinweise auf Liquiditätsrisiken),
- die Gründe, warum eine außerplanmäßige Abschreibung wegen voraussichtlich nur vorübergehender Wertminderung nicht vorgenommen wurde (gemildertes Niederstwertprinzip § 253 Abs. 3 Satz 6 HGB), einschließlich der für die voraussichtlich nicht dauernde Wertminderung sprechenden Anhaltspunkte.

Es ist keine Negativerklärung notwendig, wenn keine Rückgabebeschränkungen vorliegen.

Für nicht in der Bilanz ausgewiesene ungewisse Verbindlichkeiten und Haftungsverhältnisse ist gem. § 285 Nr. 27 das Risiko der Inanspruchnahme anzugeben und zu begründen. Dies bedeutet die Angabe der Gründe für die Einschätzung des Risikos der Inanspruchnahme für nach § 251 HGB unter der Bilanz ausgewiesene Verbindlichkeiten und Haftungsverhältnisse mit dem Ziel, eine Transparenz der in den Eventualverpflichtungen liegenden Risiken zu vermitteln und begründet eine Pflicht zur periodischen Risikoüberwachung und Einrichtung eines Ratingsystems für Eventualverpflichtungen.

Nach §268 Abs. 8 HGB besteht für bestimmte Beträge – abzüglich der hierfür gebildeten passiven latenten Steuern – eine Ausschüttungssperre. Hierzu zählen:

1. Aktivierung selbst geschaffener immaterieller Vermögensgegenstände des Anlagevermögens,
2. Aktivierung von Vermögensgegenständen zum beizulegenden Zeitwert und
3. Aktivierung latenter Steuern.

Nach §285 Nr. 28 HGB ist im Anhang der Gesamtbetrag dieser ausschüttungsgesperrten Beträge, aufgeschlüsselt in die drei Gruppen, jeweils unter Berücksichtigung latenter Steuern anzugeben. Durch diese Anhangangabe soll ersichtlich werden, inwieweit im Jahresergebnis bzw. Eigenkapital Beträge enthalten sind, die nicht ausgeschüttet werden können.

Eine weitere Ausschüttungssperre besteht für den Differenzbetrag zwischen dem Ansatz von Pensionsrückstellungen nach Maßgabe des durchschnittlichen Marktzinssatzes aus den vergangenen zehn Geschäftsjahren und dem Ansatz dieser Rückstellungen nach Maßgabe des durchschnittlichen Marktzinssatzes aus den vergangenen sieben Geschäftsjahren. Auch dieser Unterschiedsbetrag ist im Anhang anzugeben (§253 Abs. 6 Satz 3 HGB).

§285 Nr. 29 HGB erfordert die Angabe, auf welchen Differenzen oder steuerlichen Verlustvorträgen die latenten Steuern beruhen sowie mit welchen Steuersätzen die latenten Steuern berechnet wurden. Die Anhangangabe ist unabhängig davon vorzunehmen, ob in der Bilanz latente Steuern ausgewiesen werden oder nicht (§274 Abs. 1 Satz 2 HGB). Nach DRS 18.64 sind sowohl die latenten Steuern, die im Rahmen der Saldierung verrechnet wurden als auch die in Ausübung des Aktivierungswahlrechts (Aktivüberhang) nicht angesetzten latenten Steuern im Anhang zu erläutern. Lediglich die dem Ansatzverbot unterliegenden latenten Steuern bedürfen nach DRS 18.64 keiner gesonderten Erläuterung. Nach DRS 18.65 sind qualitative Angaben zu den bestehenden Differenzen und Verlustvorträgen regelmäßig ausreichend. Eine betragsmäßige Erläuterung nach einzelnen Bilanzposten/Verlustvorträgen muss also nicht erfolgen. Kleine Kapitalgesellschaften sind von der Anhangangabe befreit (§288 Abs. 1 HGB);

Sonstige Pflichtangaben (§ 285 HGB)	
§ 285 S.1 Nr. 27 HGB	Gründe für die Einschätzung des Risikos der Inanspruchnahme bei Eventualverpflichtungen
§ 285 S.1 Nr. 28 HGB	Gesamtbetrag der ausschüttungsgesperrten Beträge, aufgegliedert in die einzelnen Kategorien
§ 285 S.1 Nr. 29 HGB	Angabe, auf welchen Differenzen und steuerlichen Verlustvorträgen die latenten Steuern beruhen und welcher Steuersatz der Bewertung zugrunde liegt
§ 285 S.1 Nr. 30 HGB	Angabe der latenten Steuersalden am Ende des Geschäftsjahres und die im Laufe des Geschäftsjahrs erfolgten Änderungen dieser Salden (für den Fall, dass latente Steuerschulden in der Bilanz angesetzt werden)
§ 277 Abs. 3 Satz 1 HGB	Angabe des Betrags außerplanmäßiger Abschreibungen im Rahmen des gemilderten Niederstwertprinzips nach § 253 Abs. 3 Satz 3 und 4 HGB

Abb. 161: *Pflichtangaben im Anhang – sonstige Pflichtangaben*

sie sind auch von der Anwendung der Vorschriften über latente Steuern insgesamt befreit (§ 274a Nr. 5 HGB). Die Befreiungsvorschriften von den Anhangangaben sind aber insoweit relevant, als kleine Kapitalgesellschaften freiwillig die latenten Steuern nach § 274 HGB bilanzieren dürfen. Mittelgroße Kapitalgesellschaften müssen zwar die Bilanzierungsvorschriften für latente Steuern beachten, sie sind jedoch nach § 288 Abs. 2 HGB von den Angabepflichten zu den latenten Steuern befreit.

§ 285 Nr. 30 verlangt für den Fall, dass latente Steuerschulden in der Bilanz angesetzt werden, die latenten Steuersalden am Ende des Geschäftsjahres und die im Laufe des Geschäftsjahrs erfolgten Änderungen dieser Salden anzugeben. Um im Einklang mit DRS 18.65 zu bleiben, wird die Erläuterung der Veränderung passiver Steuerlatenzen erwartet in Bezug auf Bilanzstandsdifferenzen, Verlustvorträge und ihrer Realisierbarkeit binnen fünf Jahren sowie Konsolidierungsvorgängen.

§ 277 Abs. 3 Satz 1 HGB verlangt, dass außerplanmäßige Abschreibungen im Rahmen des gemilderten Niederstwertprinzips im Anlagevermögen gesondert erfasst werden.

§ 286 Abs. 3 Satz 4 HGB verlangt bei nicht börsennotierten Unternehmen eine Angabe darüber, dass die Ausnahmeregelung in Anspruch genommen wird, auf Angaben über den Anteilsbesitz nach § 285 Nr. 11 und 11a HGB zu verzichten. Diese Erleichterung ist dem Umstand geschuldet, dass Schwierigkeiten bestehen können in der Bewertung nicht börsennotierter Anteile.

Die Angabe nach Art 28 Abs. 2 EGHGB basiert auf der Tatsache, dass für Pensionsverpflichtungen, die vor 1987 eingegangen wurden, keine Passivierungspflicht besteht. Um einen vollständigen Schuldenausweis zu ermöglichen, zeigt diese Anhangangabe den nicht passivierten Teil dieser „Altzusagen". Analoges gilt für nicht passivierte laufende Pensionsverpflichtungen, Anwartschaften auf Pensionen und ähnliche Verpflichtungen nach Art. 28 Abs. 1 EGHGB.

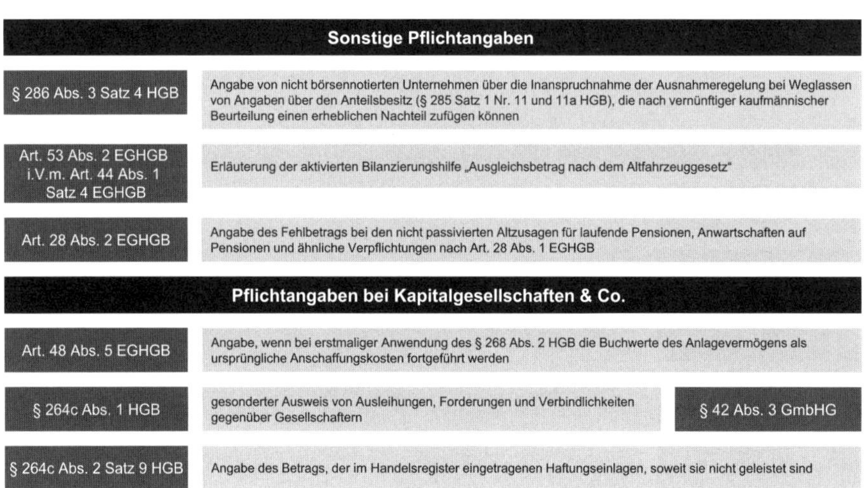

Abb. 162: *Pflichtangaben im Anhang – sonstige Pflichtangaben*

Wenn bei erstmaliger Anwendung der Vorschriften über die Erstellung eines Anlagenspiegels die historischen Anschaffungs- oder Herstellungskosten nicht oder nur mit unverhältnismäßig hohem Aufwand zu ermitteln sind, darf an ihrer Stelle der Buchwert angesetzt werden, allerdings bei entsprechender Anhangangabe nach Art 48 Abs. 5 EGHGB.

Nach § 264c Abs. 1 HGB sind die Kreditbeziehungen gegenüber Gesellschaftern einer Kapitalgesellschaft & Co. gesondert anzugeben. Dies begründet sich aus der Tatsache, dass es sich insgesamt um eine haftungsbeschränkte Unternehmenskonstruktion handelt, die aber nicht zur Aufstellung eines Konzernabschlusses verpflichtet. Insofern werden bei einer Kapitalgesellschaft & Co. die Schuldverhältnisse zwischen der Personengesellschaft und ihren Gesellschaftern nicht konsolidiert. Analoges gilt für die GmbH.

Nach § 264c Abs. 2 Satz 9 HGB müssen Kapitalgesellschaften & Co. den Betrag der im Handelsregister eingetragenen Haftungseinlagen angeben, soweit sie nicht geleistet sind (ausstehende Einlagen von Komplementären bei Kapitalgesellschaften & Co.).

Gemäß § 268 Abs. 6 HGB ist der nach § 250 Abs. 3 HGB unter den aktiven Rechnungsabgrenzungsposten ausgewiesene Disagiobetrag entweder in der Bilanz gesondert auszuweisen oder im Anhang zu erläutern. Kleine Kapitalgesellschaften sind von der Pflicht zu dieser Anhangangabe befreit (§ 274a Nr. 1 HGB).

Wenn die Zuordnung untergeordneter Posten zu den übergeordneten Posten nicht eindeutig ist, wird bei entsprechender Aufteilung die Mitzugehörigkeit in einer Anhangangabe nach § 265 Abs. 3 Satz 1 HGB beschrieben.

Wird der Jahresabschluss nach vollständiger oder teilweiser Ergebnisverwendung aufgestellt, tritt anstelle der Posten Jahresüberschuss/Jahresfehlbetrag und Gewinnvortrag/Verlustvortrag der Posten Bilanzgewinn/-verlust (§ 268 Abs. 1 HGB). Um in diesem Fall zu zeigen, welcher Teil des Bilanzgewinns/-verlusts aus der Ergebnisverwendung des Vorjahres (Gewinnvortrag/Verlustvortrag) bzw. aus dem Ergebnis der laufenden Periode stammt, ist die Angabe des Gewinnvortrags/Verlustvortrags im Anhang vorgeschrieben (§ 268 Abs. 1 Satz 2, 2. Halbsatz HGB).

Der **Bruttoanlagenspiegel** nach § 284 Abs. 3 HGB soll die Bruttoentwicklung der einzelnen Bilanzposten des Anlagevermögens darstellen. Dabei sind, ausgehend von den gesamten Anschaffungs- oder Herstellungskosten, die Zugänge, Abgänge, Umbuchungen und Zuschreibungen des Geschäftsjahrs sowie die Abschreibungen gesondert aufzuführen.

Posten	Anschaffungs- und Herstellungskosten						Abschreibungen							
	AB	Zugang	davon aktivierte FK-Zinsen	Abgang	Umb	EB	AB	Zugang	Zuschreibungen	Abgang	Umb	EB	AB	EB
…														
…														
…														
…														

AB = Anfangsbestand
Umb = Umbuchungen
EB = Endbestand

Abb. 163: *Anlagenspiegel*

Zu den Abschreibungen sind gesondert folgende Angaben zu machen:

- die Abschreibungen in ihrer gesamten Höhe zu Beginn und Ende des Geschäftsjahrs,
- die im Laufe des Geschäftsjahrs vorgenommenen Abschreibungen und
- Änderungen in den Abschreibungen in ihrer gesamten Höhe im Zusammenhang mit Zu- und Abgängen sowie Umbuchungen im Laufe des Geschäftsjahrs.

Mit diesen Angaben sollen die ergebniswirksamen Folgeeffekte von Umstrukturierungen innerhalb des Anlagevermögens transparent gemacht werden. So soll deutlich werden, dass mit Zu- und Abgängen sowie Umbuchungen Erfolgswirkungen verbunden sind, die auf die Bemessungsgrundlage im jeweiligen Bilanzposten (Mengenkomponente der Abschreibungen) und nicht auf die Höhe des Abschreibungsprozentsatzes (Wertkomponente der Abschreibungen) zurückzuführen sind. Entsprechend wird transparent, dass

- mit der Umbuchung von Anlagen im Bau auf sonstige Anlagen, Betriebs- und Geschäftsausstattung ein Beginn der planmäßigen Abschreibung verbunden ist und dass
- mit Zu- und Abgängen in den einzelnen Posten des Anlagevermögens zusätzliche oder reduzierte Abschreibungen verbunden sind, die nicht auf z.B. außerplanmäßige Abschreibungen oder Wertaufholungen zurückzuführen sind, sondern auf Strukturveränderungen im Anlagenbestand.

Sind in die Herstellungskosten nach § 255 Abs. 3 HGB Zinsen für Fremdkapital einbezogen worden, ist für jeden Posten des Anlagevermögens anzugeben, welcher Betrag an Zinsen im Geschäftsjahr aktiviert worden ist.

Für die in § 251 HGB bezeichneten Haftungsverhältnisse ist nach § 268 Abs. 7 Nr. 2 HGB ein Sicherheitenspiegel zu erstellen, in welchem die jeweiligen Eventualverbindlichkeiten mit der auf sie jeweils bezogenen Sicherheitenbestellung aufgeführt sind. Dabei sind konzerninterne Eventualverpflichtungen gesondert darzustellen. Nach § 327 HGB dürfen mittelgroße Kapitalgesellschaften sowie Kapitalgesellschaften & Co. die Bilanz in der für kleine Kapitalgesellschaften sowie Kapitalgesellschaften & Co. vorgeschriebenen Form zum Bundesanzeiger einreichen. In diesem Fall sind allerdings die in §327 Abs. 1 Nr. 2 HGB vorgeschriebenen Anhangangaben zu machen.

Anhangangabe, weil der Sachverhalt wahlweise nicht im Rechnungsteil erfasst wurde	
§ 268 Abs. 6 HGB	Angabe des Disagios nach § 250 Abs. 3 HGB
§ 265 Abs. 3 Satz 1 HGB	Angabe der Mitzugehörigkeit von einem Bilanzposten zu einem anderen, wenn dies zur Aufstellung eines klaren und übersichtlichen Jahresabschlusses erforderlich ist
§ 268 Abs. 1 Satz 2 2. Halbsatz HGB	Gesonderte Angabe des Gewinn- oder Verlustvortrags, wenn die Bilanz unter Berücksichtigung der teilweisen Verwendung des Jahresergebnisses aufgestellt wird und der Gewinn- und Verlustvortrag in den Bilanzgewinn- bzw. -verlust einbezogen ist
§ 284 Abs. 3 HGB	Darstellung des Bruttoanlagenspiegels
§ 268 Abs. 7 Nr. 2 HGB	Gesonderter Ausweis der in § 251 bezeichneten Haftungsverhältnisse unter Angabe der gewährten Pfandrechte und sonstigen Sicherheiten
§ 268 Abs. 7 Nr. 2 HGB	Gesonderter Ausweis der Haftungsverhältnisse gegenüber verbundenen Unternehmen
§ 327 Abs. 1 Nr. 2 HGB	Gesonderte Angabe von bestimmten Bilanzposten, wenn mittelgroße Kapitalgesellschaften oder Kapitalgesellschaften & Co. die Bilanz nur in der für kleine Kapitalgesellschaften oder Kapitalgesellschaften & Co. vorgeschriebenen Form zum Handelsregister einreichen

Abb. 164: *Pflichtangaben im Anhang oder Rechnungsteil*

Pflichtangaben für Aktiengesellschaften

§160 AktG verlangt Angaben zu Kapitalbeständen und -bewegungen sowie Finanzierungen, die mit außenfinanziertem Eigenkapital, daraus resultierenden Stimmrechtsverhältnissen sowie mit Umwandlungs- und Umtauschvorgängen von Fremd- in Eigenkapital zusammenhängen. Dies betrifft die einzelne Aktiengesellschaft wie auch den Konzern insgesamt. So ist der Bestand und Zugang an Aktien (Vorratsaktien) anzugeben, die ein Aktionär für Rechnung der AG, ein Aktionär für Rechnung eines abhängigen Unternehmens, ein abhängiges Unternehmen oder ein im Mehrheitsbesitz der AG stehendes Unternehmen als Gründer (§28 AktG), Zeichner (§185 AktG) oder in Ausübung eines bei einer bedingten Kapitalerhöhung eingeräumten Umtausch- oder Bezugsrechts (§198 AktG) übernommen hat. Ferner ist anzugeben der Bestand und die Verände-

Pflichtangaben bei Aktiengesellschaften (§ 160 Abs. 1 Nr. 1 und Nr. 2 AktG)
Bestand und Zugang an Aktien (Vorratsaktien), die
ein Aktionär für Rechnung der AG ein Aktionär für Rechnung eines abhängigen Unternehmens ein abhängiges Unternehmen oder ein im Mehrheitsbesitz der AG stehendes Unternehmen als Gründer (§ 28 AktG), Zeichner (§ 185 AktG) oder in Ausübung eines bei einer bedingten Kapitalerhöhung eingeräumten Umtausch- oder Bezugsrechts (§ 198 AktG) übernommen hat
Bestand und Veränderung an eigenen Aktien
der Gesellschaft eines abhängigen oder in Mehrheitsbesitz stehenden Unternehmens sowie Zahl dieser Aktien und der auf sie entfallende Betrag und Anteil am Grundkapital

Abb. 165: *Pflichtangaben im Anhang von Aktiengesellschaften*

rung an eigenen Aktien der Gesellschaft, eines abhängigen oder in Mehrheitsbesitz stehenden Unternehmens sowie die Zahl dieser Aktien und der auf sie entfallende Betrag und Anteil am Grundkapital.

Bei Aktiengesellschaften sind für jede Gattung von Aktien die Anzahl und der Nennbetrag, insbesondere die Aktien aus bedingten Kapitalerhöhungen und genehmigtem Kapital anzugeben. Zum genehmigten Kapital ist die Zahl der Bezugsrechte, Wandelschuldverschreibungen und vergleichbare Wertpapiere sowie die Anzahl an Genussrechten, Rechten aus Besserungsscheinen und ähnlichen Rechten anzugeben. Schließlich ist über das Bestehen einer wechselseitigen Beteiligung, einer Beteiligung nach §20 Abs. 1 oder Abs. 4 AktG oder nach §21 Abs. 1 oder Abs. 1a WpHG zu berichten. Diese Angaben können unterlassen werden, wenn es für das Wohl der BRD oder eines ihrer Länder erforderlich ist.

Nach §58 Abs. 2a AktG können Vorstand und Aufsichtsrat den Eigenkapitalanteil von Wertaufholungen in Andere Gewinnrücklagen einstellen. Ziel ist, ausschüttungsinduzierte Liquiditätsabflüsse aufgrund von Wertaufholungserträgen zu vermeiden. Die Wertaufholungsrücklage kann entweder gesondert ausgewiesen oder in Form einer Anhangangabe quantifiziert dargestellt werden.

Kapitalrücklagen entstehen als Agiobeträge im Rahmen von Kapitalerhöhungen. Ihre Auflösung kann bedingt sein durch Umbuchungen im Rahmen von Kapitalerhöhungen aus Gesellschaftsmitteln, durch Verrechnung mit Verlusten oder – sofern zulässig – durch Zuführungen in den Bilanzgewinn und damit zur Freigabe an die Hauptversammlung für Ausschüttungszwecke. Die Veränderungen der Kapitalrücklagen sind gemäß §152 Abs. 2 AktG im Anhang darzustellen.

Gewinnrücklagen können von Vorstand und Aufsichtsrat im Rahmen der Kompetenz nach §58 Abs. 2 oder 2a AktG oder von der Hauptversammlung nach §58 Abs. 3 AktG gebildet werden. Auflösungen zur Zuführung in den Bilanzgewinn und damit zur Freigabe für die Ausschüttung können nur durch Vorstand und Aufsichtsrat erfolgen. Die Veränderungen der Gewinnrücklagen sind gemäß §152 Abs. 3 AktG im Anhang darzustellen.

Während der Jahresüberschuss/Jahresfehlbetrag den Saldo der Erträge und Aufwendungen darstellt, ist der Bilanzgewinn/-verlust bereits um den Gewinn- bzw. Verlustvortrag aus dem Vorjahr sowie die Rücklagenbewegungen durch Vorstand und Aufsichtsrat im Rahmen ihrer Gewinnverwendungskompetenz

Pflichtangaben bei Aktiengesellschaften (§ 160 Abs. 1 Nr. 3 – Nr. 8 AktG)
Für Aktien jeder Gattung: Zahl und Nennbetrag, Aktien aus bedingter Kapitalerhöhung und genehmigtem Kapital
Das genehmigte Kapital
Zahl der Bezugsrechte, Wandelschuldverschreibungen und vergleichbare Wertpapiere
Genussrechte, Rechte aus Besserungsscheine und ähnliche Rechte
Bestehen einer wechselseitigen Beteiligung
Bestehen einer Beteiligung nach § 20 Abs. 1 oder Abs. 4 AktG oder nach § 21 Abs. 1 oder Abs. 1a WpHG
Unterlassung dieser Angaben, wenn es für das Wohl der BRD oder eines ihrer Länder erforderlich ist

Abb. 166: *Pflichtangaben im Anhang von Aktiengesellschaften*

modifiziert. Die Überleitung ist nach § 158 Abs. 1 AktG entweder in Fortführung der GuV-Rechnung oder als Bestandteil des Anhangs darzustellen.

Werden aus Kapitalherabsetzungen oder aus der Auflösung von Gewinnrücklagen Beträge gewonnen, so ist nach § 240 AktG anzugeben, ob diese

- zum Ausgleich von Wertminderungen,
- zur Deckung von sonstigen Verlusten oder
- zur Einstellung in die Kapitalrücklage

verwandt werden.

Wertänderungen aufgrund von Sonderprüfungen sind nach § 261 Abs. 1 S. 3–4 AktG im Anhang zu erläutern. Dies gilt auch für Veräußerungsgewinne aus Vermögensabgängen.

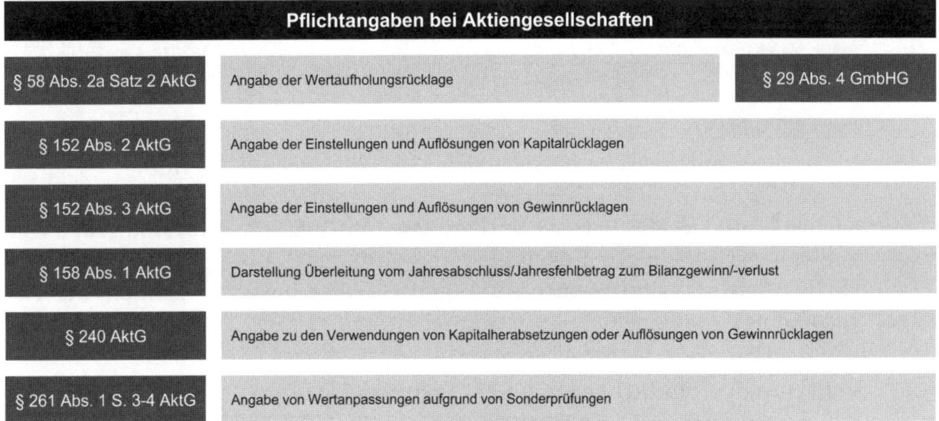

Abb. 167: *Pflichtangaben im Anhang von Aktiengesellschaften*

10.3 Unterlassen von Anhangangaben und größenabhängige Erleichterungen (§ 286 und § 288 HGB)

§ 286 HGB beschreibt Fälle, in denen Anhangangaben unterlassen werden können, wenn dies durch überwiegende Gründe gerechtfertigt ist.

Die HGB-Vorschriften zum Anhang enthalten grundsätzlich die Normen, welche von großen Kapitalgesellschaften zu erfüllen sind. § 288 HGB enthält Erleichterungsvorschriften für kleine Kapitalgesellschaften (§ 288 Abs. 1 HGB) und mittelgroße Kapitalgesellschaften (§ 288 Abs. 2 HGB). Davon unberührt bleiben Erleichterungsvorschriften für bestimmte Rechtsformen und Geschäftszweige. Kapitalmarktorientierte Unternehmen haben grundsätzlich die Anhangangabepflichten von großen Kapitalgesellschaften zu erfüllen. In Einzelfällen sind von ihnen noch darüberhinausgehende Vorschriften zu beachten.

Berichterstattung kann unterbleiben, ...
wenn es für das Wohl der BRD oder eines ihrer Länder erforderlich ist,
soweit die Aufgliederung der Umsatzerlöse nach vernünftiger kaufmännischer Beurteilung geeignet ist, der Kapitalgesellschaft oder einem Beteiligungsunternehmen einen erheblichen Nachteil zuzufügen,
soweit die Angaben nach § 285 Nr. 11 und 11a für die Darstellung der Vermögens-, Finanz- und Ertragslage der Kapitalgesellschaft von untergeordneter Bedeutung sind oder der Kapitalgesellschaft oder einem anderen Unternehmen einen erheblichen Nachteil zufügen,
hinsichtlich Eigenkapital und Jahresergebnis, wenn das Unternehmen des Jahresabschluss nicht offenzulegen hat und die berichtende Kapitalgesellschaft weniger als die Hälfte der Anteile besitzt,
bei nicht-börsennotierten AGs hinsichtlich Organbezüge nach § 285 Nr. 9a und b, wenn sich anhand der Angaben die Bezüge eines Mitglieds dieser Organe feststellen lassen,
für die Organbezüge nach § 285 Nr. 9 lit. a Satz 5 – 8, wenn die Hauptversammlung dies beschlossen hat.

Abb. 168: *Unterlassen von Anhangangaben (§ 286 HGB)*

Angaben brauchen nicht gemacht zu werden, bei ...
kleinen Kapitalgesellschaften nach § 284 Abs. 2 Nr. 4, § 285 Nr. 2 – 8 lit. a, Nr. 9 lit. a und b sowie Nr. 12, 17, 19, 21, 22 und 29 HGB
mittelgroßen Kapitalgesellschaften § 267 Abs. 2 nach § 285 Nr. 3 die Risiken und Vorteile, nach § 285 Nr. 4 und 29 HGB
Soweit die mittelgroßen Kapitalgesellschaften die Angaben nach § 285 Nr. 17 HGB nicht machen, sind sie verpflichtet, diese der Wirtschaftsprüferkammer auf deren schriftliche Anforderung zu übermitteln
Nur AGs müssen Angaben nach § 285 Nr. 21 HGB machen

Abb. 169: *Größenabhängige Erleichterungen (§ 288 HGB)*

Kleinstkapitalgesellschaften nach dem MicroBilG (§ 267a HGB) sind grundsätzlich von der Pflicht zur Erstellung eines Anhangs befreit (§ 264 Abs. 1 Satz 5 HGB). Allerdings sind sie auch bei Wegfall des Anhangs zu folgenden Angaben verpflichtet:

- Angaben unter der Bilanz (§ 264 Abs. 1 Satz 5 HGB),
- Eventualverbindlichkeiten (§§ 251, 268 Abs. 7 HGB),
- Organkredite (§ 285 Nr. 9 lit c HGB),
- Aktienangaben, sofern es sich um eine AG oder KGaA handelt (§ 160 Abs. 1 Satz 1 Nr. 2 AktG).
- Bei Inanspruchnahme der Erleichterungen nach § 264 Abs. 1 Satz 5 HGB sind zusätzliche Angaben unter der Bilanz nach § 264 Abs. 2 Satz 4 HGB zu machen.
- Unter Einbeziehung der Angaben nach § 264 Abs. 2 Satz 2 HGB besteht die Vermutung nach § 264 Abs. 2 Satz 5 HGB, dass das Generalklauselerfordernis nach § 264 Abs. 2 Satz 1 HGB (ein den tatsächlichen Verhältnissen entsprechendes Bild …) erfüllt ist.
- Finanzielle Engagements von GmbH-Gesellschaftern mit der GmbH (§ 42 Abs. 3 GmbHG).

11 Lagebericht

Der Lagebericht ist ein verbales Berichterstattungsinstrument, durch das die Angaben des Jahresabschlusses, bestehend aus Bilanz, GuV-Rechnung und Anhang, ggf. noch Kapitalflussrechnung, Eigenkapitalspiegel und Segmentberichterstattung, ergänzt werden sollen.

11.1 Grundsätze zur Lageberichterstattung

Aufstellungspflicht für den Lagebericht

Große und mittelgroße Kapitalgesellschaften i.S.d. § 267 HGB haben die Pflicht, innerhalb der ersten drei Monate nach Geschäftsjahresende einen Lagebericht nach § 289–289f HGB aufzustellen (§ 264 Abs. 1 Satz 1 HGB). Kleine Kapitalgesellschaften sind von der Pflicht zur Aufstellung eines Lageberichts entbunden (§ 264 Abs. 1 Satz 4 HGB), ebenso Nicht-Kapitalgesellschaften mit Ausnahme der Kapitalgesellschaften und Co (§ 264a HGB). Personengesellschaften, die unter das **PublG** fallen, müssen keinen Lagebericht aufstellen (§ 5 Abs. 2 PublG). Die Erstellungspflicht besteht unabhängig vom angewandten Rechnungslegungsstandard, d.h. auch bei Aufstellung eines **IFRS-Abschlusses** (§ 315e Abs. 3 HGB).

Der Lagebericht selbst ist nicht Bestandteil des Jahresabschlusses, sondern steht neben dem Abschluss.

Prüfung des Lageberichts

Der Lagebericht großer und mittelgroßer Kapitalgesellschaften ist mit dem Jahresabschluss zusammen zu prüfen (§ 326 Abs. 1 Satz 1 HGB).

Er ist darauf zu prüfen, ob

- er mit dem Jahresabschluss in Einklang steht und ob
- die sonstigen Angaben im Lagebericht nicht eine falsche Vorstellung von der Lage des Unternehmens erwecken,
- er mit dem Jahresabschluss sowie mit den bei der Prüfung gewonnenen Erkenntnissen des Abschlussprüfers in Einklang steht und ob
- der Lagebericht insgesamt eine zutreffende Vorstellung von der Lage des Unternehmens vermittelt.
- Dabei ist auch zu prüfen, ob die Risiken der künftigen Entwicklung zutreffend dargestellt sind.
- Lageberichtsfremde Angaben, z.B. Erklärung zur Unternehmensführung, unterliegen nach IdWPS 350 n.F. nicht der Prüfungspflicht; sie sind vom Abschlussprüfer allenfalls kritisch zu lesen.

Offenlegung/Publizität

Gesetzliche Vertreter mittelgroßer Kapitalgesellschaften müssen den Lagebericht zusammen mit dem Jahresabschluss spätestens vor Ablauf des zwölften Monats nach dem Abschlussstichtag zum Handelsregister einreichen. Sie haben dann ferner unverzüglich im Bundesanzeiger bekanntzumachen, bei welchem Handelsregister die Unterlagen eingereicht wurden (§ 325 Abs. 1 HGB).

Gesetzliche Vertreter großer Kapitalgesellschaften haben den Jahresabschluss und Lagebericht zunächst im Bundesanzeiger bekanntzumachen und dann die Bekanntmachung unter Beifügung des Jahresabschlusses und des Lageberichts dem für den Sitz der Kapitalgesellschaft zuständigen Handelsregister innerhalb von zwölf Monaten nach dem Abschlussstichtag einzureichen (§ 325 Abs. 2 HGB). Jahresabschluss, Lagebericht und ggf. weitere Unterlagen, z.B. Bestätigungsvermerk, sind hierbei vollständig und fristgerecht zu veröffentlichen. Eine fristwahrende, sukzessive Offenlegung ist nicht zulässig.

Prinzipien der Lageberichterstattung

Die Prinzipien der Lageberichterstattung sind

- Vollständigkeit,
- Verlässlichkeit und Ausgewogenheit,
- Vermittlung der Sicht der Unternehmensleitung (sog. *„Management Approach"*),
- Klarheit und Übersichtlichkeit,
- Wesentlichkeit,
- Informationsabstufung, dies hat insbesondere Bedeutung für kleinere, mittelständische Unternehmen.

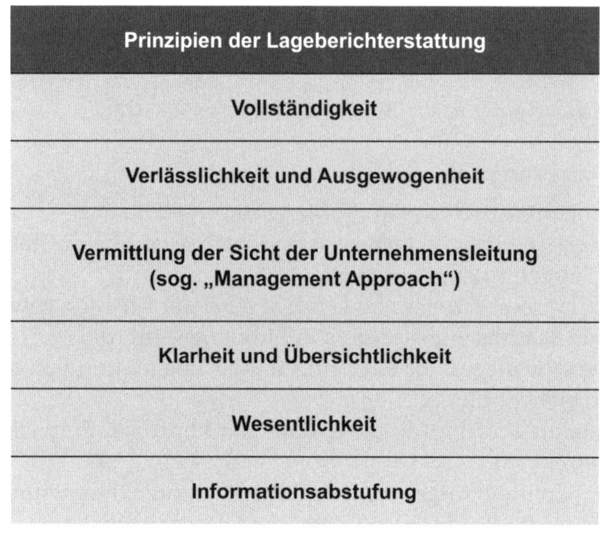

Abb. 170: *Prinzipien der Lageberichterstattung*

Der Lagebericht muss die Einschätzungen und Beurteilungen der Unternehmens-/Konzernleitung zum Ausdruck bringen (Management Approach):

1. subjektive Einschätzungen des Managements
2. Verwendung unternehmensintern verwendeter Daten

Dabei erfolgt die Konzentration auf Angaben zu Sachverhalten (Ereignisse, Faktoren, Entscheidungen), die einen wesentlichen Einfluss auf die weitere Wertentwicklung des Unternehmens haben können. Die Ausführlichkeit und Detaillierungsgrad der Angaben erfolgt in Abhängigkeit von den spezifischen Gegebenheiten des Unternehmens (Geschäftstätigkeit, Größe, Kapitalmarktorientierung).

Bilanzeid

Der „Bilanzeid", wonach die gesetzlichen Vertreter einer kapitalmarktorientierten Kapitalgesellschaft versichern, dass die Lageberichtsangaben nach bestem Wissen ein den tatsächlichen Verhältnissen entsprechendes Bild vermitteln und die wesentlichen Chancen und Risiken zutreffend beschreiben, ist Bestandteil des Lageberichts (§ 289 Abs. 1 Satz 5 HGB).

11.2 Zum Inhalt des Lageberichts

Basisberichterstattung nach § 289 Abs. 1 HGB

Im Lagebericht nach § 289 HGB sind der Geschäftsverlauf einschließlich des Geschäftsergebnisses und die Lage der Kapitalgesellschaft darzustellen. Leitlinie für die Berichterstattung im Lagebericht ist die Vermittlung eines den tatsächlichen Verhältnissen entsprechenden Bildes.

Nach dem internationalen Vorbild der Management's Discussion and Analysis hat er eine ausgewogene und umfassende, dem Umfang und der Komplexität

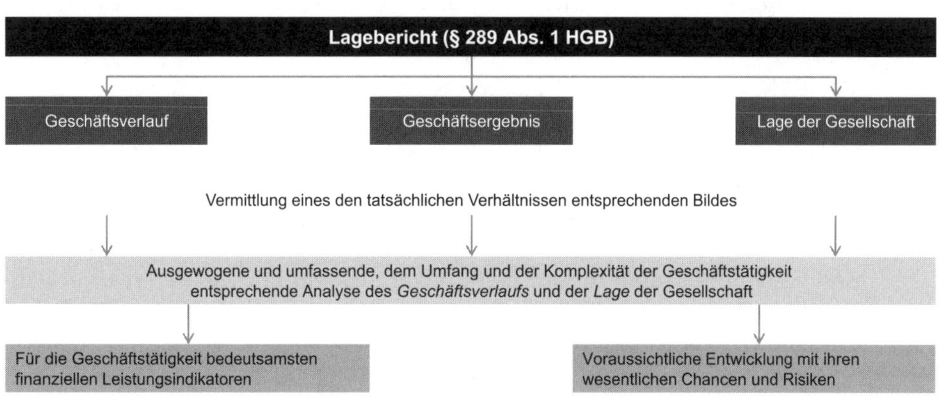

Abb. 171: *Grundsätze zum Lagebericht*

der Geschäftstätigkeit entsprechende Analyse des Geschäftslaufs und der Lage der Gesellschaft zu enthalten. Dabei sind die bedeutsamsten finanziellen und bei großen Kapitalgesellschaften auch nicht-finanziellen Leistungsindikatoren einzubeziehen und unter Bezugnahme auf die im Jahresabschluss ausgewiesenen Beträge und Angaben zu erläutern.

Schließlich ist die voraussichtliche Entwicklung mit ihren wesentlichen Chancen und Risiken zu beurteilen und zu erläutern, wobei die zugrunde liegenden Annahmen anzugeben sind (§ 289 Abs. 1 Satz 4 HGB).

- Die berichtspflichtigen Angaben zu Risiken sind abhängig von Gegebenheiten und Umfeld des Unternehmens.
- Bestandsgefährdende Risiken sind gesondert zu kennzeichnen.
- Wesentliche Risiken sind einzeln darzustellen, die Konsequenzen bei ihrem Eintritt sind zu analysieren und zu beurteilen.
- Die berichtspflichtigen Risiken sind nach einer Rangordnung hinsichtlich ihrer Bedeutung zu ordnen oder zu gleicharten Kategorien zusammenzufassen.
- Risiken sind nur dann zu Quantifizierung nur, wenn dies auch zur internen Steuerung geschieht und die Information wesentlich ist.
- Risiken sind brutto oder netto, d.h. vor oder nach Risikobegrenzungsmaßnahmen, darzustellen.
- Es hat eine verdichtete Gesamtaussage zu Risiken und Risikotragfähigkeit des Unternehmens zu erfolgen.
- Die Anforderungen an den Chancenbericht sind grundsätzlich spiegelbildlich zu denen für den Risikobericht.
- Es ist möglich, Chancen- und Risikobericht getrennt darzustellen; es kann aber auch ein integrierter Chancen- und Risikobericht oder Prognose-, Chancen- und Risikobericht erstellt werden.
- Es besteht ein Saldierungsverbot für Chancen und Risiken, d.h. diese dürften nicht verrechnet werden und sie sind ausgewogen darzustellen.

DRS 20 spezifiziert die Berichtspflichten im Konzernlagebericht nach § 315 HGB und wird zur analogen Anwendung im Lagebericht nach § 289 HGB empfohlen (vgl. DRS 20 Tz. 2).

Der Lagebericht soll das Geschäftsmodell des Konzerns einschließlich des intern eingesetzten Steuerungssystems beschreiben. Der Wirtschaftsbericht als Kernstück des Lageberichts stellt die Lage der Kapitalgesellschaft in den Zusammenhang gesamtwirtschaftlicher und branchenbezogener Rahmenbedingungen.

Entwicklungen und Ereignisse, die für den Geschäftsverlauf ursächlich waren und besondere Bedeutung für den Konzern haben, sind gesondert zu erwähnen. Dabei geht es um die Darstellungs- und Analyseobjekte Ertragskraft und Wachstum, Finanzlage, Kapitalstruktur und Vermögenslage.

Angaben zum Geschäftsverlauf

Mit der Darstellung des Geschäftsverlaufs ist die Entwicklung des Unternehmens im abgeschlossenen Geschäftsjahr aufzuzeigen.

Dies legt Angaben zu folgenden Themenbereichen nahe:

- Entwicklung der Marktstellung und der strategischen Positionierung im wirtschaftlichen Umfeld,
- Entwicklung des Auftragseingangs, Umsatzverlauf, Investitionen, Kostenentwicklung, Beschäftigungsgrad, Kapazitätsauslastung, Finanzierung, Rationalisierung, Personalentwicklung sowieeingegangene Risiken sowie das Produktionsprogramm.

Angaben zum Geschäftsergebnis

Angaben zum Geschäftsergebnis betreffen die Darstellung, Interpretation und Analyse des Jahresüberschusses/-fehlbetrags, einschließlich seiner Komponenten Betriebsergebnis und Finanzergebnis einschließlich der aus den Anhangangaben abgeleiteten außergewöhnlichen und periodenfremden Ergebniskomponenten (§ 285 Nr. 31 und 32 HGB).

Wenn möglich erfolgt die Darstellung und Analyse auf Segmentbasis. Dabei sind auch wesentliche Aufwands- und Ertragspositionen in ihrer Höhe und zeitlichen Entwicklung zu analysieren.

Angaben zur Lage des Unternehmens

Angaben zur Lage des Unternehmens beziehen sich auf den Abschlussstichtag und zeigen die Entwicklungserwartungen auf.

Beispiele sind Marktstellung, Auftragsbestand, Eigen- und Fremdkapitalausstattung, Rentabilität, Liquidität, Bilanzstruktur, Veränderungen in den Gesellschaftsverhältnissen, Abschluss oder Beendigung wichtiger Verträge, Erwerb und Veräußerung von Immobilien und Beteiligungen, schwebende Geschäfte von besonderer Bedeutung, besondere Verluste sowie Kurzarbeit.

Kapitalmarktorientierte Unternehmen haben nach DRS 20, der im Lagebericht analoge Anwendung zum Konzernlagebericht findet, sieben weitere Anforderungen im Zusammenhang mit dem Lagebericht zu erfüllen:

- Darstellung des unternehmensinternen Steuerungssystems und Steuerungskennzahlen (DRS 20.K45-K47),
- Beschreibung der Grundsätze und Ziele des Finanzmanagements (DRS 20.K79-K80),
- Beschreibung des Risikomanagementsystems (DRS 20.K137-K145),
- Darstellung des internen Kontroll- und Risikomanagementsystems bezogen auf den (Konzern-)Rechnungslegungsprozess (DRS 20.K168-K178),
- Veröffentlichung übernahmerelevanter Angaben (DRS 20.K188-K223),
- die Erklärung zur Unternehmensführung (DRS 20.K224-K231) sowie
- die Versicherung der gesetzlichen Vertreter (DRS 20.K232-K235).

Angaben zur voraussichtlichen Entwicklung (Prognose-, Chancen- und Risikobericht)

Bei den Angaben zur voraussichtlichen Entwicklung teilen die gesetzlichen Vertreter ihre Einschätzung über die zukünftige Entwicklung des Unternehmens mit. Die Angaben zur voraussichtlichen Entwicklung sollen ausgewogen sein. Das bedeutet,

- dass über positive und negative Entwicklungen gleichermaßen berichtet wird und
- dass alle betrieblichen Teilbereiche in die Berichterstattung einbezogen werden (z.B. Beschaffung, Produktion, Absatz, Personal, Finanzierung).

Da Prognoseangaben stets mit Unsicherheit behaftet sind, sollte dies auch in den Formulierungen zum Ausdruck kommen. Statt punktuellen Feststellungen empfehlen sich Angaben in einer gewissen Bandbreite. Der Prognosezeitraum sollte ca. zwei Jahre betragen. Bei längerfristigen Prognosezeiträumen sollte dies im Einzelfall kenntlich gemacht werden.

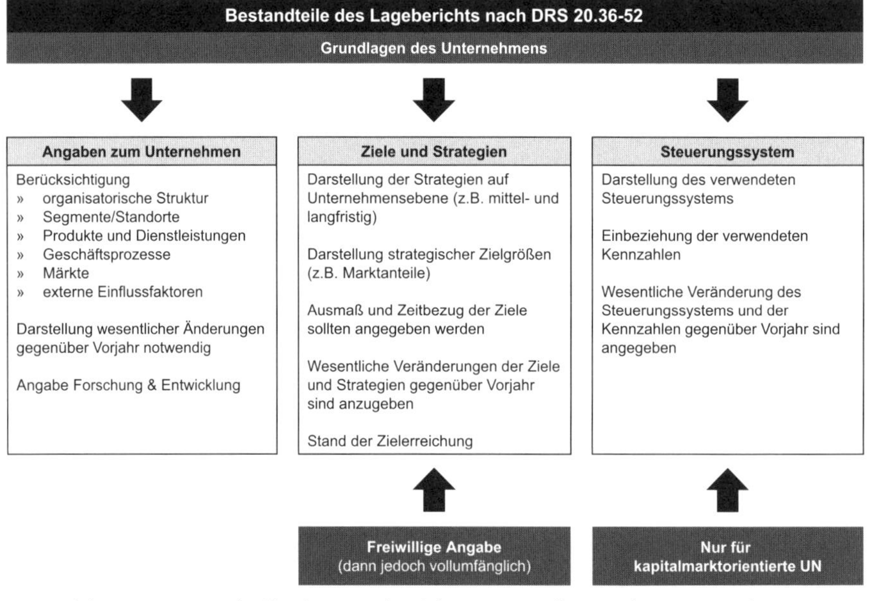

Abb. 172: *Bestandteile des Lageberichts – Grundlagen des Unternehmens*

Der Prognose-, Chancen- und Risikobericht soll ein zutreffendes Bild von der voraussichtlichen Entwicklung unter Berücksichtigung der mit ihr einhergehenden wesentlichen Chancen und Risiken vermitteln.

Die Prognosen sollen sich auf die wichtigsten für die interne Steuerung verwendeten Leistungsindikatoren beziehen, wobei der Prognosezeitraum mindestens ein Jahr beträgt. Erwartete Veränderungen der prognostizierten Kennzahlen sind darzustellen. Sowohl Einzelrisiken wie auch die Risikolage insgesamt sind abzubilden, ebenso die Forschungs- und Entwicklungsaktivitäten. Risikowirkungen sind zu quantifizieren, sofern dies auch zur internen Steuerung erfolgt. Die Aufgliederung in Risikokategorien ist genauso angezeigt wie eine Risikorangfolge. Analoges gilt für die Berichterstattung über Chancen.

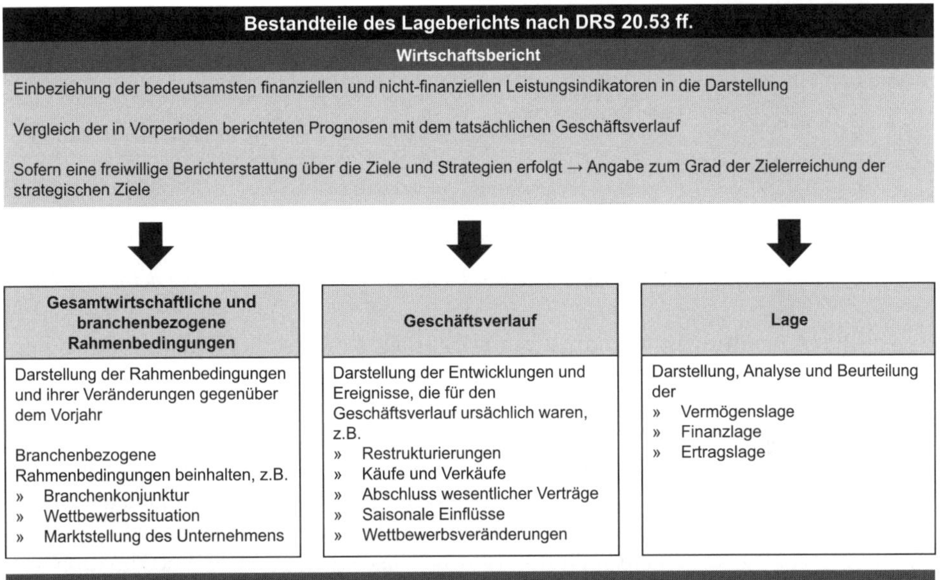

Abb. 173: *Bestandteile des Lageberichts – Wirtschaftsbericht*

DRS 20.36-52 beschreibt die Berichtsanforderungen zu den Grundlagen des Unternehmens. Es geht dabei insbesondere um die Darstellung des Geschäftsmodells, seine strategischen Ziele, die in operationaler Weise zu beschreiben sind der Modifikationen im Zielsystem gegenüber dem Vorjahr und dem Ausmaß der Zielerreichung. Schließlich ist bei kapitalmarktorientierten Unternehmen das Steuerungssystem darzustellen mit den relevanten Kennzahlen finanzieller und nicht-finanzieller Art. Auch hier ist auf evtl. Veränderungen gegenüber dem Vorjahr aufmerksam zu machen.

Unter **Wirtschaftsbericht** versteht man die Darstellung des Geschäftsverlaufs und der Lage des Unternehmens im Kontext gesamtwirtschaftlicher und branchenbezogener Rahmenbedingungen (DRS 20.53). Ziel ist, dem Adressaten zu ermöglichen, sich ein Bild von der voraussichtlichen zukünftigen Entwicklung des Unternehmens zu machen. Dabei sind die relevanten Rahmenbedingungen und ihre Veränderungen gegenüber dem Vorjahr zu erfassen. Im Kontext dessen sind die Entwicklungen und Ereignisse, die den Geschäftsverlauf in der Berichtsperiode geprägt haben, darzustellen und zu würdigen. Die Beschreibung der Lage der Gesellschaft bezieht sich auf deren Vermögens-, Finanz- und Ertragslage.

Bestandteile des Lageberichts nach DRS 20.53 ff. – Wirtschaftsbericht	
Ertragslage	» Darstellung der Ertragslage anhand der Ergebnisquellen » Darstellung wesentlicher Veränderungen gegenüber dem Vorjahr und Herausarbeitung von Trends und ungewöhnlichen Ereignissen » Analyse des Umsatzes und wesentlicher Aufwands- und Ertragsarten sowie wesentlicher Inflations- und Wechselkurseffekte » Sofern Segmentberichterstattung veröffentlicht wird → segmentbezogene Angaben notwendig » Angabe Auftragslage
Finanzlage	» Darstellung, Analyse und Beurteilung der Finanzlage anhand der folgenden Komponenten: › Kapitalstruktur → Art der Verbindlichkeiten und deren Fälligkeits-, Zins- und Währungsstruktur sowie wesentlichen Konditionen; Angabe und Analyse außerbilanzieller Verpflichtungen › Investitionen → Umfang und Zweck, Fortführung wichtiger Investitionsvorhaben, Umfang wesentlicher Investitionsverpflichtungen zum Stichtag und deren Finanzierung segmentbezogen › Liquidität → Basis grundsätzlich Kapitalflussrechnung; Fähigkeit des Unternehmens, seinen Zahlungsverpflichtungen nachzukommen, steht im Mittelpunkt » Für kapitalmarktorientierte UN → Erläuterung der Grundsätze und Ziele des Finanzmanagements
Vermögenslage	» Darstellung wesentlicher Veränderungen des Vermögens » Erläuterung wesentlicher Inflations- und Wechselkurseffekte

Abb. 174: *Bestandteile des Lageberichts – Wirtschaftsbericht*

Die Darstellung und Analyse der **Ertragslage** umfasst das Ergebnis einschließlich der Ergebniskomponenten sowie deren wesentliche Parameter, also die maßgeblichen Ertrags- und Aufwandskategorien. Wichtiger Bestandteil ist die Darstellung der rechtlichen, wirtschaftlichen und sozialen Rahmenbedingungen, die auf die Erträge und Aufwendungen und damit die Ergebnisse eingewirkt haben und zukünftig einwirken werden. Veränderungen gegenüber dem Vorjahr sind genauso zu erfassen wie die Strukturierung nach Segmenten, sofern dies für das Verständnis der Ertragslage und ihrer Entwicklung von Bedeutung ist.

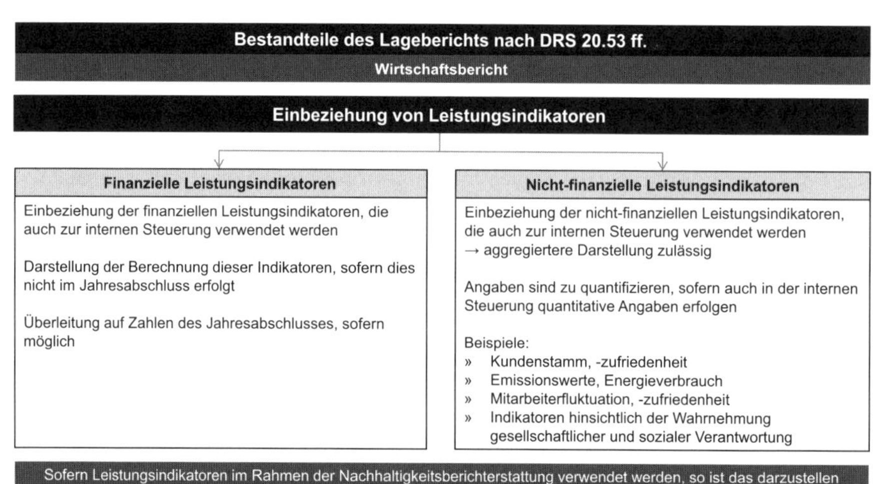

Abb. 175: *Bestandteile des Lageberichts – Wirtschaftsbericht*

Als Berichts- und Analysegegenstand der **Finanzlage** ist die Kapitalstruktur, die Investitionstätigkeit und die Liquidität zu nennen. Je nach Bedeutung kommen Angaben zu Fremdwährungspositionen u.Ä. in Betracht. Die Darstellung kann anhand von Kennzahlen einschließlich einer Analyse ihrer Entwicklung erfolgen. Kapitalflussrechnungen als Pflichtbestandteilen von HGB-Konzernabschlüssen erleichtern die Einsicht in die relevanten Cashflows.

Die Diskussion der **Vermögenslage** betrifft die Höhe und die Veränderungen im Anlage- und Umlaufvermögen (working capital) einschließlich der maßgeblichen Einflussgrößen und der Prognose voraussichtlicher Entwicklungen.

Durch die Kommunikation finanzieller und nicht-finanzieller Leistungsindikatoren können Schlussfolgerungen über das Anreiz- und Incentive-System vermittelt werden. Dies betrifft insbesondere wertorientierte Steuerungsgrößen und die Orientierung am Shareholder Value-Prinzip. Die Verwendung nicht-finanzieller Leistungsindikatoren, z.B. niedrige Fluktuationsraten, weist auf ein ausgebautes Frühwarnsystem hin.

Die wesentlichen **Chancen und Risiken** und daraus folgend die voraussichtliche Entwicklung ist aus der Sicht der Unternehmensleitung zu beurteilen und zu erläutern. Damit sollen die sachverständigen Adressaten in die Lage versetzt werden, sich in sachlichem Zusammenhang mit dem Jahresabschluss ein zutreffendes Bild von der voraussichtlichen Entwicklung des Konzerns einschließlich der damit zusammenhängenden Chancen und Risiken zu machen (DRS 20.116).

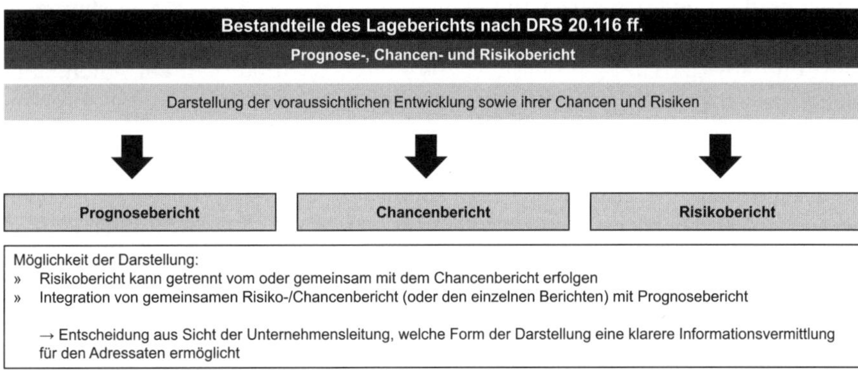

Abb. 176: *Bestandteile des Lageberichts – Prognose-, Chancen- und Risikobericht*

Die **Prognosen** der Unternehmensleitung zum Geschäftsverlauf und zur Lage des Unternehmens sind im Prognosebericht zu erläutern und zu beurteilen. Der Prognosecharakter diesbezüglicher Annahmen muss in der Formulierung deutlich werden. Dabei sind auch die Prognoseannahmen anzugeben, die mit den Prämissen des Jahresabschlusses kompatibel sein müssen. Prognosen anderer Organisationen als Grundlage eigener Annahmen sind als solche kenntlich zu machen. Prognosen haben sich insbesondere auf Leistungsindikatoren zu beziehen. Der Prognosezeitraum beträgt mindestens ein Jahr ab Konzernabschlussstichtag. Bei den Prognoseangaben ist insbesondere auch auf erwartete Veränderungen gegenüber den Istwerten des Berichtszeitraums einzugehen. Besonders starke Abweichungen sind besonders zu kennzeichnen. Herrscht aufgrund gesamtwirtschaftlicher Rahmenbedingungen eine außergewöhnlich hohe Unsicherheit, welche die Prognosefähigkeit wesentlich beeinträchtigt, so sind komparative Prognosen oder alternative Zukunftsszenarien unter Anga-

Bestandteile des Lageberichts nach DRS 20.118-134	
Prognosebericht	
Grundsätze	» Ausführungen sind zu einer Gesamtaussage zu verdichten » Angabe der wesentlichen Annahmen, auf denen die Prognose beruht » Sofern externe Prognosen verwendet werden, ist dies anzugeben → öffentlich zugängliche Prognosen sind nur in dem Maße darzustellen, wie zum Verständnis notwendig
Prognose-zeitraum	» Prognosezeitraum mindestens 1Jahr ab dem Bilanzstichtag » Aber: absehbare Sondereinflüsse nach dem Prognosezeitraum sind darzustellen und zu analysieren
Prognose-inhalt	» Abgabe von Prognosen zu den bedeutsamsten finanziellen und nicht-finanziellen Leistungsindikatoren » Angabe der Richtung und der Intensität der Veränderung gegenüber Istwert » Zulässige Prognosearten → Punktprognose (z.B. + 7%), Intervallprognose (z.B. Steigerung zwischen 80 und 100 Mio. EUR), qualifiziert komparative Prognose (z.B. leicht steigender EBITDA) » Ausnahme: Sofern eine außergewöhnlich hohe Unsicherheit besteht → Zuverlässigkeit › komparativer Prognosen (z.B. steigender EBITDA) › Szenarioanalyse unter Angabe der jeweiligen Annahmen

Abb. 177: *Bestandteile des Lageberichts – Prognosebericht*

be der jeweiligen Annahmen angezeigt (DRS 20.118-134). Ein Verzicht auf den Prognosebericht wäre auch unter diesen Umständen nicht zulässig.

Die **Risikoberichterstattung** (DRS 20.135-164) soll den Adressaten die Risikosituation der Kapitalgesellschaft bewusst machen. Unter Risiken versteht man Verlustgefahren, die stets mit einer unternehmerischen Tätigkeit verbunden sind und aus der Unsicherheit über die Ergebnisse unternehmerischen Handelns bzw. aus der Unsicherheit über die Entwicklung der Umweltfaktoren resultieren. Hierunter sind alle Verlustmöglichkeiten und Gefahren zu verstehen, denen das Unternehmen ausgesetzt ist, die seinen Geschäftsverlauf begleiten und seine Lage und zukünftige Entwicklung negativ beeinflussen können sowie die aus den betrieblichen Aktivitäten aufgrund der Entscheidungen der Geschäftsführung entstehen können. Um eine ausufernde Berichterstattung über alle denkbaren Risiken zu vermeiden, ist über allgemeine unternehmerische Risiken nicht zu berichten, sondern nur über die speziellen Risiken der Kapitalgesellschaft. Dabei ist auf alle wesentlichen speziellen Risiken der künftigen Entwicklung, ggf. unterteilt nach Geschäftsbereichen einzugehen. Es wird von einer Vorschau auf zwei Jahre ausgegangen.

Eine Saldierung der Risiken mit ggf. in der Zukunft liegenden Chancen und damit eine Darstellung nur der Restrisiken entspricht nicht dem Gesetzeszweck. Eine Risikodarstellung darf auch nicht unterbleiben, wenn die Geschäftsleitung Anpassungsmaßnahmen zur Veränderung der Risiken getroffen hat oder Ausgleichspotenziale und Sicherheitsreserven vorhanden sind. Auf Dritte überwälzte Risiken (Versicherungen) sind von der Berichterstattung ausgenommen. Die Detailliertheit der Risikoberichterstattung gibt einen Eindruck von der Risikosensibilität und der Risikoeinstellung der Geschäftsführung.

Zu berichten ist über Risiken, die auf die Vermögens-, Finanz- und Ertragslage in der näheren Zukunft spürbar einwirken, z.B. Preisentwicklungen, Mengenabweichungen, Wechselkurs- und Zinsentwicklungen, Lohnforderungen, Risiken wichtiger Geschäftsführungsmaßnahmen, Risiken im operativen Bereich, branchenbezogene Risiken (Marktveränderungen, Wettbewerbs- oder Verbrauchsverschiebungen), Störereignisse, gefährdete Bereiche, Engpässe,

Schwachstellen, Abhängigkeiten im Produktions-, Absatz-, Beschaffungs-, Personal-, Finanzierungs- und Investitionsbereich.

Es ist die sachliche Risikosituation der künftigen Entwicklung unter Angabe der Ursachen und Auswirkungen dieser Risiken und der Einschätzung der Eintrittswahrscheinlichkeiten durch die Geschäftsführung darzustellen.

Zur Darstellung der Risiken gehört auch eine Risikobewertung, d.h. eine verbale Quantifizierung des Risikos nach Verlusthöhe und Eintrittswahrscheinlichkeit, wobei nur auf Risiken mit wesentlicher Eintrittswahrscheinlichkeit einzugehen ist. Zur Risikoberichterstattung gehört insbesondere die Darstellung der den Fortbestand gefährdenden Risiken. Hierzu ist eine Verbindung zwischen der Fortbestandsprognose und dem Risikobericht gegeben.

Das Ziel der Risikoberichterstattung besteht darin, den Adressaten des Lageberichts entscheidungsrelevante und verlässliche Informationen zur Verfügung zu stellen, die es ihnen ermöglichen, sich ein zutreffendes Bild über die Risiken der künftigen Entwicklung des Unternehmens zu machen. Berichtspflichtig sind alle Risiken, die die Entscheidungen der Adressaten des Konzernlageberichts beeinflussen könnten. Schwerpunkt der Berichterstattung sollten die mit den spezifischen Gegebenheiten des Unternehmens und seiner Geschäftstätigkeit verbundenen Risiken bilden. Jedes Unternehmen sollte so über seine Risiken berichten wie sie intern – im Rahmen des Risikomanagements – eingeteilt werden (Management Approach). Die Norm fordert eine Risikoquantifizierung, wenn verlässliche und anerkannte Methoden zur Quantifizierung der Risiken vorhanden sind, die Risikoquantifizierung wirtschaftlich vertretbar ist und die Quantifizierung eine entscheidungsrelevante Information für die Adressaten des Lageberichts darstellt. Grundsätzlich ist über Risiken nach

Bestandteile des Lageberichts nach DRS 20.135-164	
Risiken-/Chancenbericht	
Bericht-erstattung über die Risiken	» Bestandteile: › Angaben zu den einzelnen Risiken und zum Risikomanagementsystem › Integration der Risikoberichterstattung in Bezug auf die Verwendung von Finanzinstrumenten zulässig › Zusammenfassende Darstellung der Risikolage » Für kapitalmarktorientierte Unternehmen: › Darstellung der Merkmale des Risikomanagementsystems (Ziele, Strategie, Struktur, Prozesse, Risikokonsolidierungskreis) › Integration der Berichterstattung zum internen Kontrollsystem und dem Risikomanagementsystem bezogen auf die Rechnungslegung in den Risikobericht zulässig
	» Explizite Bezeichnung bestandsgefährdender Risiken » Einzeldarstellung wesentlicher Risiken einschließlich der zu erwartenden Konsequenzen, Quantifizierung notwendig, sofern dies in der internen Steuerung ebenfalls erfolgt » Brutto- bzw. Nettodarstellung der Risiken zulässig, bei Nettodarstellung Angabe Maßnahmen notwendig » Beurteilung der Risiken auf der Grundlage eines adäquaten Zeitraums, mindestens Prognosezeitraum » Risikodarstellung muss deren Bedeutung wiederspiegeln → Möglichkeit der Kategorisierung/Rangfolge
Bericht-erstattung über die Chancen	» Berichterstattung entsprechend der Vorgaben für die Risikoberichterstattung » Ausgewogene Darstellung der Risiken und Chancen

Abb. 178: *Bestandteile des Lageberichts – Chancen und Risikobericht*

Berücksichtigung der Risikobewältigungsmaßnahmen zu berichten. Falls die Maßnahmen das Risiko nicht sicher kompensieren können, sind die Risiken vor Bewältigungsmaßnahmen sowie die Maßnahmen gesondert anzugeben. Über Risiken, für die im Jahresabschluss z.B. durch Rückstellungen bereits bilanzielle Vorsorge getroffen wurde, ist nur insoweit zu berichten, als dies zur Gesamteinschätzung der Risikosituation des Konzerns erforderlich ist. Bei der Risikoeinschätzung ist von einem dem jeweiligen Risiko adäquaten Prognosezeitraum auszugehen. Das Risikomanagement ist in angemessenem Umfang zu beschreiben. Dabei ist auf die Strategie, den Prozess und die Organisation des Risikomanagements einzugehen.

Die Grundsätze des Risikoberichts sind analog auch auf den Chancenbericht anzuwenden (DRS 20.165).

Weitere Lageberichtspflichten im Überblick (§ 289 Abs. 2 HGB)

Im Lagebericht soll auch besonders eingegangen werden auf

- die Risikoberichterstattung in Bezug auf den Einsatz von Finanzinstrumente, d.h. die Beschreibung der Risikomanagementziele und -methoden einschließlich ihrer Methoden zur Absicherung aller wichtigen Arten von Transaktionen, für die Hedge Accounting angewandt wurde, dabei ist auch auf konkrete Risiken aus der Verwendung von Finanzinstrumenten einzugehen,
- spezifisch finanzwirtschaftliche Risiken wie Preisänderungs-, Ausfall- und Liquiditätsrisiken sowie die Risiken aus Zahlungsstromschwankungen, denen die Gesellschaft ausgesetzt ist, jeweils in Bezug auf die Verwendung von Finanzinstrumenten, sofern dies für die Beurteilung der Lage oder der voraussichtlichen Entwicklung von Belang ist,
- den Bereich Forschung und Entwicklung; hierzu sind Angaben notwendig, wenn eigene Forschungs- und Entwicklungsaktivitäten bestehen oder das Unternehmen Fremdleistungen im FuE-Bereich in Anspruch nimmt.
  Forschung und Entwicklung umfasst
  - die Grundlagenforschung,
  - die angewandte Forschung und
  - die experimentelle Entwicklung.

  Konkrete FuE-Ziele, -prozesse und -ergebnisse brauchen nicht mitgeteilt zu werden. Die Eigenschaft dieses Themas als Betriebs- und Geschäftsgeheimnis sollte bei der Berichterstattung nicht unbeachtet bleiben,
- bestehende Zweigniederlassungen der Gesellschaft; es ist über alle Zweigniederlassungen im In- und Ausland zu berichten, die im Handelsregister eingetragen sind, nicht aber über Betriebsstätten und Repräsentanzen. Anzugeben sind
  - Gegenstand und Sitz,
  - Zusammenlegung und Auflösung,
  - wichtige Eckdaten der einzelnen Zweigniederlassungen, z.B.
    - Umsätze,
    - Vertriebsprogramme,
    - wesentliche Investitionsvorhaben und
    - beschäftigte Mitarbeiter.

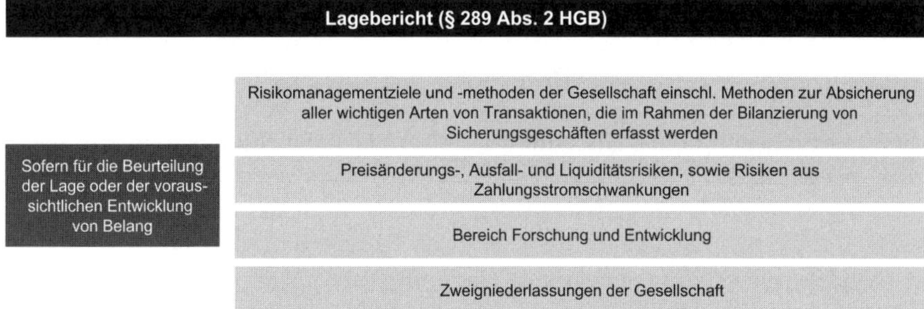

Abb. 179: *Lageberichtspflichten (§ 289 Abs. 2 HGB)*

11.3 Lageberichtspflichten bei kapitalmarktorientierten Unternehmen

Große Kapitalgesellschaften haben in die Analyse des Geschäftsverlaufs und der Lage der Gesellschaft auch nicht-finanzielle Leistungsindikatoren, wie Environmental- und Human Ressource-relevante Größen einzubeziehen.

DRS 20.107 nennt als Beispiele für nicht-finanzielle Leistungsindikatoren

- Kundenbelange wie Kundenzufriedenheit etc.,
- Umweltbelange wie Emissionswerte und Energieverbrauch,
- Arbeitnehmerbelange wie Mitarbeiterfluktuation und Mitarbeiterzufriedenheit,
- Belange, die die gesellschaftliche Reputation betreffen wie soziales und kulturelles Engagement sowie die Wahrnehmung gesellschaftlicher Verantwortung.

Auch hier ist auf die im Jahresabschluss ausgewiesenen Beträge und Angaben Bezug zu nehmen.

Kapitalmarktorientierte AGs und KGaAs sind verpflichtet, die Eigenkapitalausstattung mit den damit zusammenhängenden Rechten und Pflichten zu analysieren, z.B. Aktiengattungen, Stimmrechts- oder Übertragungsbeschränkungen, Aktien mit Sonderrechten sowie Stimmrechtskontrollen bei Arbeitnehmeraktien, Organbestellungsvereinbarungen, Vorstandskompetenzen für die Emission oder den Rückkauf von Aktien sowie Vorschriften zur Kontrollübernahme sowie die damit zusammenhängenden Entschädigungszahlungen.

Kapitalgesellschaften im Sinne des § 264d HGB, also solche, die den Kapitalmarkt beanspruchen, sowie Konzerne, wenn ein in den Konzernabschluss einbezogenes Unternehmen kapitalmarktorientiert im Sinne des § 264d HGB ist, haben gem. §§ 289 Abs. 4, 315 Abs. 2 Nr. 5 HGB im Lagebericht die wesentlichen Merkmale des internen Kontroll- und Risikomanagementsystems im Hinblick

Lagebericht (§ 289 Abs. 3 HGB)
Große Kapitalgesellschaften: zusätzliche Analyse der für die Geschäftstätigkeit bedeutsamsten nicht-finanziellen Leistungsindikatoren
Bezugnahme auf die im Jahresabschluss ausgewiesenen Beträge und Angaben § 289 Abs. 3 HGB

Abb. 180: *Grundsätze zum Lagebericht*

auf den Rechnungslegungsprozess zu beschreiben. Der Umfang der Beschreibungen ist von den individuellen Gegebenheiten eines jeden Unternehmens abhängig. Für den Fall, dass kein System eingerichtet wurde, ist dies anzugeben. Das interne Kontrollsystem umfasst die Grundsätze, Verfahren und Maßnahmen zur Sicherung der Wirksamkeit und Wirtschaftlichkeit sowie zur Sicherung der Einhaltung der maßgeblichen rechtlichen Vorschriften. Die Angaben zum internen Risikomanagementsystem können mit dem Risikobericht nach §289 Abs. 2 Nr. 1 HGB zusammengefasst im Lagebericht dargestellt werden.

Kapitalmarktorientierte AGs und KGaAs (§ 289 Abs. 4 HGB)
Zusammensetzung des gezeichneten Kapitals, verbundene Rechte und Pflichten, Anteil am Gesellschaftskapital
Beschränkungen der Stimmrechte oder der Übertragung von Aktien
Direkte oder indirekte Beteiligung am Kapital, die 10 vom Hundert der Stimmrechte überschreiten
Inhaber von Aktien mit Sonderrechten, die Kontrollbefugnisse verleihen Beschreibung der Sonderrechte
Art der Stimmrechtskontrolle, wenn Arbeitnehmer am Kapital beteiligt sind und ihre Kontrollrechte nicht unmittelbar ausüben
Gesetzliche Vorschriften und Bestimmungen der Satzung über die Ernennung und Abberufung der Mitglieder des Vorstands und über die Änderung der Satzung
Befugnisse des Vorstands, insbesondere die Möglichkeit, Aktien auszugeben oder zurückzukaufen
Wesentliche Vereinbarungen der Gesellschaft, die unter der Bedingung eines Kontrollwechsels infolge eines Übernahmeangebots stehen
Entschädigungsvereinbarungen der Gesellschaft mit Vorstandsmitgliedern oder Arbeitnehmern für den Fall eines Übernahmeangebotes

Abb. 181: *Lagebericht bei kapitalmarktorientierten Unternehmen*

Gemäß §289f Abs. 1 HGB besteht eine Pflicht für alle börsennotierten Aktiengesellschaften sowie Aktiengesellschaften, die andere Wertpapiere als Aktien zum Handel an einem organisierten Markt ausgegeben haben und deren Aktien auf Veranlassung des Unternehmens über ein multilaterales Handelssystem (in Deutschland: Freiverkehr) gehandelt werden, eine Erklärung zur Unternehmensführung abzugeben. Dabei besteht ein Publizitätswahlrecht, diese Erklärung entweder als gesonderten Abschnitt in den Lagebericht zu integrieren oder die Erklärung auf die Internetseite des Unternehmens zu veröffentlichen unter Bezugnahme im Lagebericht auf die Internetseite. Der Umfang der Erklärung gemäß §289f Abs. 2 HGB umfasst folgende Elemente:

1. Erklärung gem. §161 AktG, dass dem deutschen Corporate Governance Kodex der Regierungskommission entsprochen wird bzw. in welchen Punkten hiervon abgewichen worden ist und warum.
2. Relevante Angaben zu Unternehmensführungspraktiken.
3. Beschreibung der Arbeitsweise von Vorstand und Aufsichtsrat sowie der Zusammensetzung und Arbeitsweise der Ausschüsse.

4.–6. Angaben zur Frauenquote und zum Diversitätskonzept. Wenn kein Diversitätskonzept verfolgt wird, ist das auch als Fehlanzeige anzugeben und zu erläutern.

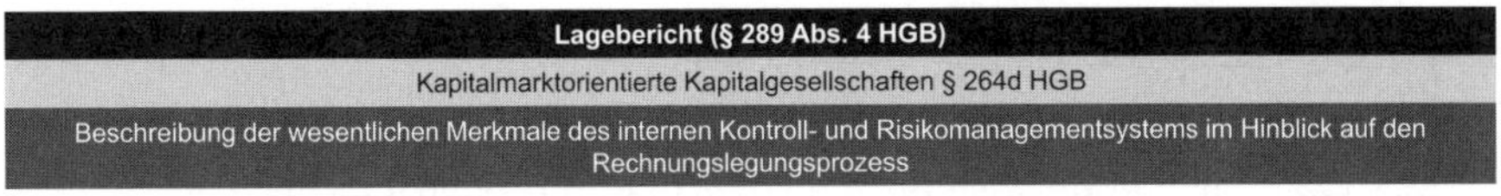

Lagebericht (§ 289 Abs. 4 HGB)
Kapitalmarktorientierte Kapitalgesellschaften § 264d HGB
Beschreibung der wesentlichen Merkmale des internen Kontroll- und Risikomanagementsystems im Hinblick auf den Rechnungslegungsprozess

Abb. 182: *Lagebericht zum Einzelabschluss*

Die Erklärung unterliegt gem. Art. 46 a Abs. 2 und 3 der Abschlussprüferrichtlinie inhaltlich nicht der Abschlussprüfung. Es ist lediglich zu prüfen, ob die Erklärung überhaupt abgegeben wurde und ob sie rechtzeitig abgegeben wurde. Damit kommt es ggf. zu einer Zweiteilung des Lageberichts in einen geprüften und in einen ungeprüften Teil.

Das CSR-Richtlinie-Umsetzungsgesetz verlangt eine sog. „nichtfinanzielle Erklärung" in den Lagebericht aufzunehmen. Der Geltungsbereich dieser Regelung umfasst Unternehmen von öffentlichem Interesse (insb. kapitalmarktorientierte) mit durchschnittlich mehr als 500 Arbeitnehmern.

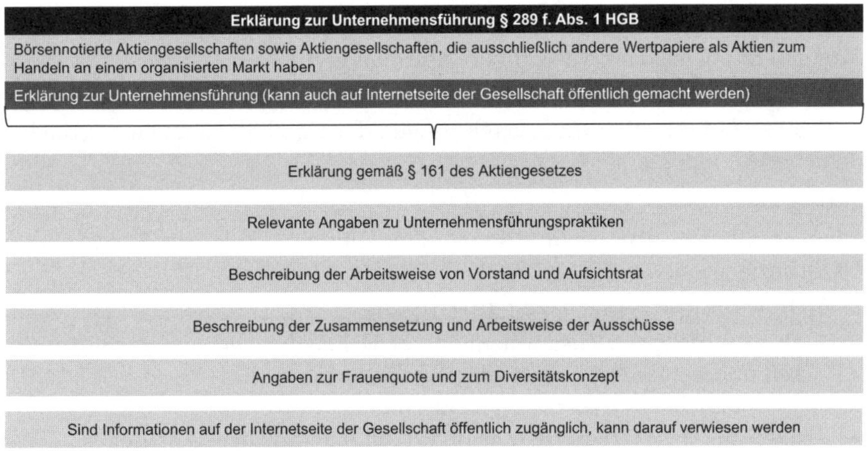

Erklärung zur Unternehmensführung § 289 f. Abs. 1 HGB
Börsennotierte Aktiengesellschaften sowie Aktiengesellschaften, die ausschließlich andere Wertpapiere als Aktien zum Handeln an einem organisierten Markt haben
Erklärung zur Unternehmensführung (kann auch auf Internetseite der Gesellschaft öffentlich gemacht werden)
Erklärung gemäß § 161 des Aktiengesetzes
Relevante Angaben zu Unternehmensführungspraktiken
Beschreibung der Arbeitsweise von Vorstand und Aufsichtsrat
Beschreibung der Zusammensetzung und Arbeitsweise der Ausschüsse
Angaben zur Frauenquote und zum Diversitätskonzept
Sind Informationen auf der Internetseite der Gesellschaft öffentlich zugänglich, kann darauf verwiesen werden

Abb. 183: *Lagebericht zum Einzelabschluss*

Aufgrund einer Schutzklausel besteht ein Mitgliedstaatenwahlrecht zur Beschränkung der Angabepflicht, wenn die Angabe der Geschäftslage ernsthaft schaden würde

Die „Nicht-finanzielle Erklärung" ist in einen gesonderten Abschnitt des Lageberichts (§ 289b Abs. 1 HGB) oder „gesonderter nicht-finanzieller Bericht" (§ 289b Abs. 3 HGB) aufzunehmen, der zumindest die inhaltlichen Anforderungen des § 289c HGB erfüllt und der zusammen mit dem Lagebericht im Bundesanzeiger offengelegt wird (§ 289b Abs. 3 Nr. 2 lit. a) HGB) oder innerhalb von vier Monaten nach Abschlussstichtag auf der Internetseite des Unternehmens für mindestens zehn Jahre veröffentlicht wird und auf den im Lagebericht verwiesen wird (§ 289b Abs. 3 Nr. 2 lit. b) HGB).

Nach einer kurzen Beschreibung des Geschäftsmodells (§ 289c Abs. 1 HGB) hat sich die nicht-finanzielle Erklärung zumindest auf folgende Aspekte zu beziehen:

- **Umweltbelange**
  (u.a. Emissionen, Energieverbrauch, Schutz biologischer Vielfalt)
- **Arbeitnehmerbelange**
  (u.a. Geschlechtergleichstellung, Arbeitsbedingungen, Gesundheitsschutz)
- **Sozialbelange**
  (Dialog auf kommunaler und regionaler Ebene, Schutz-/Entwicklungsmaßnahmen von lokalen Gemeinschaften)
- Achtung der **Menschenrechte**
  (Verhinderung von Menschenrechtsverletzungen)
- Bekämpfung von **Korruption** und **Bestechung**
  (bestehende Instrumente)

Die Angabepflichten je Aspekt beziehen sich auf

- die von der Kapitalgesellschaft verfolgten Konzepte i.w.S.,
- Ergebnisse der Konzepte,
- die Risiken und deren Handhabung,
- nicht-finanzielle Leistungsindikatoren (KPIs),
- Hinweise auf einen Zusammenhang mit Beträgen im Jahresabschluss.

Voraussetzung ist, dass wesentliche Information für

- das Verständnis von Geschäftsverlauf, Geschäftsergebnis und Lage und
- das Verständnis über die Auswirkungen der Geschäftstätigkeit auf die berichteten Aspekte

vorliegen.

Die wesentlichen Risiken und deren Handhabung (§289c Abs. 3 Nr. 4 und 5 HGB) beziehen sich auf

- **Risiken aus der eigenen Geschäftstätigkeit**
  - als unmittelbaren Zusammenhang zwischen der eigenen Geschäftstätigkeit und dem infrage stehenden Risiko sowie
  - die Möglichkeiten direkter Einflussnahme (Prävention),
- **Risiken aus Geschäftsbeziehungen, Produkten und Dienstleistungen**
  - mit dem Ziel der Berichterstattung über die Verletzung von Standards/ Belangen durch Vertragspartner (bspw. Lieferanten) und/oder eigene Produkte/ Dienstleistungen (bspw. in Drittstaaten)
  - die Angabepflichten sind beschränkt hinsichtlich Bedeutung und Kosten
  - mögliche Ausstrahlungswirkungen auf nicht berichtspflichtige Unternehmen der Lieferkette sind darzustellen (Bedarf an Informationen von Lieferanten/Kunden).

Auch sind die Risiken aus der eigenen Geschäftstätigkeit auf nicht-finanzielle Aspekte außerhalb des Unternehmens darzustellen.

Die freiwillige Anwendung anerkannter Rahmenwerke bei deren Angabe möglich und gewünscht (§289d HGB), hat aber keinen Einfluss auf Mindestberichterstattungspflichten, z.B. Leitsätze der OECD, Vereinte Nationen, Global Reporting Initiative etc.

Für die nicht-finanzielle Erklärung gibt es keine verpflichtende externe inhaltliche Prüfung, aber sie ist in den originären Prüfungsbereich des Aufsichtsrats einzubeziehen.

Die Prüfung durch den Abschlussprüfer bezieht sich lediglich in formaler Hinsicht darauf, ob die nicht-finanzielle Erklärung bzw. der gesonderte nicht-finanzielle Bericht vorgelegt wurde (§317 Abs. 2 Satz 4 und 6 HGB). Der Bericht des Abschlussprüfers über das Ergebnis einer *freiwilligen inhaltlichen Prüfung* ist gemeinsam mit der nicht-finanziellen Erklärung bzw. dem nicht-finanziellen Bericht offenzulegen (§289b Abs. 4 HGB).

Stichwortverzeichnis